시뮬라크르, 장소 그리고 건축

현대건축의 지형

머리말

많은 사람들이 과거의 건축과는 다르게, 현재 우리가 가진 특별한 문제에 기여할 수 있는 적절한 이론을 찾아내는 것이 얼마나 어려운지에 대해 말하고 있다. 지금까지 건축의 논쟁에서 적절한 이론을 찾아내는데 실패해 왔고, 건축에 반영된 이론들도 종종 철학적 변종이 되거나 역사적인 혹은 인식론상의 사고들을 단순화시키는 것에 그치고 말았다.[1] 그러나 주름진 건축역사에서 보여주는 것은 보편적 원리나 이론을 찾아내는 것이 과거의 건축에도 그리 쉽지 않았다는 것이다.

비트루비우스(Vitruvius)는 예술과 과학 사이에 건축을 두려고 했다 알베르티(Leon Batista Alberti)의 『건축 10서』는 명료함에나 관심영역에 있어서 비트루비우스를 능가하였지만, 여기서 사용된 과학 개념의 본질은 그에게 조언을 해주었거나, 그의 관심사나 경험들에 관여했을 대가들의 작품으로부터 추출한 것이었다. 팔라디오(Andrea Palladio)의 『건축4서』의 경우 음악과 건축의 비례에 대한 것들이 가장 객관적인 것들일 것이다. 17~18세기 데카르트식의 합리주의와 발달된 과학개념은 곧 건축이론에 반영되기 시작하였고, 브롱델(F. Blondel)과 다른 많은 이들이 말하였던 '영원한 법칙'과 다양한 규칙들이 더 이상 과학적 가치를 지니지 않는다는 점에서 애매모호함이 생겨났다. 19~20세기 건축의 경향들에서 예술적이

---

[1] Vittorio Gregotti, 『건축 속으로』, 임종엽 역, 미건사, 2002, p.28

고 감각적인 자의성 속으로 도피하려는 징후가 발견된다. 예술과 과학이 분리되면서 다시 그 둘을 결합시키려는 시도들이 나타났다. 당시 서구 사회에서 가장 권위 있는 보자르(Beaux-Art)의 아카데믹한 합리주의를 바탕에 두고 뒤랑(J.N.L. Durand)은 경제성과 단순성을 조합하면 미에 도달한다는 생각으로 자신의 해석에 맞는 카탈로그를 만들었다. 100년 후 가데(Julien Gadet)는 과학에는 공리가 있고 예술에는 원리가 있어서 건축은 모든 예술 분야에서 가장 엄격한 원리를 갖는다고 하였다. 여기서 원리란 단순히 오더만을 언급하는 것이 아니라 벽체, 창문, 계단 등의 건축요소에 대한 이해와 역사상 가장 아름다운 건축물을 분리해서 얻어낸 구성요소에 대한 이해를 가리킨다. 그러나 공리는 그 스스로 증명되지 못한다는 것이 문제이고, 과거의 똑같은 모델을 영구적으로 반복적으로 사용하여, 더 이상 새로움을 탄생시키지 못한다. 젬퍼(G. Gemper)와 비올레-르-뒤크(Viollet-le-Duc)에 의해 보자르의 권위는 흔들렸다. 그들은 건축이 관습적 코드를 위협하는 공학기술을 매개로 건축을 엄밀한 과학 속으로 진입시켰고, 그 결과 '원리'들은 퇴조하기 시작하였다. 그들은 예술적 자의성과는 무관한 형태를 만들어 내면서 기술적 변화를 수용하는 길을 열어 놓았다. 이성으로 복귀하면서 코드화된 보자르식 건축의 헤게모니는 전복되었다. 그리고 혁명적이고 진정한 길을 찾기 위해, 건축과 역사의 관계를 의식적으로 단절하려는 20세기 초의 혁신적인 활동이 일어나게 되었다. 그러나 20세기의 선구자들이 설계한 건축물들도 외관과는 달리 전혀 '과학적'이지 않았다.[2]

오늘날과 같이 신화와 교묘한 도피, 역사적이면서 반역사적인 태도, 그리고 지독한 지성주의와 온건한 신화가 구분할 수 없을 정도로 뒤섞이고 얽혀 있는 이때,[3] 모든 경향들이 동시에 행해지고 있다. 혼란스러운

---

2 Pierre von Meiss, 『형태로부터 장소로』, 정인하·여동진 옮김, 시공사, pp.20-21

것은, 어떤 경향의 접근을 하든 감동적인 작품을 생산해 낼 수 있다는 것이다. 건축에서의 진위 문제는 형태와 구조사이의 관계, 형태와 기능 사이의 관계에 의해 판단이 내려진다. 건축가는 '진실'과 '거짓', 또는 추구해야할 좋은 길과 나쁜 길 사이에서 상반된 선택을 해야만 한다. 이런 선택에서 확실성이 결여되었다는 사실은 오늘 건축이론의 '위기'를 입증하는 것이다. 오늘날의 학생들에게 지적으로 더 많은 것이 요구되는데 그것은 지식적 증가뿐만 아니라 지배적인 원칙이 없어서 스스로 이데올로기적 선택을 해야 하기 때문이다.[4] 마찬가지로 비평가에게는 일관성이 전혀 없는 제안들을 아무런 선입견 없이 받아들이는 유연한 자세가 요즘처럼 요구된 적도 없었을 것이다. 그리고 지금처럼 운동, 연구, 혹은 개별적인 계획과 같은 폭 넓은 맥락에서 유행의 영향, 심지어는 문화적 거만함과 혁신적인 직감을 구별하기 위해 역사에 대한 심도 깊은 지식과 감각, 엄격한 자세, 그리고 집중된 관찰력이 요구된 적도 없었을 것이다.[5]

그동안 비평분야에서 전통적으로 일종의 안전장치 역할을 해주었던 절대적인 긍정이나 무차별적 거부와 같은 흑백논리에 안주하는 것은 더 이상 불가능하다. 이러한 독단적인 태도가 비평에 백해무익하다는 것은 너무나도 명백하다. 하지만 이를 모든 것이 허용된다는 말로 왜곡해서는 안 된다. 강조하고 싶은 것은 좋거나 나쁜 작품을 구분하는 것이 아니라 해결되지 않은 의도, 불안하고 전통적인 여건에서 대두되는 새로운 문제, 제도적 은폐, 의도적으로 실현될 수 없는 계획안 같은 논제들을 대면할 때에 일상적으로 경험하는 어려움들이다. 선입견 없이 현재의 건축

---

3 Manfredo Tafuri, 『건축의 이론과 역사』, 김일현 역, 동녘, 2009, p.23

4 Pierre von Meiss, 『형태로부터 장소로』, 정인하·여동진 옮김, 시공사, p.179

5 Manfredo Tafuri, 『건축의 이론과 역사』, 김일현 역, 동녘, 2009, p.25

문화에 대해 고찰을 하면 대부분의 건축적 산물에서 일관성과 납득이 부재함을 발견하게 된다. 이는 암묵적으로, 그리고 무의식적으로 건축자체가 정의하기 어려운 성격을 갖고 있다는 것과 건축 작업은 예측할 수 없는 새로운 차원에서 진행되어야 한다는 두 가지 견해를 용인하는 것으로 이어진다.[6]

건축이론이 루카치(György Lucàcs)의 사실주의, 실존주의, 상대주의와 후설(Edmund Husserl)의 현상학, 베르그송(Henri Bergson)의 사상적 단편들, 피들러(Konrad Fiedler) 학파의 순수 시각주의 고찰, 크로체(Benedetto Croce)의 사상, 가장 최근에는 게슈탈트 심리학, 언어학적 구조주의, 의미론, 기호론, 정보이론, 인류학적 구조주의 등의 업적을 흡수한 이후 최근에는 하이데거(Martin Heidegger)의 존재론, 데리다(Jaque Derrida), 푸코(Michel Foucault), 들뢰즈(Gilles Deleuze) 등 후기구조주의 철학과 프랙탈이론, 급변론 등의 최신의 과학들이 현대 건축을 이해하기 위한 조건들이다. 그렇다면 절충주의인가? 그럴지도 모른다. 하지만 이것은 부정적인 것만은 아니다. 부분적일지라도 현대건축에서 이러한 절충주의가 제기한 문제들은 전통적인 방법론이 취했던 방식보다 더욱 진보적이라는 것을 보여주었다. 그리고 오히려 철학자들이 이러한 건축에서 영향을 받았다고 증언하고 있다. 그래서 건축서적은 철학서적처럼, 철학서적은 건축서적처럼 변하는 것일까?

이러한 현대건축을 이해하는 어려움은 한편으로 비평적 범주를 예술구조 내부로 흡수하려는 소통과, 다른 한편으로는 역사적 전위예술을 동인이기도 한 순수한 이미지를 확고한 형태의 구축으로 적극 대처하려는 구성의 공식화사이에 진동하는, 보다 심층적인 현대예술의 난제와 연결되어 있다. 분명한 사실은 우리가 직면한 이 문제가 고전주의 몰락

---

6 Manfredo Tafuri, 『건축의 이론과 역사』, 김일현 역, 동녘, 2009, p.28

이후에 대두한, 형태의 수용에 관한 문제의 확장된 차원에 속한다는 것이다.[7] 그렇다면 현대건축은 형태의 수용에 대한 문제인가? 이 문제에 대한 이해는 건축물과 사용자 사이의 관계에 대한 문제에 앞서, 역사의 위기, 대상의 위기, 그리고 예술의 극복이라는 방대한 현상과 긴밀하게 연관되어 있다는 것을 알아야 한다. 현대건축을 이해하기 위해서는 선형적이거나 보편적이거나 목적론적 방법론을 부정하면서, 고찰하는 대상에 따라 방법론이 수정되어 한다.

건축과 춤과 음악은 실제적 또는 외적 소모[8]의 범주이면서, 의식이나 공연에 이용되는 구체적 장소와 더불어, 건축은 상징적 소모의 범주에 속한다.[9] 건축은 생산적인 소비가 아닌 비생산적 소비, 즉 바타이유(Georges Bataille)의 용어를 빌자면 소모에 해당한다. 이러한 비생산적 소모가 신비화나 지적사기를 용인해 주는 것은 아니다.

건축은 항상 신비화의 담론이다; 기능성, 공공서비스, 정직성, 합리성, 그리고 구축 논리의 메시지들은 사기다; 건축가의 말들은 기만적 수사의 산물들이다; 그들은 달성 불가능한 유토피아들과 불가능한 삶의 모형들을 제안하면서, 그들이 지킬 수 없는 것들을 약속 한다; 건축은 사회에서 신화화하는 세력들의 하수인이 되었다; 자본주의는, 공적인 삶과 사적인 삶의 공간들을 구축하는 밑바탕에 깔려있는, 그러한 과정들의 참으로 사

7 Manfredo Tafuri, 『건축의 이론과 역사』, 김일현 역, 동녘, 2009, p.161

8 "소비는 명확히 둘로 구분된다. 첫째, 소비는 일정한 사회의 개인들이 생명을 보존하고 생산활동을 지속하는 데 필요한 최소한의 비용으로 간주될 수 있다. 따라서 이 부분은 생산활동에 필요한 기본적인 조건으로서의 소비이다. 둘째, 또 하나의 소비는 원시사회가 그 자체를 목적으로 삼는 활동들로서 궁극적인 생산목적 또는 생식목적과 상관없는 사치, 장례, 전쟁, 종교예식, 기념물, 도박, 공연, 예술 등에 바쳐지는 소비이다. 이 두 번째 부분의 소비들을 생산의 중간 수단으로 이용되는 소비와 다르기 때문에 순수한 비생산적 소비의 형태를 지칭하는 용어가 필요한데, 나는 그런 소비를 '소모'라고 부르겠다." Georges Bataille, 『저주의 몫』, 조한경 역, 문학동네, 2000, p.32

9 Georges Bataille, 『저주의 몫』, 조한경 역, 문학동네, 2000, p.34

악한 속성을 은폐하는 술책들, 기만들, 그리고 조작들로 가득 찬 담론으로 현실을 감추어야 할 본질적인 필요성을 띠고 있다.[10] 그럼에도 불구하고 우리는 그들의 이론을 분석하고, 이론화함으로써, 그들의 건축을 분류하고 이해하려고 한다. 예를 들어 스킨과 프로그램에 대한 장은 이러한 작업을 통해 나온 것이다. 여기서 나온 작품들은 기디온이 말한 구성적 사실(constituent fact)이란 의미에서 드러낸 것은 아니다. 단지 현대건축의 여러 갈래 중에 하나의 갈래일 뿐이다.

이 책은 사건(simulacre)과 장소에 관한 이야기다. 이 책은 두 개의 출발점을 가지고 있다. 하나는 대학생 때 공간에서 하는 워크숍에 참석했을 때이다. 우리 팀은 인간의 행위를 연구하고 최대한 많은 행위(activity)를 발생시키고 그것을 수용할 수 있는 건물을 디자인하는 설계방법을 적용하였다. 그러한 행위들을 수용하기 위해 건물은 기능적이어야 했고, 벽, 바닥, 천정 등은 움직여야했다. 이때 나온 평가는 그러한 건물은 어느 곳에 갖다 놓아도 된다는 것이었다. 즉 컨텍스트나 장소성이 없다는 것이었다. 비용문제에 있어서도 이러한 건물 하나를 짓는 것보다 여러 프로그램을 수용할 수 있는 건물을 여러 개 짓는 것이 더 싸다는 것이었다.

학생 때는 장소성이라든가 도시적 맥락이라든가, 컨텍스트 같은 단어에 주눅이 들어서 그런지 쉽게 반론을 제기 하지 못하였다. 그러나 지금 생각해 보면 이 건물은 장소성이 그 어떤 건물보다 풍부한 건물이다. 우선 형태적으로는 대지의 형상을 반영하였다. 하지만 무엇보다도 이 건물은 형태, 재료 등의 물질적 컨텍스트나 물질적 장소성을 반영하는 건물이라기보다는 비물질적 컨텍스트나 장소성를 반영하는 건물이다. 생각해 보건데 여러 행위의 발생 경향은 지역마다 다를 것이고 그때 그러한

---

10 Ignasi De Sola-Morales, 『차이들』, 이종건 역, 시공문화사, 2004, p.43

프로그램을 반영할 수 있는 기능적 건축물이야 말로 장소성을 반영한 훌륭한 건물이 아니겠는가? 사건의 맥락, 사건의 장소성, 사건의 컨텍스트. 우리는 컨텍스트를 생각할 때 항상 유형의 컨텍스트에 집중한다. 그러나 무형의 컨텍스트도 있다고 말하고 싶다. 모든 행위를 담으려고 하더라도, 훗설식으로 표현하자면, 그 건물에 새겨진 생활세계가 있기 때문에 한계가 있고, 그래서 더 무형의 컨텍스트에 어울릴 수 있다고…. 그리고 시간이 지나거나 행위가 달라지면 이 무형의 컨텍스트는 변한다. 건물의 형태와 상관없이….

두 번째는 거의 비슷한 시기에 근린생활시설을 보고 든 생각이다. 근린생활시설의 프로그램이 형태와 상관없이 수시로 바뀌는 것을 보고, (다른 건축물도 마찬가지지만 특히 근린생활시설) 건물에 있어 형태는 중요하지 않으며 그 안의 프로그램(사건, 행위)이 진정으로 중요한 것은 아닐까? 프로그램과 형태는 개연성을 가지고 있는가? 아니면 유형학처럼 형태만이 남는 것인가? 이러한 두 가지 건축에 대한 생각이 나를 지금까지 이끌어 왔다. 직관적으로, 합리적으로, 감상적으로, 이론적으로.

최근의 어떤 가치를 지니는 예술적 생산품들은 대체로 언어학상의 실험(언어의 기능을 재해석 하려는 실험)이나 구조적 급진주의를 버리고, 스스로 아방가르드 프로그램에서 벗어나려는 노력들을 보여주고 있다.[11] 근대건축 이후의 여러 이론들(유형학, 역사주의, 비판적 지역주의 등등)은 모두 근대건축을 넘어서려고 노력한다. 포스트모던 건축, 해체주의 건축 역시 근대건축을 넘어서려고 하고 있다. 왜? 그만큼 근대건축이 끼친 영향에서 현대건축이 벗어나지 못하고 있다는, 그만큼 영향이 크다는 의미다. 아직도 많은 건물이 근대건축의 형태에서 크게 벗어나지 않는 것을 볼 수 있다.

글쓰기를 하려면 먼저 남의 글부터 부지런히 읽어야 한다는 문학

---

11 Vittorio Gregotti, 『건축 속으로』, 임종엽 역, 미건사, 2002, p.29

평론가 장석주의 말대로 우리는 건축을 하기 전에 남의 작품을 부지런히 탐독해야 하는 것은 아닐까? 현대건축을 이해하는 방법은 두 가지가 있는 것 같다. 하나는 수많은 건물들을 보고 분석하면서 이해하는 방법(William J. R. Curtis처럼), 다른 하나는 많은 이론서와 참고서적을 참고하면서 읽어 내는 방법. 전자의 방법이 가장 좋은 방법이지만 현실적으로 모든 건물을 보러 다닐 수 없기에, 포스트 모던한 사회에서 새로운 것이 없다는 보르헤스(Jorge Luis Borges)의 말을 등에 업고, 서적 사이를 옮겨 다니며, 그것이 논문이든, 단행본이든, 인터넷이든, 전단지든 다양한 입장들을 만나보려고 노력하였다. 그리하여 현대건축이 나아가려는 여러 방향 중 하나를 읽어낼 수 있었다. 그것은 공간(space)에서 벗어난 장소(place)에 대한 것들이었다. 그러나 이는 지역주의나 비판적 지역주의, 현상학을 기반으로 하는 장소는 아니다.

책의 내용은 다음과 같은 의문들에서 시작되었다. 근대건축 이전을 양식의 시대로, 근대건축을 공간을 시대로 말한다. 그렇다는 지금은 어떤 시대인가? 근대의 특성 중에 가장 두드러진 것은 추상성이다. 근대 이전의 재현적 특성에서 탈피한 추상성은 건축뿐만 아니라 여러 분야에서 발견된다. 이러한 움직임은 작품 속에서 감각적 현현(헤겔)을 보이려고 하지도 않으며, 작품에 드러난 작가의 천재성을 체험하려고(낭만주의) 하지 않으며, 작품과 작품 밖의 세상과의 일치나 대응을 찾으려고 하지도 않는다. 이러한 추상성은 결국 기표와 기의를 분리하고, 기표의 방황과 연쇄에 이르게 한다.

현대는 어떠한가? 현대건축 및 예술의 특성을 비표상(비재현, non-representation)으로 표현하기도 한다. 아무 것도 표상하지도, 재현하지도 않는다는 것이다. 그러나 비표상이라는 것 역시 아무 것도 표상을 하지 않는다는 것을 표상한다. 이에 비-구상(non-figurative)[12]이라는 단어를 사용하려고 한다. 여기서 비(非)는 극복이나 모순이 대상이 아니다. 부정적인 것과는 다른 어떤 것을 의미한다. 여기서 '비(非)'는 극복하여야할 대상인 부정이나 모순이(헤겔) 아니고 생산적이고 긍정적인 것이다. 틈, 통로, 주름 같은 것. 또는 들뢰즈를 따라 형상적(figural)[13]이라고 하여야 하나? 추상성은 어원(abs+tract)에서 나타나듯이 무엇인가를 제거한다. 그것들이 제거하는 것은 상징, 의미 그리고 나아가 구상적인 것을 제거하는 기능이 있다. 그러나 비구상적이라는 것은 구상적인 것을 탈영토화할 뿐만 아니라 구상적인 것도 영토화한다. 이러한 비-구상이라는 것을 표상도 아닌, 형상도 아닌, 본질이나 어떤 이데아를 넘어선 그 무엇으로 이해할 수 있을까? 들뢰즈의 '사건(Simulacre)'이라는 개념이 어느 정도 답을 줄 수 있을 것 같다.

근대와 또 다른 현대의 특징은 바로 거대 신화에서 개인적인 일상성으로의 변화이다. 렘 콜하스의 최근 저서 중 일본의 메타볼리즘에 관한 책인 『Metabolism talks』의 소개 글에서 눈에 띠는 부분이 바로 개인적 기호가 아닌 공공으로서의 최후의 건축과 마지막 아방가르드운동에 대한 생생한 내용이라는 것이다.[14] 건축역사에서 줄곧 진행되어온 개인적 창

---

12 "… '비-존재'라는 표현에서 '비(非)'는 부정적인 것과는 다른 어떤 것을 표현한다.… 비-존재는 있다. 그리고 동시에 부정적인 것은 가상적이다.… 존재와 물음을 서로 관련짓는 어떤 존재론적인 '통로', '틈', '주름' 같은 것이 있다. 이런 관계에서 볼 때 존재는 본연의 차이 그 자체이다. 존재는 또한 비-존재이기도하다. 그러나 비-존재는 부정적인 존재가 아니다. 그것은 문제틀의 존재, 문재와 물음의 존재이다. 본연의 차이 자체는 부정적인 것이 아니다. 거꾸로 그것은 비-존재이고, 이 비-존재는 본연의 차이 곧 반대가 아닌 다름이다. 그렇기 때문에 비-존재는 차라리 (비)-존재라 적어야 하고, 그 보다는 ?-존재라고 적는 편이 훨씬 낫다.", Gilles Deleuze, 『차이와 반복』, 김상환 역, 민음사, 2005, pp.158-159

13 Gilles Deleuze, 『감각의 논리』, 하태환 역, 민음사, 1995, p.6

14 http://www.oma.eu/publications/project-japan-metabolism-talks, "The result is

조성과 일반적 원리사이의 갈등은 한쪽으로 치우치더라고 여전히 계속되고 있다.

현대성의 대한 연구는 현대건축의 연구에 있어 넘어 가야 하는 산이다. 사회의 반영물인 건축을 읽기 위해서 우리는 모더니티와 포스트모더니티에 대한 이해가 우선되어야 한다.

과학기술이 건설 수공업을 대체하면서, 건축환경을 높은 수준으로 유지하고 발전시키는 것이 어려워졌다. 이에 대한 반동일까? 현대건축은 디테일에 큰 의미를 부여하고 있다. 디테일은 무엇이고, 디테일의 의미와 텍토닉에 대한 다양한 입장은 어떠한 것인가?. 또한 이러한 디테일은 어디에 나타나는가? 모든 상징과 의미가 함축되어 있는, 그리고 디테일이 살아있는 대표적인 곳 즉 외피(skin)는 어떻게 변하고 발전되는가? 외피의 극단적인 형태를 취하고 있는 폴딩건축은 어떠한 의미로 다가 오는가? 기존의 폴딩 건축이 형태에 집착하고 있는 것에서 벗어나 다른 측면에서 폴딩건축을 이해할 수는 없는가? 앞에서 말한 무형의 장소를 형성하는 사건(프로그램)은 건축에서 어떻게 다루어지고 있는가? 프로그램은 기능과 같은 것인가? 다른 것인가?

건축프로젝트란 규칙들을 도식적으로 응용하는 것이 아니라, 형태적인 창조의 수단들, 장소, 프로그램을 끈기 있게 해석하는데서 나온다.[15] 프로그램과 형태를 뒤이은 장소 및 장소성은 현대건축에서 어떠한 의미가 있는가?

현대 건축은 장소성을 보여주기 위해 다양한 모습으로 나타나고 있다. 존재의 일의성, 스피노자의 실체와 양태처럼, 장소성의 다양한 양태들,

---

a vivid documentary of the last avant-garde movement and the last moment that architecture was a public rather than a private affair …"

15 Pierre von Meiss, 『형태로부터 장소로』, 정인하·여동진 옮김, 시공사, p.7

오해하지 말아야 할 것은 장소성이 이데아와 같은 형상이나 본질, 실체가 아니라는 것이다. 이것은 마치 추상기계, 다이어그램처럼 윤곽만 가진 기능으로 이해해야 할 것이다.

이 책에서 나는 그들의 사상을 무엇보다도 사건과 장소에 대한 사유로, 끊임없이 탈주가 발생하는 장소에 대한 사유로, 그리하여 새로운 삶의 양상을 창조함으로써 지배적인 가치와 제도를 변이시키는 '전쟁기계'로 이해하려고 한다. 아마도 그것이 근대사회를, 근대적 사유를, 그리고 근대적 삶 자체를 전복하려 했던 니체와 마르크스의 사유를, 그리고 알게 모르게 그들의 제자가 되어버린 현대건축가들의 사유를 적절하고 유용하게 이용/착취(exploitation)하는 방법이라고 생각한다.[16]

이 책은 무수한 인용과 차용들로 이루어졌다. 인용은 차이들을 횡단하면서 전복적 사유를 즐기는 몽타주식 글쓰기에서 유용한 방식이다 '인용문만으로 이루어진 글을 쓰고 싶다'는 벤야민(W. Benjamin)처럼 저자도 인용문만으로 이루어진 글을 쓰고 싶었는지도 모르겠다. 이것이 '하늘 아래 새로운 것은 없다'던 보르헤스가 말한 포스트모던한 글쓰기인가? 자칫 카프카의 소설의 주인공 K, 요제프 K처럼 결국 중심에는 다가가지 못하고 주변만 맴돌다 끝나는 것은 아닐까?

---

16 서울사회과학연구소, 『탈주의 공간을 위하여』, 푸른숲, 2002, 서문의 내용을 변용함.

차례

머리말 3

01 모더니티와 포스트모더니티_'양적 사고'에서 '질적 사고'로 — 17

근대성의 기저—지도, 시계, 기하학, 그리고 시각제일주의 …… 20

모더니티와 포스트모더니티 …… 35

02 Detail, Tectonic, 그리고 Architecture — 51

디테일이란 무엇인가? …… 54

텍토닉이란 무엇인가? …… 58

Detail, Tectonic, 그리고 Architecture …… 62

왜 Tectonic을 말하는가? …… 64

어떠한 디테일이 텍토닉적인가? …… 66

03 Skin — 73

근대건축 이전의 재현적 외피 …… 77

근대건축외피의 추상성과 자율성 …… 85

근대건축외피의 추상성 | 근대건축외피의 자율성

근대건축 이후의 구조화된 스킨과 표면의 활성화 …… 99

건축외피의 진화와 표현 양상 …… 105

04 Fold — 109

형태의 폴딩건축 또는 형태발생적 폴딩건축 …… 113

피터 아이젠만의 형태발생적 폴딩건축 | 그렉 린의 형태발생적 폴딩건축

FOA의 형태발생적 폴딩건축

주름(Fold) ·· 123

들뢰즈는 무엇을 하려고 한 것일까? | 사건의 철학
사건과 주름

사건의 폴딩건축 또는 사건발생적 폴딩건축 ························· 148

사건의 건축 | 렘 콜하스의 사건발생적 폴딩건축
동일성과 차이

05 Program —— 171

프로그램으로 다가서기 전에 ·· 173

프로그램, 기능 그리고 사건 ·· 177

공간-평면 또는 라움 프로그래밍 ·· 180

Adolf Loos | Louis I. Kahn | Frank Gehry | SANAA

개방-평면 또는 개방적 프로그래밍 ···································· 192

Mies van der Rohe | Robert Ventury
Norman Forster | Rem Koolhaas

기능을 넘어서 ·· 203

06 Place —— 207

공간에서 장소로 ··· 209

장소(성)이란? ·· 211

장소의 강도적 특성 : 사건, 경험, 흔적 ································ 217

현대건축의 지형 하나 : 장소(성) ·· 220

참고문헌 223

01

모더니티와 포스트모더니티

_'양적 사고'에서 '질적 사고'로*

우리는 모두 다소간 리얼리즘적이고,
다소간은 모더니즘적이고 또 다소간은 포스트 모더니즘적이다.

__이합 핫산(Ihab Hassan), ≪포스트모더니즘의 개념정립을 위하여≫ **

과학의 발달은 또한 촉각, 청각, 후각, 미각 등의
감각기관을 통해서만 지각될 현상들을 시각적인 형태로
표현할 수 있는 방법을 발전시켰다.

__윌리엄 아이빈스 2세, ≪시각화의 합리화에 관하여≫ ***

언젠가부터 '포스트모던'이라는 단어를 사용하는 것이 촌스러운 것이 되어 버린 상황에 놓이게 되었다. 1990년대 초반의 포스트모던 논쟁은 2000년이 넘어 오면서 사라진 것처럼 보이며 그 사이를 후기구조주의와 친환경과 같은 패러다임들이 채우고 있는 것처럼 보인다.

'포스트모던'이라는 단어는 다양한 의미를 지니고 있다. 우선 영어의 'post'를 대문자로 쓰는가, 소문자로 쓰는가에 따라 다른 뜻을 가지고 있으며 'modern'이라는 단어 역시 마찬가지다. 이 책에서는 이러한 단어의 상이한 의미를 논하거나, 모던과 포스트모던의 정의나 의의를 논하고자 하는 것이 아니다. 단지 근대라고 말하는 것과는 다른 상황이 현재 펼쳐지고 있다는 의미에서 포스트모던이라는 단어를 사용하려고 한다. 이것은 후기 구조주의나 프랙탈(fractal), 급변론(catastrophe theory), 친환경, 발생학적 등등 근대라는 시기에 생각하는 것과는 다른 것이라는 의미에서 사용되는 모든 의미를 함축한다고 하겠다.[1] 현재의 현상들을 과거 근대의 연속성에서 보든지, 아니면 단절로 보든지, 근대의 보완으로 보든지에

---

* 무엇이든 어떻게든 근대와는 다른 변화하는 사고방식, 더 나아가서는 근대와는 다른 사고방식을 말하고자 하는 것이다. 소위 포스트모더니티 또는 탈근대성이 근대와는 다른 하나의 또 다른 역사단계의 출현이 아니겠는가 하는 것이다. 바티모(Gianni Vattimo, 약한 사고)나 젠크스(Charles Jencks의 'Jumping Universe')와 비슷한 생각이다.

** Ihab Hassan, 「POSTFACE 1982 : Toward a Concept of Postmodernism」, 『The Dismemberment of Orpheus: Toward a Postmodern Literature』 이 글에서 이합 핫산은 '모더니즘과 포스트모더니즘은 철의 장막이나 만리장성으로 완전히 분리되어있는 것은 아니다. 왜냐하면 역사에는 중복되는 부분이 있으며 문화는 과거, 현재, 그리고 미래에 걸쳐 스며들기 때문이다.'라고 말하고 있다. 김성곤, 「모더니즘과 포스트모더니즘」, 『현대시사상』 제3호, 1989년, 고려원, p.86에서 재인용

*** Alfredo W. Crosby, 『수량화 혁명』, 김병화 역, 2005, p.165에서 재인용

1 물론 이러한 개념에 대해 포스트모더니즘을 모더니즘의 하나의 특정한 종류의 위기로 보는 데이비드. 하비(David Harvey), 미완의 프로젝트로 보는 위르겐 하버마스(Jurgen Habermas), 제2의 근대성으로 보는 앤서니 기든스(Anthony Giddens)는 반대하겠지만 …….

대해서는 별로 의미가 없는 것 같다. 단지 우리는 건축과 관련되어 여러 방향으로 살펴볼 필요가 있다.[2] 우선 우리는 근대 이후의 즉 현대의 특성(나는 이것을 포스트모더니티라고 부른다.)을 알기 위해 우선 근대성이 무엇인지를 파악해야 할 것이다. 근대성은 바라보는 입장에 따라 매우 많은 견해차가 있다. 여기서는 르네상스, 계몽주의, 근대라는 시기로 넘어가는 사상적 기저를 우선 살펴보려고 한다.

근대성의 기저 – 지도, 시계, 기하학, 그리고 시각제일주의

우선 우리는 근대[3]라는 것을 알기 위해 근대성(modernity)을 살펴볼 필요가 있다. 근대성은 16세기의 르네상스와 세계경제의 출현과 더불어 시작되어 18세기의 계몽주의와 산업혁명이래 가속화되어 온, 서구세계가 이루어 온 문명과 시대를 표현하는 것으로 보면 큰 무리가 없을 것이다.

---

2 "현대건축의 리얼리즘이라는 문제에 관한 최근의 에세이에서 타푸리(Manfredo Tafuti)는 우리가 흔히 현대건축이라 칭하는 것을 해석하는 문제를 제기하였다. 20세기 건축의 모든 것을 포괄하고 있는 현대의 경험은 그 어떤 선형적인 형식으로도 더 이상 읽어낼 수 없는 것이라는 결론에 도달하고 있다, 반대로 그것은 다원적이고 다형적이며 위에서 아래로, 처음에서 끝으로 뿐만 아니라 가로지르거나, 사선으로 그리고 대각선 방향으로 흐르는 단면의 경로를 취하는 것이 적절해 보이는 복잡한 경험으로서 그 자체를 우리에게 드러낸다. 어떤 점에서, 현대적인 경험 그 자체에 고유한 복합성을 우리가 풀어내고 해명할 수 있는 것은, 20세기 건축의 다양하고 복수적인 경험으로 인해, 오직 그러한 류의 접근방식들 밖에 없다." 이그나시 데 솔라 모렐레스(Ignasi De Sola-Morales)의 「약한 건축(weak architecture)」에 나오는 이 문단의 번역은 두 개의 번역본이 있으나 두 명의 해석이 약간의 차이가 있었다. '약한 건축이'라는 단어의 개념은 이탈리아 철학자 지안니 바티모(Gianni Vattimo)의 『근대성의 종말(La fine della modernità)』에 나오는 탈근대 용어를 건축에 적용한 것이다. 이러한 의미를 염두에 두고 다시 정리한 내용임.

3 근대의 시작을 언제로 볼 것인가 하는 것은 학자들마다 의견이 다르지만 대체로 19세기 말 사회가 급격한 변화를 겪은 시기에서 2차 대전 이전의 시기에 근대성이 형성되었다는 것에는 의의가 없는 것처럼 보인다.

근대성의 가장 큰 특징으로는 도시화, 상업의 발달, 인구증가, 부르조아지의 탄생 등이며, 여기에 여러 가지 현상들이 뭉쳐서 생긴 현상으로 보고 있다. 근대성이란 근대가 가지고 있는 성격으로 근대의 사고의 형성의 기저를 살펴보기 위해서 더 앞으로 나아가 보겠다.

십자군 전쟁이후—십자군의 의도가 어찌하였든—도시가 발달하기 시작하고, 인구가 급증하기 시작하면서, 도시와 농민의 활기찬 교역뿐만 아니라 국제적인 교역도 발생하였고, 다양한 학문(철학, 과학), 아라비아 숫자, 신무기 등이 유입되어 연구되었으며, 중세후반기에는 급기야 인식의 혼란이 발생하기 시작하였다. 이에 이때까지 성직자, 귀족, 농민의 세 계급에서 새로운 계급, 부르주아지(bourgeoisie)가 탄생한다. 결국 교역과 상업으로 메디치가 같은 부류들이 나타나기 시작한 것이다. 부르주아지는 시장과 대학에서 시간을 보내는 사람들이었다. 늘어나는 인구, 급성장한 교회와 국가, 늘어나는 지식 등 이런 것들을 감당하기 위해 1,200년 쯤 길드라 부를 수 있는 대학이 나타났다. 또한 생활의 모든 항목의 단일 기준으로 환원되는 화폐가 사용되기 시작하였고, 모든 것에 가격이 붙고, 수량화되기 시작하였다.[4] 이러한 인식과 세계상의 변화를 가져온 것은 무엇인가? 여기서는 크게 시계, 지도, 기하학, 시각화에 대하여 살펴볼 것이다. 이 넷은 근대 인식 연구에 있어 따로 떼어놓고 보기 힘든 것이다.

고대의 시간은 존재와 공간과 그에 따른 행동과 결부되어 있었다.[5]

---

[4] Alfredo W. Crosby, 『수량화 혁명』, 김병화 역, 2005, pp.74-85

[5] "고대 문화의 종교적 인간들에게 있어서 모든 창조, 모든 경험은 시간 속에서 시작된다. 하나의 사물이 존재하기 이전에 그것에 고유한 시간도 존재할 수 없었다. 코스모스가 출현하기 이전에는 우주적 시간이란 없었다. 어떤 특수한 식물의 종이 창조되기 이전에는 그것을 기르고 열매 맺게 하며 죽도록 만드는 시간도 존재하지 않았다. 이런 이유로 해서

많은 인류학자들은 사회마다 상이한 시간, 공간 개념을 가지고 있을 수 있음을 보여주며, 시간 계산 자체에 신화와 전설이 매우 깊은 영향을 미치고 있음을 보여준다. 서구의 태양력은 태양과 지구의 운동주기를 기준으로 만든 천문학적 시간개념에 따른 것이다. 7일을 기준으로 하는 일주일의 개념은 천체의 운동, 천문학적 시간과는 무관하다. 이는 유대인에게 연유한다고 하는데, 아마도 '성서'의 천지창조 '신화'와 무관하진 않을 것으로 보인다. 고대의 시간은 천체의 순환적 운동에서 발견되는 리듬이었고, 순환적이고 반복적인 시간개념을 가지고 있었다. 기독교는 이러한 시간 개념을 바꾸어 놓았다. 최후의 심판이라는 종말을 설정한 이상 이제 시간을 더 이상 순환적일 수 없었고, 분명한 종말을 갖는 만큼 시작도 갖는 선형적인 시간으로 바뀌었다. 그러나 이것은 종교적 시간이며 시간의 각 부분은 동질적이지 않았다.

1,270년대 전후로 기계식 시계가 발명되었다. 근대적 시간 개념이 시계의 보급과 발전을 통해 형성되었다는 것은 널리 알려진 사실이다. 13세기경 발명된 시계는 처음에는 주로 수도원 등에서 쓰이다가, 16세기경 매우 넓게 보급되었으며, 특히 상업과 교역상[6] 시계가 필요했던 도시에서는 중요하게 사용되었다. 물로 만든 시계나 진자시계나 이제 시간은 규칙적으로 분절된 일련의 톱니바퀴에 의하여 시간은 균등하게 분절

모든 창조는 시간의 시초에, 태초에 행해진 것으로 상상되었다. 시간은 새로운 종류의 존재자가 최초로 출현할 때, 그와 동시에 솟아난다. 신화가 그처럼 중요한 역할을 담당하는 것은 이 때문이다." M. Eliade, 『성과 속』, 이동하 역, 학민사, 1996, p.68

[6] 17세기를 배경으로 한 에코의 소설 『전날의 섬』은 오랜 항해에도 오차가 없는 정확한 시계의 발명으로 경도의 비밀을 밝히려는 내용을 담고 있다. 여기에는 또한 이 글의 주제인 지도, 시계, 기하학, 그리고 그 시기의 많은 괴변들을 합리성의 이름으로 타당하게 여겨지는 이야기들도 담고 있다. 특히 여기서의 시계는 배가 이동한 시계를 통해 경도의 위치를 정확히 계산하기 위한 것이다. 이러한 해양시계는 1,735년 해리슨(John Harrison)이 완성했다. Umberto Eco, 『전날의 섬』, 이윤기 역, 열린책들, 1996

되었다. 시계는 눈에 안 보이는 흐름으로 존재하는 시간을 시각화하는 장치다. 시계는 직선적인 시간을 무한히 등분할 수 있는 것으로 만들었고, 그 결과 각각의 등분된 시간은 원판 사이의 숫자 간 거리로 표시되는 동질적 양이 되었다.[7] 시계장치로 시간을 기록하는 것이 사상과 행동에 끼친 영향은 대단히 총체적인 것이었다. 시간이 점차 추의 진동에 의하여 고정된 기계적 구분으로 기록되면서 전후방으로 단선적인 것으로 여겨지게 되었다. 시계의 똑딱거리는 소리를 통해 단선적으로 연결되는 과거와 미래의 개념은 모든 방식의 과학적이고 역사적인 개념들을 생성하였다. 그러한 시간의 도식 위에서 과거와 미래를 대칭적으로 보게 되었고 미래의 통제 가능성에 대한 강한 신념과 도식화가 이루어졌다. 등질적이고 보편적인 시간개념이 이윤율, 이자율, 시간당 임금, 기타 초기 자본주의적 의사결정에 있어 중요한 양적 개념들에 대하여 가지는 의미는 훨씬 더 중요했다.[8] 이제 시간은 신에게 속한 것이 아니라 임의 규정되고, 임의 측정 가능한 것이 되어 버렸다. 유럽의 도시에서 발달한 초기 자본주의가 원했던 균질한 시간에 의해 인간은 역사상 처음으로 삶과는 독립적인 순수한 존재가 되었다. 실체도 없는 시간에 족쇄를 채운 것이다. '시계처럼 움직이는 우주'[9]라는 사고는 14세기 이후의 일이었다.

공간에서 균질하고 무한한 성질을 유추하였던 것처럼, 시간에 무한한 성질을 부여한 시계는 신의 무한한 지혜와 이론적으로 양립 가능하게 되었다 이제 생성으로서의 시간개념, 즉 신화적이고 인간적인 시간개념이 분석적이고 과학적인 시간개념과 분리되었음을 뜻하고 시간이 대수적 수로 환원될 수 있는 동질적인 양이 되었음을 의미한다.[10]

---

7 Richard Morris, 『시간의 화살』, 정윤근·김현근 옮김, 소학사, 1990. pp.16-41

8 David Harvey, 『포스트모더니티의 조건』, 구동회·박영민 옮김, 한울, 2002, p.295

9 Alfredo W. Crosby, 『수량화 혁명』, 김병화 역, 2005, p.113

유럽 봉건주의라는 상대적으로 격리된 세계에서 “장소”는 엄격하지 않는 영토적 경계 안에서 사회적 관계와 공동체의 상대적 자율성을 나타내는 한정된 법적·정치적·사회적 의미를 나타내었다. 이러한 중세 세계에서 작동하는 파괴적인 힘들이 있었는데 도시화에 따른 계급 갈등, 시민권 투쟁, 인구집중, 교리갈등, 사라센의 침입, 십자군 등이 그것이다. 또한 처음에지역사회 사이에서 일어났던 화폐화와 상품교환의 진보는 나중에는 독립적인 상인무역의 형태를 띠며 중세와는 다른 형태로 발생하였다.[11]

특히 십자군 원정으로 인한 새로운 지식의 유입과 새로운 그리고 광대한 지리상의 발견들은 새롭게 흡수되어야하고 표현되어야 했다. 이와 더불어 지구를 유한하고 이해할 수 있는 것으로 표현하려 했으며 따라서 지리적 지식은 가치 있는 상품이 되기 시작했다. 나침반이 들어오면서 새로운 교역국을 찾으려는 항해가들을 위해 항해도가 그려지기 시작했다. 결국 톨레미(Ptolemy)[12]의 지도가 제작되기 시작하였다. 지구는 모눈종

10 영어단어 ‘time’은 여러 가지 의미를 가지고 있다. 시간, 때, 시기, 동안, 당시, 경우 등 대부분 시간과 관련된 것이지만, 복수 ‘times’는 번(番), 배(培), 회(回) 등 수량과 관계있는 의미로 사용된다. 우리는 각기 다른 의미에 따라 각기 다른 단어를 사용하지만, 서양은 시간이란 단어를 여러 가지 의미로 사용하고 있다. 우리는 시간을 가지고 시간에 시간외의 어떤 기준을 적용하는 것이 드문 반면, 서양은 칸트가 절대적 시간과 공간을 선험적 조건으로 상정한 것처럼, 시간을 어떤 행동이나 사고의 기준으로 적용한다. 이러한 예를 보르헤스의 소설에서 볼 수 있다. “여기서 내가 ‘머나먼’이라고 말한 것은 공간은 시간에 의해 측정되고…….”(Jorge Louis Borges), 『칠일밤(Siete Noches)』, 송병선 역, 현대문학, 2004, p.90. 다른 예는 최근의 영화 ‘루시’에서 주인공 루시와 노먼 박사의 대화내용에서 볼 수 있다. “시간은 존재를 규정하는 것이고 시간은 유일한 계측 단위이며 물질의 존재를 증명하는 것이고, 시간이 없으면 존재하지 않으며, 시간이 없으면 우리는 존재하지 않는 것이다. / 시간만이 유일한 것이다.(Time gives legitimacy to its existence. Time is the only true unit of measure. It gives proof to the existence of matter. Without time, we don't exist. / Time is unity.)”

11 십자군 원정과 도시의 발달, 그에 따른 중세의 붕괴, 새로운 계급의 출현, 절대 왕정의 형성은 밀접한 관련이 있다. 강대석, 『서양 근세 철학』, 서광사, 1985

이 위에 균질한 면으로 그려지기 시작하였다. 이미 항해사들이 사용했던 포톨란 차트(potolan chart), 지주들이 사용했던 부동산지도와 같은 특수한 목적을 위한 지도가 없는 것은 아니었지만, 1400년 경 알렉산드리아에서 플로랑스에 이르는 톨레미(Ptolemy) 지도[13]의 도입은 르네상스의 발견과 시각주의 또는 원근법주의의 발견과 이용에 결정적인 역할을 했다.[14] 그리드를 디자인하고 그 속에 장소들을 찍어나가면 외계에서 어떻게 보일까하고 톨레미는 상상했던 것인데 이 의미는 첫째, 인지 가능한 총체성으로서 지구를 바라보는 능력, 둘째, 지구를 평면 위에 표현하는 총체적인 문제에 광학에서처럼 수학적 원리를 적용할 수 있었다는 것이다. 그 결과 공간은 무한하지만 인간의 점유와 행동을 위하여 정복될 수 있고

---

12 '프톨레마이오스(Ptolemaeos, Claudios)'의 영어 이름이다. 책에 따라 '톨레미'나 '프톨레마이어스'로 달리 부르고 있다. 여기서는 인용문의 이름도 모두 톨레미로 통일하였다.

13 "중세의 지도는 지리학보다는 '성서'의 신학에 기초하고 있다. 따라서 항해나 여행에 전혀 도움이 되지 못했다. 서구에서 지도가 지리학적 관점에 따라 만들어지게 된 것은 톨레미(프톨레마이어스)의 책 덕분이었다. 1395년 플로랑스의 지식인과 상공인들 몇몇은 그리스어를 공부할 목적으로 스터디그룹을 결성한다. 그들은 비잔틴 출신의 문헌학자 크리솔로라스(Chrysoloras)를 선생으로 맞아 공부했는데, 그들은 그리스어 문헌을 사오기 위해 자코포 단지올로(Jacopo d'Angiolo)와 함께 콘스탄티노플로 다시 돌아간다. 하지만 배가 난파하여 대부분의 책들을 분실하였는데 간신히 남겨온 책 중의 하나가 톨레미의 '지리학'이었다. 이 책에는 세계지도가 그려져 있었는데, 그것은 지금 전해지지 않고, 다만 훌륭하게 모사된 것들이 여러 부 전해진다고 한다. 위도와 경도로 공간을 분할하고 격자의 망을 통해 지도를 그리는 방법은 톨레미의 '지리학'에 기원을 두고 있다." 이진경, 『근대적 시·공간의 탄생』, 푸른숲, 1997, p.47

14 "포톨란이 세계 전체를 이해하기 위한 기하학적 틀을 제공한 것은 아니다. 다른 한편, 톨레미의 좌표는 바로 수학적인 통일성을 마련해 주었다. 방향 관계뿐만 아니라 비율 거리를 명백하게 하기 위하여 좌표를 바꾸지 않음으로써 아주 넓은 장소들이 서로와의 관련 속에서 모두 정확하게 지정될 수 있었다.…톨레미 체계는 플로랑스인들에게 있어 지리적 지식을 수집하고 대조하고 수정하기 위한 완벽하고 확장 가능한 지도학적 도구 노릇을 했다. 무엇보다도 그것은 플로랑스인들이 모든 예술에서 추구하였던 기하학적 조화라는 미학적 원리를 지리학에 제공해 주었다." Edgerton, S. 『The renaissance rediscovery of linear perspective』, New York, 1976, David Harvey, 『포스트모더니티의 조건』, 구동회·박영민 옮김, 한울, 1994, p.288에서 재인용

통제될 수 있는 것처럼 여겨졌다. 공간은 수학적 원리[15]에 따라 상상 속에서 마음껏 활용될 수 있었던 것이다. 이러한 맥락에 뒤이어 코페르니쿠스(Nicolaus Copernicus), 갈릴레오(Galileo Galilei), 뉴턴(Isaac Newton)으로 이어지는 자연과학의 혁명이 일어났던 것이다.[16] 이러한 시각주의는 사회의 여러 방면으로 퍼져 나갔다.

브르넬레스키(Filippo Brunelleschi)와 알베르티(Leon Battista Alberti)에 의한 원근법주의가 고딕건축을 대신하였으며, 이러한 사유방식이 확장되면서, 무한자, 운동과 힘, 사물의 포괄적이고 개방적인 통일성이라는 개념을 도구로 모두에게 매력적인 17세기의 바로크 건축과 같은 다양한 방식으로 다듬어졌다. 이런 건축물들은 여전히 종교적이기는 하지만 '투영기하학, 미적분, 시계장치, 뉴턴의 광학이 나오기 이전의 보다 단순한 시대에서는 생각할 수 없었던' 것이었다.[17]

지도 투영법과 지적 측량기법의 발전에 따라 토지소유권, 영토경계, 행정과 사회적 통제의 영역, 통신경로 등을 더욱 정확하게 기록하게 되어 인류역사상 처음으로 지구 전체가 하나의 공간적 틀 속에 표현될 수 있도록 했다[18]. 지도는 이제 공간적 여정과 공간적 이야기들의 풍부한 다

---

15 톨레미의 지도는 공간을 추상화하여 생각할 수 있는 기하학적 사유에 기초를 두고 있는 것이다. 투시법은 시점과 지표면, 지축의 점들 간의 관계를 수학적으로 분명하게 할 수 있게 해준다. 반대로 격자화된 좌표의 동질적 공간 속에서 대지의 형상을 그리는 지도제작법은 추상적 공간에 대한 사유의 발전을 자극한 것이다. 데카르트의 공간과 해석기하학은 이런 맥락 속에서 발생하지 않았나 생각한다.

16 David Harvey, 『포스트모더니티의 조건』, 구동회·박영민 옮김, 한울, 1994, p.289

17 Spiro Kostof, 『A history of architecture』, Oxford, 1985, pp.405-523

18 이러한 지도의 제작은 '강력한 중앙집권적인 군주제의 꾸준한 지원 속에서' 이루어졌다. 이렇게 제작된 지도를 기반으로 프랑스 국민국가의 합리적 공간통합을 위한 행정적 효율성뿐만 아니라 교역 및 상업적 효율성 제고에 중점을 둔 계획이 성립되었고, 이는 중앙집권적인 국가권력을 유지시키려는 도구적 목적으로 사용되는 지도의 '냉엄한 합리성'을 보여준다. 이제 공간정복과 합리적 배열이 필수적인 분야가 되었다. 차이점은 이번에

양성을 등질화하고 물신화시켜 버린다. 수학적 원리의 적용은 '추상적 장소의 형태적 조화'를 만들어내고 '동일한 평면' 위에 전통적으로 물려받은, 혹은 관찰에 의해 만들어진 이질적 장소들을 끼워 맞춘다. 지도는 지도를 생산한 행동의 모든 흔적들을 점차로 지워버렸다. 중세지도는 질감을 가지고 있어서 그러한 흔적들이 있지만, 수학적으로 엄격한 계몽주의시대의 지도는 아주 다른 성질을 갖고 있었다. 불연속적이고 이질적인 실제 경로들의 공간을 등질적이고 연속적인 기하학적의 공간으로 바꾸어 놓은 것이다.[19]

중세의 과학은 십자군운동으로 다시 유입된 아리스토텔레스의 우주관과 기독교의 교리로 종합되어 17세까지 정통적 사상으로 인정받았다. 중세의 과학에서는 양의 불변하는 필연적 관계를 체계화한 학문인 수학은 부단히 질적으로 변화하는 지상의 자연현상과 운동을 정량적으로 파악할 수 없는 것이었다.[20] 아직 정량적으로 사고하는 톨레미보다는 질적으로 사고하는 플라톤이나 아리스토텔레스의 후계자에 더 가까운 스콜라 철학자들은 계측된 양의 개념으로 사고하는 것에 익숙하지 않았다.[21]

그러나 코페르니쿠스, 갈릴레오, 데카르트가 그 결절점에 서있는 과학혁명의 시대가 오면서 자연을 수학화, 기하학화하여 대수적으로 표현하고 분석적 방법을 사용하기 시작하였다. 근대과학혁명에서 이것의 의미는 큰 것인데, 중세의 스콜라 철학자들이 양으로 사고하는 것에 익숙하지 않은 반면 르네상스에 나타난 새로운 인류 즉 부르주아(Bourgeois)들은

는 공간이 신의 영광을 드러내기 위해서가 아니라 의식과 의지로 무장한 자유롭고 활동적인 개인으로서 인간의 해방을 추구하고 이를 축복하기 위해 만들어졌다.

19 David Harvey, 『포스트모더니티의 조건』, 구동회·박영민 옮김, 한울, 1994, pp.293-296

20 김필년, 『동·서 문명과 자연과학』, 까치, 1992, pp.89-93

21 Alfredo W. Crosby, 『수량화 혁명』, 김병화 역, 2005, p.93

이러한 사고에 익숙했다. 이러한 경향이 과학으로 침투하기 시작하여 과학에서도 왜? 라는 질문 보다는 사물의 정량적 관계만을 다루기 시작하였다. 코이레(A. Koyré), 카시러(E. Cassirer), 후설(E. Husserl) 등의 연구를 통해 보면 중세에서 계몽주의로 넘어가면서 형성되는 근대의 정신은 무엇보다도 자연을 정량적으로 파악하였다는 것이다.[22]

16세기 광학과 천문학의 발달로 신학적, 전통적 우주관은 폐기되고 새로운 우주관이 나타난다. 다른 어떤 외적인 것에도 무관하고, 항상 비슷한 상태로 부동으로 남아있는 '절대적 공간'인[23] 뉴턴의 우주관은 균일하고 측정 가능한 것이었다. 수학에서는 아라비아수의 사용과 수학연산기호의 사용 등으로 대수가 나타났다. 갈릴레오 갈릴레이가 자연을 기하학화하고, 후에 데카르트가 이것을 더욱 발전시켜 자연을 대수학화하였다.

특히 갈릴레오의 경우를 보면, 코페르니쿠스 그리고 케플러(Johannes Kepler)의 업적에도 불구하고 또한 그들이 중세의 세계관을 부정하는 근대과학의 중요한 일부분임을 인정하면서도, 근대 과학의 결절점에 갈릴레오를(그리고 종종 데카르트를) 세우는 것은 지극히 일반화되어 있다. 그것은 단지 간명함으로 환원되지 않는 근대 과학의 본질을 이루는 요소들을 그

22 Koyré Alexandre, 『Étude de Galiléé』/ E. Husserl, 『서양의 위기와 현상학』, 이종훈 역, 경문사, 1989 / E. Cassirer, 『계몽주의 철학』, 박완규 역, 민음사, 1995

23 "코페르니쿠스의 지동설, 문제는 태양이 중심이라는 것이 아니라 우주가 우리가 생각한 것보다 무한히 크다는 것, 그리고 브르노(G. bruno)의 말대로 우주가 하나의 보편적인 공간이라면, 그래서 균질한 보편적 공간을 상정할 수 있다는 것이고, 그래서 공간이 균질하고 계측가능하다면, 수학적 분석의 대상이 될 수 있다면, 인간의 지성은 세계도처에 도달하게 된다." Alfredo W. Crosby, 『수량화 혁명』, 김병화 역, 2005, pp.138-139 / "브루노(G. Bruno)는 '무한한 공간은 무한한 성질을 가지며, 그러한 무한한 성질은 실존의 무한한 행위에 의해 찬미된다.'고 했다." Spiro Kostof, 『A history of architecture』. Oxford, 1985 p.537. 무한한 공간이라는 개념은 결국 특정한 장소에 바탕으로 하는 위계적인 권위와 권력의 체계에 대한 심각한 도전으로 로마는 받아들인 것이다.

가 제기했기 때문이다.[24] 톨레미의 체계는 지구를 중심으로 하는 우주를 설명하는데 77개의 원을 필요로 했다. 코페르니쿠스는 태양을 중심으로 가정한 지동설에서 그 원을 반수인 33개로 줄였고 다시, 케플러는 단 3개의 법칙으로 요약되는 우주의 운행 법칙을 제시하였다.[25] 이러한 수학적 계산의 간명함은 편리성 이것은 진리는 아니나 그 간편함으로 진리임을 떠나서 근대의 과학혁명이 시작하는데 중요한 역할을 했다.

후설은 갈릴레오의 물리학의 동기를 자연적 성질이나 법칙을 수학적으로 파악하는 것에 두었다고 하며, 이런 뜻에서 갈릴레오 물리학의 근본사상은 수학적 우주로서 자연 개념에 있다고 본다.[26] 자연의 수학화[27]를 위해서 가장 중요한 수단은 기하학[28]이었다. 이러한 사고는 곧바

24 이진경, 『근대적 시·공간의 탄생』, 푸른솔, 1997, p.91

25 "이들(코페르니쿠스와 케플러)은 각각 수학적 단순화와 형언할 수 없이 조화롭고 미적으로 뛰어난 이론을 얻었다. … 그들이 좀 더 간단한 수학적 이론을 선호한 것은 철저하게 근대적인 과학 태도이다. … 수학자와 천문학자들은 특히 케플러의 연구 이후에 새 이론의 간단함에 감명을 받았다. 또한 항해와 역법에 관한 계산에서 훨씬 더 편리해졌으므로 새 이론이 진리임을 확신하지 않던 많은 지리학자와 천문학자들이 그럼에도 불구하고 그것을 사용하기 시작하였다.", M. Kline, 『지식의 추구와 수학』, 김경화·이혜숙 옮김, 이대출판부, p.102, 104. 이진경, 『근대적 시·공간의 탄생』, 푸른솔, p.90에서 재인용

26 "그러나 이제 갈릴레이에 있어서 이미 수행된 다음과 같은 극도로 중요한 것에 주목해야 한다. 즉 유일한 실제적 세계, 지각을 통해 현실적으로 주어진 세계, 언제나 경험되거나 경험할 수 있는 세계–이것은 우리의 일상적인 생활세계이다–대신에 수학적으로 그 토대가 된 이념성들의 세계를 대치 시켰다는 것에 주목해야만 한다.… 이념성들의 기하학에 앞서 이념성들에 관해 아무 것도 알지 못하였던 실천적인 토지측정술이 있었다. 그러나 이와 같은 기하학 이전의 작업수행은 기하학에 대한 의미의 기저였으며, 이념화작업이라는 위대한 발병에 대한 기초였다. 이 발명에는 기하학이라는 이념적 세계의 발명, 또는 '수학적인 존재'를 창조하는 구성들을 통해 객관화하는 규정의 방법론의 발명도 마찬가지로 함께 포함되어있다." E. Husserl, 『서양의 위기와 현상학』, 이종훈 역, 경문사, 1989, p.65

27 코이레(Alexandre Koyré)의 선구적 연구는 근대 과학과 갈릴레이, 갈릴레이와 경험과학이라는 등식을 깨고 갈릴레이로 대변되는 근대 과학혁명의 요체가 자연의 수학화였음을 밝힌 바 있다. 이진경, 『근대적 시·공간의 탄생』, 푸른솔, p.91 각주에서 재인용

로 그리고 대단히 확장되어서 기하학과 시간, 공간적 형태들의 순수 수학 전체에 걸쳐 적용되었고, 이 시간, 공간적 형태들은 이제 전적으로 방법적인 의도에서 대수학적으로 형식화되었다. 그리하여 기하학의 산술화가 나타나고 순수형태(이념적인 직선, 원, 삼각형, 운동, 위치관계 등)의 영역 전체의 산술화가 진행되었다. 이리하여 실제 직관적으로 주어진 세계를 방법적으로 객관화하는 작업으로서 행해지는 세계를 간접적으로 수학화하는 작업은 일반적인 수와 기호로 만들어진 공식들을 초래하였다. 이제 기하학에서 대수학으로[29] 발전하기 시작한 것이다.

또한 갈릴레오의 다른 중요한 혁명적 전환인 방법을 과학에 도입하는데 그것은 근대적 사고의 전반을 확립하는 분석적 방법의 사용이다. 갈릴레오는 복잡한 포물선 운동 등을 간단한 직선운동들로 분해할 수 있었고, 항상 관측되는 감속운동으로부터는 공기의 저항이나 표면의 마찰이 없는, 실제로는 존재하지 않고 따라서 관측할 수도 없는 조건을 가정한

---

28 갈릴레오는 운동에 관한 수학적 과학의 기초를 세우는 데에는 성공했다. 그는 등속운동과 등가속운동의 개념 두 가지 모두를 정의했고 모두 수학적인 방법으로 기술했다. 그의 견해로는 기하학이 바로 과학의 표준이었기 때문에, 그는 그의 결과들을 대수적인 식들이 아니라 기하학적이 비율로 표현했다. 그러나 이 비율들은 오늘날 역학의 입문과정에서 누구나 배우는 속도, 가속도, 시간 및 거리 사이의 관계를 나타내는 다음과 같은 운동의 기본 공식들과 같은 것들이다.

$v = at$

$s = 1/2at^2$

$v^2 = 2as$

Richard S. Westfall, 『근대과학의 구조』, 정명식 역, 민음사, 1992, p.42
이 공식에서 알 수 있듯이 이제 시간은 절대적 기준이 되는 최소 단위로 분할 가능하고, 측정 가능한 정량적인 것이 되었다.

29 "실제 직관적으로 주어진 세계를 방법적으로 객관화하는 작업으로서 행해지는 세계를 간접적으로 수학화하는 작업은 일반적인 수의 공식들을 초래하였다. 이 수의 공식들은 일단 얻어지면, 다른 것에도 적용될 수 있는 방식으로 그것들 아래 포섭될 수 있는 개별적인 경우들을 사실적으로 객관화하는 작업을 수행하는 데 이바지할 수 있는 것이다." E. Husserl, 『서양의 위기와 현상학』, 이종훈 역, 경문사, 1989, p.55

관성운동을 생각해 낼 수 있었다. 이런 식으로 간단한 요소로 분해하고 이상화된 조건을 가정해 줌으로써 갈릴레오는 정확하고 논리적인 수학적 방법을 사용할 수 있게 되었다.[30]

한편 데카르트는 진리의 모델을 수학에서 발견하며, 수학을 통해 사유의 모델을 구성하는 한편 자연을 수학화하려던 갈릴레오의 이념을 정당화하고, 해석기하학[31]을 창안함으로써 기하학을 산술화하며 갈릴레오의 이념을 확장하였다. 이제 길이, 면적, 체적 등을 구분하지 않고 모두 다 대수적인 수와 대응시킬 수 있다고 생각하게 되었다.[32] 이후 페르마(Pierre de Fermat)는 좌표변환 방법의 도입 등 위치를 좌표로 표시하고 곡선을 대수적 방식으로 표시하는 방법을 제시해[33] 기하학은 이제 완전히 대수적 영역으로 환원되었다. 이제 공간은 그 물리적인 특성이나 종교적인 의미 등 모든 특성과 무관한 대수적인 좌표로 환원되고 일정한 단위로 분할 가능한 추상적인 공간이 된다.

뉴턴에 이르면 이러한 공간 개념과 더불어 시간을 절대적인 기준으로 상정하고 모든 운동을 시간에 대한 변화율로 보며, 운동과 연관된 다른 개념, 운동량이나 힘을 그러한 변화율로서 파악하려고 했다. 뉴턴이 완성한 근대적 우주관의 중심에는 절대적이고 등질적인 시간이 기준으로서 자리 잡고 있었다.

---

30 김영식, 『과학혁명; 근대과학의 출현과 그 배경』, 민음사, 1989, pp.59-60

31 과학의 어휘의 기초와 해석기하학의 기초를 닦은 파리대학의 오렘(Nicole d'Oresme)은 사물의 성질(온도, 가속도 등)을 기하학적 방법으로 다루었고, 가속도까지 기하학으로 표현하기에 이르렀다. 그의 영향으로 해석기하학의 체계적인 이론의 기초는 후에 데카르트가 개발했다.

32 R. Decartes, 『방법서설; 정신지도를 위한 규칙들』, 이현복 역, 문예출판사, 1997, pp. 125-141, 『방법서설』의 부록형식을 갖춘 「기하학」에서는 한층 더 발전된다.

33 이종우 편저, 『기하학의 역사적 배경과 발달』, 경문사, 1997. pp.203-211

중세 후기에 이르게 되면 추상적인 생각을 구체적인 그림으로 보여주려는 경향이 유행하였다. 정신적 생활은 전반적으로 구체적인 표현을 추구했고, 인간의 머리로 생각할 수 있는 모든 것은 구체적이면서도 회화적인 것으로 대체되었다. 따라서 문학과 회화 등 예술작품은 사물을 세부까지 정확하게 묘사하려는 강박관념이 생겼으며, 사물을 묘사하는데 적합하다는 이유로 시보다는 산문이 유행하게 되었다.[34] 중세의 후기인 특징 중 하나인 시각적인 경향이[35] 이제 모든 것을 압도하게 된 것이다.[36] 개념은 무엇보다도 눈에 보이는 형태로 표현되어야 했다.

15세기 중엽 브르넬레스키와 알베르티에 의해 개발된 투시법[37]은 르네상스의 근본적인 업적으로 그 후 4세기 동안 사물을 보는 방법(ways of seeing)을 고정시켜 놓았다. 투시법의 지도나 회화들의 고정시점은 조형적, 감각적인 범위로부터 완전히 동떨어져 있다. 그것은 냉담하게 기하학적이고 체계적인 장소감을 만들어낸다. 시각주의 또는 원근법주의는 이제 개개인의 보는 눈(seeing eye)으로 세계를 생각하게 되었다. 그것은 신화나 종교에서 말하는 진리에 견주어 개개인들이 어떤 의미에서든 '진리'라고 보는 것을 표현하기 위하여 광학과 개인의 능력을 강조하는 것을 의미한다. 개인주의와 시각주의의 연계는 아주 중요한데 이로 인해 데카르트의 합리성의 원리를 위한 물적 토대가 효과적으로 마련되었고 합리성의 원리는 계몽주의와 결합되었다. 이로 인해 창조적인 개체로서

---

34 이것은 예전의 암송 형식을 압도하는 보다 새로운 읽기의 관습이 정착되었다는 것을 의미한다. 즉 묵독을 시작한 것이다. 이것은 빠르고 편하게 좀 더 많은 양의 책을 읽을 수 있다는 것을 의미한다.

35 근대 합리주의의 아버지인 데카르트 역시 광학에 심취하지 않았던가?

36 Johan Huizinga, 『중세의 가을』, 이종인 역, 연암서가, 2012

37 투시법이 지도제작술에 직접적인 영향을 미쳤다는 것은 잘 알려진 사실이다. 이는 사물들을 공간적으로 표상하는 방식, 아니 공간자체도 상이한 것으로 변화할 수 있다는 것을 의미한다. 알베르티는 원근법의 해설서(1430년)를 저술했다.

예술가, 과학자, 기업가의 지적활동과 아우라를 향한 장인적이고 토착적인 전통으로부터 예술적, 건축적 실천부분이 분리되었다.[38] 이러한 시각화와 정량적 시간의 영향으로 음악에서는 절대적 시간을 이용한 정량적 기보법이 15세기에 발전하게 되었다.

원근법은 공간까지 수량화할 수 있게 만들었다. 원근법에 의한 공간의 특징은 시대와 장소를 초월하여 균질하다는 것이며 점차 공간을 이런 방식으로 바라보는 시각이 우세해 졌다. 시각을 중시하는 관점은 공간을 기하학적으로 보고 생각할 수 있게 해주었다. 시각을 특별히 중시해서 누린 최대의 이득은 실제로 눈에 보이는 사물이나 현상과 그것을 단일한 단위로 계측한 결과가 일치했다는 점이다. 그 결과 무엇을 정의하려면 그것을 필요한 최소단위로 환원하라는[39] 것이었다.

시각주의의 영향을 받은 지도와 시계는 유럽의 식민지 정책에서 자연을 정복할 수 있는 기반을 제공하는 데 있어 중요한 요소였다. 이러한 지도는 공간을 추상적이고 등질적이며 보편적인 성질을 가지는 즉, 공간을 안정적이고 인지할 수 있는 사유와 행위의 틀로 생각함으로써 이를 정복하고 통제할 수 있는 것으로 만들었다. 그리고 시계는 시간을 정량적이고 측정 가능한 것으로 만들어 후에 자연의 기하학화에, 더 나아가 공식화함에 있어 절대적인 기준을 이루었다. 지도와 시계는 세계가 어떻게 조직되어야 하는가에 대한 계몽주의적 견해 속에서 필수적인 도구였

---

38 Spiro Kostof, 『A history of architecture』, Oxford, 1985, pp.403-410 / David Harvey, 『포스트모더니티의 조건』, 구동회·박영민 옮김, 한울, 1994, pp.287-289
이로서 17세기의 데카르트를 비롯하여 철학자들이 왜 광학을 연구하였는지 어느 정도 이해할 수 있다. 또한 더 나아가 바로크 시대에 살롱에서 왜 그토록 많은 괴변이 쏟아져 나왔는가도 어느 정도는 설명할 수 있게 되었다 또한 이것은 후에 보게 될 것이지만, 고전적 의미의 테크네(techné)가 17세기말, 예술가나 장인이 예술 혹은 수공의 기술적 요소로 사용하는 방식 혹은 테크닉으로 대체되는 배경을 보여주는 것이기도 하다.

39 Alfredo W. Crosby, 『수량화 혁명』, 김병화 역. 2005, pp. 278-279

던 것이다. 지도와 시계에 의해 더욱 발달된 기하학은 의미를 잃어버린 공간의 등질화와 자연의 수학화에 결정적인 역할을 한다. 기하학은 대수학으로 발전하여 산술화되는데 이러한 기하학의 산술화는 거의 자동적으로 어떤 방식으로는 '그 의미의 공동화'로 이끌며 사람들은 대수학의 계산에서 자동적으로 기하학의 의미를 뒷전으로 밀어내며 더구나 완전히 탈락시킨다.[40] 기하학의 산술화는 기하학적 성질을 대수적인 수라는 어떤 하나의 공통된 요소로 환원함으로써 다양한 경우에 대한 계산 가능성을 증진 시켰지만, 그것은 직관적인 의미를 상실한다는 대가를 치러야만 가능했던 것이다.[41] 세상을 수량화와 시각화로 설명하려는 것이 근대과학의 목표이며 특징이었다. 이것은 또한 근대 유럽사상 전반을 지배한 사상적 원점을 형성했다. 근대 과학을 특징짓는 갈릴레오의 이념은 공간을 대수적 공간으로, 시간을 절대적 기준으로 삼음으로서 완성되었다. 즉, 자연을 기하학화려는 선행조건으로서의 지도와 기하학의 산술화와 그 계산 가능성을 열어준 시계, 그리고 기하학의 대수학으로의 발전,

40 E. Husserl, 『서양의 위기와 현상학』, 이종훈 역, 경문사, 1989, pp.59

41 "17세기의 내적 견고성은 특히 프랑스 고전주의 문화 속에 들어 있는 견고성은 바로 모든 영역에로 확장되는 통일성의 요청에 의존한다.… 왜냐하면 18세기에도 여전히 이성의 근본 역할로 인정되기 때문이다. 이런 통일화 없이는 사실에 대한 합리적인 통제와 조절이 불가능하다. 하나의 다양을 인식한다는 것은 그 구성 요소들을 보편적 규칙에 따라 상호연관 짓는 것을 뜻한다. 이러한 형태의 추론적(diskursiv) 인식은 데카르트에 의하여 수학적 인식의 기본형식으로 성립되었다. 그에 의하면, 모든 수학적 계산은 결국 이미 알려진 양과 미지의 양 사이의 비례적 관계를 결정짓는 일이다. 그리고 이 비례적 관계는, 기지의 것과 미지의 것이 하나의 공통된 것으로 환원될 때, 엄밀하게 결정될 수 있다. 기지의 것과 미지의 것 양자는 모두 양으로 환원되어야 하고 이 양으로서의 양자는 수로 환원되어야 한다. … 18세기의 사상은 이 기본적 방법을 고수하고 이를 점차로 광범하게 적용하고자 한다. 이런 확대로 인하여 순수 수학적이던 〈계산〉의 개념이 변질된다. 계산은 이제 단순히 수나 양에만 적용될 뿐만 아니라 성질들의 영역에까지 파급된다. … 이제 〈계산〉의 개념과 과학의 자체의 개념은 그 외연이 동일하게 된다. 다양한 것들을 기본적인 관계들로 환원시킬 수 있을 때에는 언제나 계산이 가능하다." E. Cassirer, 『계몽주의 철학』, 박완규 역, 민음사, pp.41-42

모든 것을 시각화하려는 노력은 그 후 사상계를 지배하였던, 모든 것이 단 하나의 조건[42]으로 환원되는 기계론적 사고의 필수적인 중심 요소였다.

모더니티(modernity)와 포스트모더니티(postmodernity)

근대 건축사에 있어서 역사가가 가장 어려워하는 문제는 근대의 시기를 어디로 보는가 하는 것이다. 근대의 시점을 결정한다는 것은 그 역사가의 사관을 보여준다. 서구에서조차도 근대의 개념규정은 아직 확실하지 않다. 다만 많은 학자들의 다양한 근대의 관점에도 불구하고 어떤 공통점이 있다. 우선 '근대'를 특정한 역사적 시기를 지칭하는 것으로 간주하면, '근대화'는 근대의 진행, 역사적 과정이자 사건으로, '근대성'은 근대화 과정에서 발현되는 특수한 체험과 의식 또는 성향으로, 그리고 '근대주의(모더니즘)'는 근대화가 가져온 긍정적, 부정적 상황에 대처하려는 온갖 문화적 노력이자 비전, 혹은 관념으로 볼 수 있다. 여기서는 무엇보다도 모더니티(modernity) 또는 포스트모더니티(postmodernity)[43]에 대해 알아봄으로써 다른 것들을 통합하고자한다. 모더니티란 근대의 성격이며 모더니즘이란 모던한 시기의 사조라는 의미 역시 가능하기 때문이다. 이것은

---

42 "중력과 같은 자연의 거대한 힘이 전적으로 질량의 배치 구조에 의해서 결정되었다. 이처럼 배치구조가 자신의 변화를 결정하게 됨에 따라 과학 사상의 영역은 완벽하게 폐쇄되고 말았다." A. N. Whitehead, 『과학과 근대 세계』, 오영환 역, 서광사, 1989, pp.82

43 modernity 또는 postmodernity를 근대성 또는 탈근대성으로 번역하지 않고 원음의 독음을 사용하려고 한다. 영어는 우리글과 달라 하나의 단어에 많은 의미를 내포하고 있다. 예를 들어, modernity라는 단어도 사용에 따라 근대성, 현대성 등으로 번역되고 있다. 근대성 또는 탈근대성이라는 단어를 사용하게 되면 편협한 의미에 치중하여 그 의미를 상실할 우려가 있기 때문이다.

포스트모더니티에도 똑같이 적용된다.[44]

모더니티란 그 전시대와는 아주 다른 엄청난 사회적, 문화적 변화[45], 기술적 발전[46]과 그것의 따라잡기 힘든 변화의 속도감이며, 그것을 가능하게 해주는 사회, 국가, 민족의 제반 기초들의 확립[47]과 그에 따른 시간, 공간에서의 새로운 경험[48]을 말하는 것이다. 이러한 모더니티를 설명하기 적절한 표현은 보들레르(Baudlaire)의 '현대생활의 화가'라는 에세이에서 말한 근대성이 갖는 두 가지 얼굴 즉 '영원불멸한 측면'[49]과 '순간적, 일시적, 우연적 측면'[50]이라는 설명과 마르크스의 '모든 견고한 것은 공기

---

44 "포스트모더니즘이란 용어가 모더니즘의 연장이라는 뜻을 갖고 있는 것이 아니라, 마치 모더니즘이라는 용어가 예전에 그랬듯이, 「포스트모던 시대의 사조」라는 뜻을 갖고 있다는 것이다. 그렇다면 이 두 사조를 논할 때 늘 염두에 두어야 할 것은 바로 「모더니티」와 「포스트모더니티」가 될 것이다. 그것을 깨닫는 바로 그 순간, 모더니즘이나 포스트모더니즘은 결코 부인할 수 없는 우리의 현실이자 우리의 상황이 된다." 김성곤, 「모더니즘과 포스트모더니즘」, 『현대시사상』 제3호, 고려원, 1989, pp.86-87

45 마르크스(K. Marx)는 『자본론』에서 "기계화와 현대 산업의 출현에 이어서 … 그 강렬성이나 그 범위에 있어서 일종의 사태와도 같은 격렬한 침입이 뒤따랐다. 윤리와 자연, 나이와 섹스, 낮과 밤 같은 모든 경계선이 허물어졌다. 도시는 환락지역을 찬양하였다."라고 적었다.

46 전문 직종 및 전문가 직종의 발달

47 엔소니 기든스가 『포스트모더니티』(원제는 The Consequences of Modernity이다.)에서 이야기하듯이 자본주의, 산업주의, 국가감시체계, 군사적 체계 및 이것의 글로벌화를 말한다.

48 데이비드 하비(D. Harvey)는 시·공간의 압축으로 앤소니 기든스(A. Goddens)는 시·공간의 분리로서 이것을 말한다. 시·공간 압축이란 자본의 축적 체재와 글로벌화에 따른 시·공간의 점점 축소되는 것을 말하며 시·공간 분리라는 것은 더 이상 시간과 공간이 함께 경험될 수 없다는 것을 말하는 것이다. 따라서 압축으로 표현하든지, 분리로 표현하든지 시·공간에서의 그 이전과는 다른 새로운 경험을 말하는 것이며 시·공간의 재구성을 말하는 것이다. 시·공간의 재구성의 대표적인 예가 바로 전근대와는 다른 도시화이다. 보들레르, 마샬 버만(Marshal Berman), 니체(F. Nietzsche), 벤야민(W. Bemjamin) 등은 도시화에 따른 새로운 경험의 관찰에서 근대성을 발견했다.

49 건축에서는 근대과학과 기술이 이룩한 성과와 방법을 흡수하고 문화적으로 번역하고자 하는 지향, 즉 구성주의, 미래파, 바우하우스, 르 꼬르뷔지에 등이 있다.

중에 녹아버린다'는 설명이다. 근대는 지속적이면서 변하지 않는 원리를 찾으려는 측면들과 모든 것을 파괴해 버리는[51], 동시에 개인의 감정에 충실한 부분을 강조하는 측면이 있으며, 또한 급격한 사회변화에서 모든 것이 녹여버려 하나로 만드는 강력한 힘[52] 역시 가지고 있는 것이다. 그렇다면 모더니즘을 근대화가 가져온 긍정적, 부정적 상황에 대처하려는 온갖 문화적 노력이자 비전, 혹은 관념으로 볼 수 있다. 즉 위와 같은 성격의 모더니티에 대처하려는 모든 문화적 노력이 될 것이다. 모더니티란 결국 계몽주의 시대에서부터 연속된 진보라는 개념과, 불합리한 것의 극복이라는 개념, 거기에 전래 없는 도시화와 과학 및 산업의 발달, 자본 축적으로 인한 시간과 공간의 특별한 경험 등을 일컫는 것이라고 말할 수 있다. 이러한 모더니티가 더 급진적으로 발전한 것이 포스트모더니티인가? 아니면 전혀 다른 그 무엇이 포스트모더니티인가?

앞에서 우리는 근대를 형성하는 사상적 기저를 살펴보았다. 근대를 지배하는 것은 진보와 극복의 개념을 가진 '계몽주의'의 사상이다.[53] 근대사

50 건축에서의 이러한 입장은 합리화 과정에 대한 비판적이고 적대적인 성향 사이의 대립을 들 수 있으며, 모리스(W. Morris)와 멈포드(L. Momford), 1920년대 표현주의 건축 등을 들 수 있다.

51 마샬 버만은 『현대성의 경험』에서 괴테의 소설 '파우스트'를 분석하면서, 이것을 '창조적 파괴'라고 하였다. 이러한 창조적 파괴에 대한 시민들의 충격적 경험에 대한 예는 오스망(G. E. Haussmann)의 파리개조계획을 시대적 배경으로 하는 발자크(Honoré de Balzac)의 소설 『고리오 영감』에서도 찾아볼 수 있다.

52 이것이 군중인지 아니면 사회적 분위기인지 그것은 상관없는 것 같다.

53 "니체와 하이데거의 관점에 서 볼 때, 근대성을 지배하는 것은 사고의 역사가 자체의 토대를 계속해서 더 완벽하게 다지고 또 다지면서 뻗어나가는 진보적인 '계몽'이라는 생각이다. 그 토대는 때로는 '기원'으로 이해되기도 하며, 서구역사의 이론적, 실천적 혁명들이 대체로 그 기원의 '전유'나 재생, 또는 그 기원으로 향하는 복귀로 제시되거나 정당화된다. 이러한 것은 근대성의 아주 중요한 '극복'의 개념에 의하면, 사고의 흐름은 진보적 발전이고, 그 발전 속에서 어떤 새로운 것은 토대·기원을 복구하고 거기에 충실함으로

상의 특징인 자유주의, 개인주의, 합리주의, 경험주의는 이미 르네상스의 휴머니즘 가운데에 싹트기 시작하였는데 시민사회가 성장하여 시민계급이 새로운 사회의 주인공이 되기 시작하고 자연과학이 비약적으로 발전한 18세기에 이르러 더욱 뚜렷한 모습을 나타내었다. 이러한 모든 사상을 통합적으로 계몽사상이라고 한다.

계몽주의를 어원적으로 살펴보면[54], 인간의 자연적인 본질을 파악하고 그 본질을 자연과 이성에 합당한 휴머니즘을 지향하는 조화로운 사회질서 속에 실현시킴을 의미한다. 계몽주의 사상가들은 보다 나은 사회를 추구하였다. 그래서 그들은 개인의 자유와 인간의 복지를 보증하는 사회건설의 전제조건으로서 공간과 시간의 합리적 질서와 재편에[55] 관심을 기울이게 된 것이다. 더 나아가 계몽은 탈마법화 혹은 탈신비화를 본질로 하면서 인간을 두려움에서 해방시키고 주인으로 만든다는 목표를 추구했으나, 신화로부터 출발하여 자연철학·형이상학·형식논리학·수리논리학 등으로 진행되면서 모든 의미와 성질을 수와 양으로 환원시켜, 결국 계몽은 자체의 출발원리라고 할 수 있는 인도주의나 자유의 이념마저 신화의 잔재로 축출하게 되어, 계몽의 과정은 도구적 이성 혹은 지배도구의 발달과정으로 변질된다. 이에 따라 자연과 인간에 대한 지배의 가능성도 증폭된다.[56]

그 가치를 인정받는다." Gianni Vattimo, 『근대성의 종말』, 박상진 역, 경성대학교 출판부, 2003, pp.72-73

54 'enlightenment' 즉 '계몽'이란 말은 빛을 들게 하여 어둠을 밝히는 것을 의미한다. 이 의미는 인간을 무지(無知)라는 암흑으로부터 이끌어 내어, 지식(知識)이라는 광명에로 옮겨 놓는 것을 말하게 되었다. 따라서 '계몽주의'란, 어리석고 몽매한 상태에서 살아가고 있는 인간들을 이성(理性)에 그 토대를 둔 지식으로 일깨워주려는 것이 목표이며, 항상 누가 누군가를 가르친다는 의미도 가지고 있다.

55 David Harvey, 『포스트모더니티의 조건』, 구동회·박영민 옮김, 한울, 1994, p.302

56 "그래서 아도르노는 서구의 발전과정을 야만화 과정이라고도 본다. 이 야만화의 귀결점

데카르트의 합리주의에서 시작한 근대(성)의 씨앗은 자유경제원리, 도시의 발달, 과학의 발달 등을 배경으로 계몽주의라는 이데올로기 안에 절대적 진보에 대한 믿음을 심어 놓았다. 또한 계몽주의는 세계를 제대로 이해하고 표현할 수 있다면, 세계는 합리적으로 정의되고 통제할 수 있다고 믿었다. 그러기 위해 그들은 앞에서 보았듯이 고대의 질적인 것들을 양적인 것들로 표현하고 정의하려고 하였다.[57] 이상적 절대를 향한 끝없는 전진과 휴머니즘,[58] 이것은 모더니즘의 기본이었다. 진보를 향해 앞으로 나아감, 움직임, 변화를 가치 있는 것으로 여기게 되었고, 이에 모든 독창적인 것, 새로운 것을 높이 사게 되었다. 새로운 것이 인간적 이상인 진리(유토피아, 절대적인 것)를 압도하게 되었다. 모든 의미와 가치의 판별기준인 절대적인 가치가 사라지면서 오직 새로운 것만이 절대적인 가치의 자리를 차지하게 되었다. 19세기말 니체에 의해 형이상학에 종말을 고하고, 형이상학은 자연과학의 합리주의에 자리를 내주면서, 기술의

이 「관리되는 사회」인 셈이다. 이 「관리되는 사회」는 고도의 합리적 지배기술을 통해 극히 비합리적인 지배관계를 유지·강화하면서, 지금 이 순간에 지구 전체를 낙원으로 만들 만한 생산력과 아울러 모든 것을 말살할 수 있는 파괴력을 생산해 낸다. 아도르노는 이 비합리적 지배관계를 무너뜨리고 인간과 더불어 자연까지 해방시킬 진정한 혁명은 모두 실패했을 뿐만 아니라, 가속적인 야만화 과정에 비추어 볼 때 이 같은 혁명의 주체도 그 가능성도 이제는 존재하지 않는다고 본다. 이 때문에 그는 현실에 대한 어떤 긍정적 태도도 야만성과 타협을 의미하며, 실천이라는 개념조차 「변화하는 현실에 대처하는 데에 필요한 비관적 사유를 차단하기 위한 행정가들의 구호」가 되었다고 까지 주장한다." 홍승용, 「아도르노의 모더니즘론」, 『현대시 사상』 제1호, 고려원, 1990, p.95

57 "코페르니쿠스와 갈릴레오 갈릴레이, 단독연구를 통해 훌륭한 표준을 만든 기술자들, 지도제작자들, 새로운 제국과 동인도·서인도 회사들을 운영한 관료와 기업가들, 새로운 부의 흐름을 지위하고 통제했던 은행가들, 이런 인물들은 그들 종족의 그 누구보다도 더 일관되게 실재라는 것을 수량화된 개념으로 사고하고 있었다." Alfredo W. Crosby, 『수량화혁명』, 김병화 역, 2005, pp.9-10

58 르네상스에서 시작된 휴머니즘과는 다른 의미로 이해될 수 있다. 르네상스의 휴머니즘 역시 인간을 위한 개념이지만, 여기서의 인간은 도시민, 예를 들어 메디치 가문과 같은 부류의 부르주아였다.

진보가 모든 추상적 관념과 절대적 이상을 대체하게 되었다. 20세기 초 이 절대적 가치 또는 신화의 자리에 기계의 효율성[59]이 들어섰다.[60]

보들레르의 말처럼, 만약에 근대성이 순간성, 우연성, 찰나라는 속성을 가지고 있다면, 전통이라는 것이 과거와 현재를 가지고 미래로 전달하는 지식이라면, 근대에는 전통에 대한 묵살과 함께 새로운 것만 찾게 된다. 예로 근대건축은 전통과의 단절의 꾀하면서 새로운 법칙을 찾아, 새로운 시대에는 새로운 것을 이라는 기치를 내걸고, 새로운 것을 찾아 헤매지 않았는가? 새로운 것을 찾아 헤매는 것은 결국 일회성을 의미하는 것이다.[61] 새로운 것과 일회성으로 지속적인 행동양식에 실패한 인간은 기표의 충만, 개인의 정체성 수립 실패, 의미수립의 실패로 인한 일련의 파편화된 연관성 없는 시간적 현재들만을 체험하게 되어 정신분열증적 특성을 보인다. 일련의 파편화된 연관성 없는 시간적 현재들만을 체험하게

---

59 "프랑스 작가 발레리(Paul Valéry)는 '책은 읽기 위한 기계이다'라고 했으며, 오장팡(Ozenfant)은 '회화는 우리를 감동시키기 위한 기계다'라고 했으며, 르꼬르뷔지에는 '집은 살기위한 기계이다'라고 했으며, 리차드(J. M. Richards)는 '책은 사색하기 위한 기계이다'라고 했으며, 아이젠슈타인(Sergei Eisenstein)은 '극장은 연극을 위한 기계이다'라고 했으며, 뒤샹(Marcel Duchamp)은 '아이디어는 예술을 만들기 위한 기계이다'라고 했으며, 반 되스버그(Van Doesburg)는 '기계는 새로운 정신을 창조하는 존재다'라고 말하면서 기계를 예찬하고 있다." 이해성, 『근대건축의 흐름』, 세진사, 2002, p.22 각주에서 인용. "미스 반 데 로에는 '진리는 사실의 유의성'이라고 하였다. 수많은 문화생산자들, 특히 1920년대 영향력 있는 집단인 바우하우스 운동에 종사하거나 그 주위에 머물렀던 이들은 사회적으로 유용한 목표(인간해방, 프롤레타리아트의 해방 등)를 위해 합리적 질서(기술적 효율성 및 기계생산의 측면에서 '합리적인')를 설명하고자 하였다. '질서에 의한 자유의 창출'은 르꼬르뷔지에의 슬로건 가운데 하나였다. … 전간기 주택과 도시는 공공연히 '들어가 살기 위한 기계'로 여겨졌다." D. Harvey, 『포스트모더니티의 조건』, 구동회·박영민 옮김, 한울, 1994. pp.52-53

60 문제는 나치즘 또는 파시즘의 경우처럼 이 신화 또는 절대적 가치라는 자리에 무엇이든 들어 올 수 있다는 것이다.

61 이성 관계를 보라, 사랑이라는 것이 지속적인 감정인데, 그렇지 않은 '일회성 사랑'이라면, 계속 새로운 것을 찾아야 하고, 더욱 강렬한 것을 찾아 헤매게 된다. 좀 더 강렬한 섹스.

된다는 것은 현재의 경험은 점점 더 물질적이고 강렬해 질 수 밖에 없음을 의미한다. 근대적 시간개념은 과거, 현재, 미래로 이어지는 직선적인 시간인데, 이러한 시간 개념이 붕괴되면, 지금 여기만이 중요한 것이 된다. 즉 절대적인 의미, 이상이 없으니, 전통이 있을 수 없고, 미래를 향한 이상이 없다. 그리고 새로운 것만이 좋은 것이 된다. 형이상학의 종말은 이원대립, 즉 천상과 지상, 보이는 것과 그렇지 않은 것, 좋은 것과 나쁜 것 등 모든 의미와 가치창출의 대립개념 역시 사라졌다는 것을 의미한다.[62] 정신분열증이 언어학적 무질서, 또는 단순한 문장을 만드는데 쓰이는 의미의 표시고리가 파손된 것(라캉)이라면, 개인적 정체성이 과거와 미래, 현재가 서로 결합되는 시간적 통합이라고 한다면, 문장들 또한 그와 같은 경로로 작동한다면, 과거와 현재 그리고 미래를 그 문장 속에 결합시켜낼 능력이 없다는 것은 곧 자신의 시간적 경험, 또는 심리적인 과거, 현재, 미래를 결합시킬 능력이 모자라는 것을 의미한다. 이것은 기의보다는 기표에 집착하는 포스트모더니스트들과 일맥상통한다. 권위에 찬 예술작품보다는 실연, 해프닝에, 뿌리 찾기보다는 겉모습에 주목하는 것이다.[63] 이와 같은 의미 고리의 파괴가 갖는 효과로 말미암아 경험은 순

---

62 그래서 니체가 심미적으로 나아간 것인가?

63 "포스트모더니즘의 '패러디'전략은 바로 해체 이론의 '탈구축' 전략과 맥을 같이 하고 있다. 왜냐하면 패러디 역시 기존의 전통을 전면 부정하는 것이라기보다는 그것의 스타일을 역이용해 그것으로 하여금 스스로 무너지게 하는 수법이기 때문이다. 그리고 포스트모더니스트들이 스스로를 '인사이드 아웃사이더'라고 생각하는 것은 해체주의자들이 스스로를 '결코 지배 언술 행위로부터 자유스러울 수 없는 존재'라고 생각하는 것과 부합되고 있다. 위의 둘은 절대적 진리 또는 의미의 중심의 '있음'을 부정하고 작가의 권위를 부인하며 글쓰기에 대한 성찰을 강조한다. **절대적 진리가 사라져 버린 현실은 곧 꿈의 속성을 띠게 되며, 이윽고 리얼리티와 픽션 사이의 구별을 불가능하게 만든다. 그리고 그것은 필연적으로 부단한 유희와 실험을 초래한다**. 이러한 것들은 왜 포스트모더니즘과 해체 이론 모두가 리얼리티와 픽션이 구별 불가능하고, 창작과 사고의 유희와 실험에 지대한 관심을 갖고 있는가를 잘 설명해 주고 있다. … 그것은 20세기의 지배적 사조가 모더니즘 이었기에, 그리고 포스트모던 시대의 사조라는 의미에서, 포스트모더니즘이라

수하고도 연관성을 갖지 않는 일련의 시간적 현재들로 환원된다.[64] 이러한 시간적 질서의 붕괴로 시각적 강렬함(스펙터클)[65]만을 추구하고, 시간을 이상하게 다루기[66] 시작한다.

과거, 현재, 미래를 초월하여 절대적인 진리로서 전해 내려오는 것을 기반으로 하고 있는 것이 진보이다. 모더니즘은 휴머니즘의 가치, 이상적인 사회의 건설 등을 전통으로 후세에 전달하는 것이며, 이는 과거로부터 쌓아온 지식과 가치는 좋은 것으로서 평가된다. 쿤(T. Kuhn)의 개념인 '패러다임의 전환' 이전까지는 자연과학에서는 지식의 축적은 진보로 평가 된다. 그러나 철학이 사라지면 축척과 전달만이 남게 되어 의미보다는 의미의 전달 그 자체가 더 중요한 위치를 차지한다. 문학에서도 이야기의 전달행위인 이야기하기가 더 큰 우위를 차지하는 것이다. 의미가 비어버린 형식 그 자체가 더욱 중요하게 되어 전달의 내용물인 지식은

는 명칭을 갖게 되었을 뿐, 탈모더니즘적, 탈리얼리즘적 속성을 갖고 시작된 새로운 사조이다. 포스트모더니즘은 료타르의 말처럼, 미래post와 이전(以前) ; modo이라는 패러독스 속에서만 이해될 수 있는 고도로 복잡한 의미를 함축하고 있다." Jean-Francois Lyotard는 "What is the Postmodernism?" in Innovation/Renovation(ed. by Ihab Hassan and Sally Hassan)에서 '하나의 작품은 우선 포스트모던적이 될 때에만 비로소 모던적이 될 수 있다. 그러므로 포스트모더니즘은 모더니즘의 종말이 아니라 모더니즘의 시작이 된다. 그리고 그러한 상태는 끝없이 되풀이된다.'라고 말하고 있다. 김성곤, 「모더니즘과 포스트모더니즘」, 『현대시사상』 제3호, 1989, pp.94-95

64 David Harvey, 『포스트모더니티의 조건』, 구동회·박영민 옮김, 한울, 1994, p.79

65 자본주의는 스펙터클한 영화, 장면, 장소 등 다양한 볼거리를 만들어 내려고 노력하고 찾고 있다. 이것이 모더니티의 속성의 결과로 볼 수 있지만, 서양사에서 나타나는 잔인함과 볼거리의 대명사격인 로마시대의 검투장, 중세의 마녀사냥 그리고 계몽주의 시대의 단두대 등을 보면 스펙터클한 것은 어찌 보면 인간의 무의식에 내재하고 있는 것은 아닐까?

66 건축에서 1960년대 말에 시작된 포스트모더니즘, 박물관 사업, 헤리티지 사업 등을 생각해 보라.

전달조작의 대상물이 되었다. 무한한 지식에서 어떻게 지식을 조작하는가가 문제가 된 것이다. 결국 형식이 의미를 우선하게 되었다.[67] 형이상학의 쇠퇴, 죽음은 지금까지 서양의 인식의 기초를 이룬 이원론의 붕괴를 위미한다. 절대적인 것과 변화하는 것, 이데아와 현실의 무너짐은 하나가 다른 하나에 흡수되어 의미가 사라지는 것인데 서양의 종교, 철학, 예술, 과학 등 재현[68]이라고 부르는 것과 관계된 모든 것이 붕괴됨을 의

67 건축에서도 형식이 의미를 앞지른 경우를 유형학에서 볼 수 있다. 현대 건축가들의 경우 결과(의미)보다도 과정(이야기하기)을 보여주려고 노력하고 있지 않은가?

68 representation(재현)이라는 단어는 인식론적으로는 표상(表象), 문학적으로는 형상적 서술 또는 기술, 회화적으로는 닮은 묘사와 같은 다양한 의미론적 중층 구조를 가지고 있다. **1**. "이 용어는 문맥에 따라 근대 인식론, 심리학 등의 문맥에서는 '표상(表象)'으로, 플라톤과 아리스토텔레스 이래 개념의 매개 및 구성 능력을 지칭할 때는 '재현(再現)'으로 옮겨야 한다.", Gilles Deleuze, 『차이와 반복』, 김상환 역, 민음사, 2004년, p.18 역주1 참조/ **2**. "들뢰즈에게 representation이란 단어에서 접두서 re는 차이를 종속시키는 동일적인 것의 개념적 형식을 말한다. 이렇게 차이를 동일성의 원리에 복종시키는 철학을 재현의 철학이라 부른다.", Gilles Deleuze, 『차이와 반복』, 김상환 역, 민음사, 2004, p.144 들뢰즈의 표상이란 서로 차이를 지니는 잡다하게 나타난 것들을 다시 모아서 '동일한 하나'에 귀속된 것으로 나타나게 하는 활동을 가리킨다./ **3**. "representation이란 단어는 이러한 다양한 의미의 계열에서 이해하면, 인간이 자아가 대상을 감각하고 그의 해석과 상상을 통해 그것을 다시 보여주고 다시 제시함으로써 그 대상을 실제 사물로 존재하게 하고, 그래서 자아의 표상 속에서 재현되고 재 소개된 사물의 존재현상을 전람하는 행위양태로서 규정할 수 있다." 김성기 외, 『모더니티란 무엇인가?』, 민음사, 1997, pp.122-123/ **4**. "representation이란 주관적 인식작용에 의존하기는 하지만 충분한 객관적 사고를 통해 대상이 지닐 수 있는 모든 존재 가능한 현상을 발견하고, 재구성하여 그것의 존재론적 의미 혹은 근거를 표현하는 행위라고 할 수 있다." 변태호, 「현대건축의 표상성에 대한 존재론적 위기」, 대한건축학회논문집, 68호, 1994년 6월, pp.77-88 / **5**. "알튀세르는 이데올로기를 '대중들의 무의시적인 표상체계'로 정의한다. 표상체계는 무의식적이며 집단적이다." 이진경, 『철학과 굴뚝청소부』, 그린비, 2002, pp.332-333 / **6**. "현존재는 세계를 상(象, Bild)으로 만들어 자신 앞에 세우는(Vor-stellen) 표상(재현)할 뿐만 아니라 존재자에 속하고 존재자와 연관되어 있는 모든 것 안에서 존재자는 체계로서 우리 앞에 있음을 뜻한다." M. Heidegger, 『세계상의 시대』, 최상욱 역, 서광사, 1995. p.43, "독일 근대 인식론자들은 표상(Vor-stellen)을 자기 앞에(vor) 세운다(stellen)는 의미로 어원을 분석한다. 따라서 표상활동이란 주체가 존재자 혹은 세계를 대상으로 자신 앞에 세우는 활동, 즉 인간이 수많은 다양한 존재자를 자기라는 하나의 지평위에 모으는 것을

미한다. 대상과 그것의 재현이라고 할 수 있는 과학기술이 이제 아무런 의미나 관계가 없는 것이라면, 과학적 진보의 의미가 사라짐과 동시에 스스로 독자적으로 존재하게 되고, 그래서 자기참조적인 역할을 수행하며, 과학이 스스로 독립하게 되는 계기가 되는 것이다. 이러한 독립성(이원체계의 붕괴) 속에서 재현에 기반을 둔 예술은 더 이상 참조물(대상물)을 재현하는 것이 아니라 작품 스스로 독립적인 것이 된다. ; 자기 참조적인 작품들.[69]

모더니티는 순간적이고 찰나적이면서도 다른 속성인 영원불멸한 것을 보편성과 일반성에서 찾으려고 하였다. 근대건축의 보편성과 일반성을 가진 법칙들 : 어느 곳이나, 언제나 적용 가능한 그러한 것들. 하비(D. Harvey)는 모더니즘이 국제주의와 보편주의의 가치를 주장했지만, 결코 지역주의와 민족주의와의 관계를 버릴 수 없는 것으로, 또한 모더니즘의 보편적 열망은 지역주의 및 민족주의와의 끊임없는 대화의 결과로 보고 있다. 비슷하게 커티스(William J.R. Curtis)[70]는 모더니즘건축의 상황을 보편

의미한다." 서동욱, 『차이와 타자』, 문학과 지성사, 2000. p.9
위와 같은 논지들에 따라 'representation'이 표상으로 사용될 때는 눈앞의 것을 자기 앞으로 가져와 무수한 차이들을 동일성에 포함시키는 주체의식 활동 및 대상을 파악하기 위한 동일한 지평에 귀속시키는 행위 정도의 의미를, 재현으로 사용될 때는 다시 드러낸다는 의미의 예술적 의미로 번역되어 사용한다. 이 책에서 재현이라는 단어는 표상이라는 단어의 의미와 더 가깝다.

69 컴퓨터가 자기 참조적인 것의 대표적 인 예로 볼 수 있으며, 그 외에도 현대건축이나 예술에서도 자기 참조적(self reference) 작품을 볼 수 있다. 예를 들어 리베스킨트(Daniel Liebeskind)의 작업을 보면, 특히 그의 1979년의 「Micromegas : The Architectire of Endspace」와 1983년의 「Chamber work」를 보면 이러한 자기지시적 특성이 잘 나타나 있다. 여기서 그의 작품의 관통하는 개념은 선(line)인데 왜 선인가에 대한 이유는 없다 왜냐하면 자의적으로 선택된 것이기 때문이다. 이러한 자의성에의해 선택된 선들은 자기 참조적 성격을 가지며 그 선으로서 건축을 생성시키고 있는 것이다. K. Michael Hays. 『1968년 이후의 건축이론』, 봉일범 역, 시공문화사, 2005. pp.640-653

70 William J. R. Curtis, 『1900년대 이후의 근대건축』, 강병근 역, 화영사, 2006

적, 일반적 건축과 개인의 이상과 취향의 표현 즉 표현주의적인 것의 일관된 대립으로 보고 있다.

모더니티와 포스트모더니티의 문제는 모더니티의 기획을 어떻게 완수하는가 하는 쪽과 모더니티의 기획 자체를 무효화하고 어떤 다른 차원의 문명을 형성하거나 모더니티를 수용하는 동시에 심화하고 극복하고자 하는 쪽으로 크게 구분할 수 있을 것이다. 하버마스의 '미완의 프로젝트'나 안소니 기든스의 '두 번째 근대성', 울리히 벡(Ulrich Beck)의 '윤리적 공동체와 제도화된 성찰'로 일상의 생활에서의 근대화의 실천을 강조한 것이 첫 번째 경우이다. 두 번째의 경우는 '차이'[71]라는 개념으로 상대적이고 해체적인 전망에서 기존의 사유구조와 역사를 바라보는 것이다. 전통적 사고에 대해 비판적이라는 면에서는 매우 유용하나, 상대주의와 해체가 쉽게 빠질 수 있는 함정이 곧 무책임과 생략의 논리라는 것으로 정작 서구 중심적 근대성에서 밀려나 있는 주변부를 지역적 특성으로 싸잡아 버리면서 생략해 버릴 수 있다.[72] 이러한 개념은 건축에서도 마찬가지로 서구중심의 근대건축 또는 현대건축을 제외한 주변부 건축을 지역적 건축이라고 싸잡아 버릴 가능성이 매우 크다는 것이다. 포스트모더니즘 또한 모더니즘을 해체하고 현상에 저항하고자하는 포스트모더니즘과 모더니즘을 거부하고 현상을 고양시키고자하는 포스트모더니즘으로 구분하기도 한다.[73] 결국 모더니티와 포스트모더니티는 포스트모더니티를

---

71 '차이' 자체를 주요 개념으로 사용하는 후기 구조주의자들의 모더니티는 각각의 철학자마다 차이가 있으나 대부분 이성의 합리화 및 도구화 그리고 동일자가 점철된 것으로 보고 있다.

72 Gianni Vattimo, 『근대성의 종말』, 박상진 역, 경성대학교 출판부, 2003, pp.9-11 역자 서문

73 Hal Foster, 「포스트모더니즘 : 서론을 대신하여」, 『반미학』, 윤호병 역, 현대미학사, 1994, p.20

모더니티의 연장선에서 보느냐 아니면 다른(another) 그 무엇으로 보는가 하는 것이다.

포스트모더니티에 관한 이론들이 대부분 모더니티를 비판하기는 하지만 그렇게 체계적인 이론이나 행동으로 모더니티를 극복하려 하지 않는다는 것이다. 바티모(G. Vattimo)에 의하면 니체와 하이데거의 접점을 연구하면서, 이 두 철학자는 유럽 사고의 유산에 급진적 물음표를 찍지만, 동시에 비판적인 극복을 위한 길을 제시하려고 하지도 않는데 그 이유는, 그러한 극복을 위한 어떠한 요청도 유럽사고의 전통에 새겨진 발전논리에 쉽게 사로잡힐 수 있기 때문이라는 것이다. 즉 근대성을 비판하고 그것을 극복하려고 어떤 대안을 제시하는 것 자체가 곧 근대성의 테두리 내에서 맴도는 것에 지나지 않는, 근대의 속성이라는 것이다. 근대성은 새로움과 극복의 범주에 의해 지배되기 때문이다.[74]

다시 돌아가서 비평가들은 모더니티와 포스트모더니티를 어떻게 바라보고 있을까? 모더니즘을 진리와 정의에 관한 담론을 거대한 역사적 그리고 과학적 설화에 기대어 거대담론, 메타설화로 설명하거나(J. F. Ryotard), 이와 반대로 다양한 분야의 분석을 통하여 보편타당한 이론으로서의 모더니티가 아닌 개방적이고 미완성의 모더니티의 발전으로 나아가거나(G. Simmel), 모더니티를 파리 아케이드를 분석하여 새로운 기계문명과 상품문화의 충격, 기괴함, 불안함, 전율감을 동시에 지니는 대도시의 경험으로 설명하거나(W. Benjamin), 포스트 모더니티를 세계를 표현하는 방식이 변화할 정도의 급격한 변화 즉 시·공간 압축의 가속화되는 현상으로 설명하거나(D. Harvey), 계몽주의 사상이 아직 실현되지 않아 근대

74 Gianni Vattimo, 『근대성의 종말』, 박상진 역, 경성대학교 출판부, 2003, pp.72-76

의 기획은 아직 미완이라고 설명하거나(J. Harbermas),[75] 시·공간 분리, 장소귀속탈피기제, 지식의 성찰적 전유의 세 가지 요소가 세계화(globalization)와 맞물려 발생한 급진화된 근대성으로 설명하거나(A. Giddens), 현대를 일상성과 도시화로 설명하면서 상품화되어가는 일상성이 본연의 축제적 성격을 잃어나가는 과정을 자본주의 추상공간에 의한 식민화 현상으로 파악하거나(H. Lefebvre), 모더니티의 경험을 특정한 공간 및 시간 경험의 양식으로 설명하거나(M. Berman), 포스트모더니티를 공간 범주가 시간범주를 압도한 것에 의한 위기로 설명(F. Jameson)한다.[76]

---

75 "프랑크푸르트학파의 계몽비판은 비관주의적 미학주의로 협애화되는 경향을 보이기도 하였지만 늘 기치로 내건 '이성적 이성비판' 즉 '계몽의 계몽'의 노선을 견지하였고 이러한 근본 관점은 하버마스에 의해 '소통적 이성'의 발견과 정초를 통한 새로운 이성적 사회비판으로 계승된다. 하버마스가 비판적 합리성의 논의의 전반적 단순화 경향(이성, 즉 합리성을 도구적 이성, 도구적 합리성으로만 한정하는 것)을 비판하면서 아도르노와 푸코에 대항하여 근대적 합리성을 규범적 합리성과 연출적(미학적) 합리성외에 노동행위의 '도구적 합리성', 투쟁과 경쟁행위의 '전략적 합리성', 의사소통적 행위의 '소통적 합리성' 등으로 대별하고 생활세계의 이론의 체계화함으로써 이 소통적 이성을 척도로 체계의 일면적 합리화를 비판하고 있음은 주지의 사실이다. 근대와 더불어 발전하고 그럼으로써 근대를 봉건시대와 구획한 합리성들을 하버마스가 다양하게 구분한 것과 근대에는, 마르크스가 극적으로 강조했듯이 노동의 생산력(도구적 합리성)만이 폭발적으로 발전한 것이 아니라 대중들이 말하고 표현할 자유의 소통적 이성도 획기적으로 확대되었다는 그의 비판적 지적은 본질적으로 정당한 것이다." 황태인, 『공간과 사회』, 통권 제9호, 1997, pp.13-14

76 J. F. Ryotard, 『포스트모던의 조건』, 유정완·이삼출·민승기 옮김, 민음사, 1992 / G. Simmel, 『짐멜의 모더니티읽기』, 김덕영·윤미애 옮김, 새물결, 2005 / H, Lefebvre, 『현대세계의 일상성』, 박정자 역, 주류·일렴, 1995, H, Lefebvre, 『공간의 생산』, 양영란 역, 에코리브르, 2011 / D. Harvey, 『포스트모더니티의 조건』, 구동회·박영민 옮김, 한울, 1994/ J. Harbermas, 「모더니티 : 미완성의 계획」, H. Poster편, 『반미학』, 윤호병 역, 현대미학사, 1994 / S. Buck-Moss, 『발터 벤야민과 아케이드 프로젝트』, 김정아 역, 문학동네, 2005 / A. Giddens, 『포스트모더니티』, 이윤희·이현희 옮김, 민영사, 1991 / M. Berman, 『현대성의 경험 : 견고한 모든 것을 대기 속에 녹아 버린다』, 윤호병 역, 현대미학사, 1995

앞에서 보았듯이 중세 후반과 르네상스 시대에 세계를 설명하기 위해 다른 말로 세계를 인식하기 위해 새로운 모델(재현체계)이 등장하였고, 이것은 고대의 질적 모델을 양적 모델로 대체하기 시작하였다.[77] 이후 과학혁명과 계몽주의사상, 도시와 무역의 발달 그리고 화폐의 사용 등으로 인한 시간과 공간에 대한 사고의 급격한 변화, 합리적 생산, 제도적 국가와 사회의 탄생, 그리고 진보에 대한 믿음 등이 어우러진 급격한 사회변화에 대한 경험; 양적 사고의 시간·공간 경험, 시간의 연속성 붕괴, 스펙터클, 기표와 기의의 분리, 조작적인 사회, 자기참조적인 작품들, 형이상학의 붕괴, 과학의 독립; 모더니티와 포스트모더니티를 어떻게 분석하든지 간에 모더니티의 특성은 합리성, 기계적 효율성, 도시화 등을 기본적인 특성으로 하고 있다. 더불어 양적이고 시각적인 사고 역시 모더니티의 주요 특성으로 보인다. 그렇다면 포스트모더니티는 이러한 모더니티에 대한 반성으로 나타난 전혀 다른 그 무엇인가? 보완해야 하는 그 무엇인가?

모더니즘(일반적으로 해석하여)과 포스트모더니즘이 모더니티의 오랜 역사 속에서 변증법적으로 조직된 대립물이라면, 우리는 이 주장들을 상호 배타적인 것이라고 볼 것이 아니라 서로 상대방을 내포하는 대립물로 볼 수 있다. 마르크스(K. Marx)는 물신성 내부의 경험을 충분히 신뢰할 만한 것으로 보았으나 표면적으로 왜곡된 것이라고 했고, 하이데거는 똑같은 상품교환과 기술적 합리성의 세계를 배척해야 할 일상생활의 비신뢰성의 근원이라고 보았다. 문제의 근원에 대한 이와 같은 느낌의 공유가 공통의 토대로 작용하여, 그 토대로부터 보다 나은 장소(환경)에 대한 이해를 새로이 마련할 수 있도록 해준다. 그처럼 이 차이들을 화해 불가능한 모순들로서가 아니라 모더니티와 포스트 모더니티의 조건 모두에 고유

77 Alfredo W. Crosby, 『수량화혁명』, 김병화 역, 2005, pp.9-10

하게 내재한 변증법적 대립물로서 이해한다면 어떨까?[78] 짐멜은 돈에 대한 분석에서 화폐경제에 의해, 현대문화의 흐름을 (가장 낮은 요소의 수준으로 귀결되는) 수평화, 평등화(표준화) 그리고 아주 멀리 떨어져 있는 것까지도 동일한 조건하에 결합시킴으로써 더욱더 광범위한 사회영역을 산출하는 방향과 가장 개인적인 것을 성취하고 개인의 독립성 및 인격형성의 자율성을 보전하는 방향의 두 개의 상충되는 방향으로 진행된다고 한다.[79] 전자를 양적 개인화, 후자를 질적개 인화로 부를 수 있는데, 점차로 양화되어 가고 탈인격화 되며, 따라서 평준화되고 평균화된 세계(현대사회)에서 과연 질적 개인주의를 달성할 수 있을까? 우리는 양적인 근대성을 넘어 질적인 차원으로 넘어갈 수 있는가? 그리고 건축에서 질적 개인화는 무엇을 의미하는가?

---

78 D. Harvey, 박영민 역, 「공간에서 장소로, 다시 반대로」, 『공간과 사회』, 제5호, 1995, pp.49–50('From Space to Place and Back Again; Reflections on the Conditions of Postmodernity, in J. Bird, "Mapping the Future : Local cultures, Global change" Nondon and Newyork : Routledge, 1993)

79 Georg Simmel, 『짐멜의 모더니티 읽기』, 김덕영·윤미애 옮김, 새물결, 2005, p.20

02

Detail, Tectonic, 그리고 Architecture

어떻게 근대화되면서 그 원천으로 되돌아 갈 수 있는가?
또 과거의 숨겨진 문명을 발굴하여 그것을 세계문명에
동참시킬 수 있는가? 하는 것은 모순이다.

__폴 리쾨르(Paul Ricoeur), ≪역사와 진리≫

러스티케이션은 특히 요새에 적합하다.

__세를리오(Sebastiano Serlio)

르네상스 이전에는 구조와 외관이 분리되지 않았다. 장식과 구조 그것은 존재론적으로나 구조적으로 완전히 일치하였다. 그러나 르네상스부터 장식과 구조가 분리되기 시작하여 – 브르넬레스키의 기계학과 교양학의 분리, 구조와 외관의 분리, 양식과 구축의 분리, 이론과 실천의 문제, 로지에(M. A. Laugier)의 원시오두막, 그리고 알베르티(L. B. Alberti)의 리니어먼트(lineament) – 18세기 에꼴 데 보자르(Ecole des Beaux-Arts)와 에꼴 데 폴리테크닉(Ecole des Polytechnique)의 분리, 뒤랑(J. N. L. Durand)의 유형학, 절충주의에 이르러 그 극에 달하였다. 비록 비올레 르 뒤크(Violet le Duc)가 구조와 장식의 관계에서 장식이 부착에서 벗어나 하나의 필수적 부분이 되는, 그래서 존 러스킨(John Ruskin)의 '장식은 부착물'이라는 생각에서 벗어나 전통적인 석조구축을 철 프레임이 제시한 구조적 가능성과 연관시켜 생각할 수 있게 하였다 하더라도,[1] 19세기 보자르 전통 속에서나 수정궁의 전통 속에서 텍토닉(tectonic)의 의미 중 하나인 건설의 시학, 공작, 등은 사라지고 테크네(techné)에서 기술을 의미하는 테크닉만이 남게 되었다.

기술과 기능을 강조한 근대건축 이후 최근의 예술적 가치를 지니는 건축물 중에는 언어적 실험(언어의 기능을 재해석하려는 실험)이나 구조적 급진주의를 버리고, 스스로 아방가르드 프로그램에서 벗어나려는 후위적 자세(arriére-garde)의[2] 경향들을 보여주고 있다. 이러한 흐름은 건축에 있어서 장인정신을 되살리려고 하는 것이며 그 대표적인 것이 디테일을 강조하는 작품들이다. 이러한 디테일에 집중하는 새로운 경향은 비평적 지역주

1 Gevork Hartoonian, 『건축텍토닉과 기술니힐리즘』, 이종건 역, 시공문화사, 2008, pp.27-65

2 Kenneth Frampton, 「비평적 지역주의에 대하여 : 저항의 건축을 위한 6가지 요점」, Hal Poster편, 『반미학』, 윤호병 역, 현대미학사, 1994. 프램프톤은 이 짧은 에세이에서 비평적 지역주의에 대한 관심을 부각시켰는데, 그의 발표문 중에서 비판적 지역주의의 특징 중에 하나가 바로 텍토닉에 대한 것이었다.

의와 젬퍼(G. Semper)에 대한 연구, 그리고 텍토닉(tectonic)에 대한 연구와 함께 디테일이 건축의 본질에 대한 의미를 가지고 있는 것으로 해석하려는 경향이 있다. 이러한 경향은 현대건축이 형태와 이미지에 치중하여 시각적 혼란과 형태의 모호함을 생산하였다고 비판하면서 디테일에 대한 강조가 이를 극복하고 건축의 본질과 의미에 접근할 것이라고 기대하고 있다.

디테일(Detail)은 영어사전에서 세부, 상세, 건축에서는 자세한 묘사 등을 의미하는 단어이다. 이 단어가 어떻게 현대건축에서 텍토닉이란 단어와 함께 건축의 본질에 어떻게 다가갈 수 있는가? 텍토닉의 의미는 무엇이며 디테일이 어떻게 텍토닉과 연결되는가? 이것은 과연 보편적 세계문화와 지역적 문화의 대립 속에서 현대 건축의 방향을 제시할 수 있는가? 디테일이 쉽게 복제가능하고 변경 가능한 기술복제의 시대에 건축의 아이덴터티를 보여주는 것이 어떻게 가능한 것인가? 그리고 마지막으로 근대의 것과 고대의 것, 세계적인 것과 지역적인 것, 보편적인 것과 개인적인 것의 화해는 가능한 것인가?

디테일(Detail)이란 무엇인가?

디테일은 프랑스어 부분들을 자르는 것(to cut into pieces)이라는 의미를 가진 'détailler'에서 유래되었다. 영어사전에서는 디테일은 상세, 상세한 설명, 건축과 기계 따위에서는 자세한 묘사와 같은 의미를 가지고 있다. 특히 건축실무에서 디테일이란 서로 다른 재료가 만났을 때 어떻게 해결해야 하는가에 대한 방법의 의미 역시 가지고 있다. 이러한 디테일은 캐드 프로그램 속에서는 쉽게 복사하고 변형 가능한 요소들이다. 건축에서는 몰딩과 같이 숨기는 디테일이나, 또는 드러내 보이는 디테일을 통해 아이덴터티를 나타낸다.

건축가들은 디테일에 대해 다음과 같이 이야기 한다. 아름다움은 그들이 속해 있는 구성단위(unit) 안에서 모든 디테일이 조화(concinnity)를 이루는 것이다(Leon Battista Alberti)[3], 양식은 자의적인(arbitrary) 미에 속해 있는 반면에 대칭, 재료의 풍부함, 시공의 정밀도 등은 보편적이고 절대적인(positive) 미적 형태의 완벽한 요소들이다(Claude Perrault)[4], 디테일은 단순한 물질적인 디테일이 아니다(Auguste Perret)[5], 신은 디테일에 있다(Mies van der Rohe)[6], 장인은 절대로 그의 작업을 덮지 않는다. 좋은 서랍에는 열장장부촉(dovetail) 이음새가 숨겨져 있지 않으며 그 이음새는 그 자체가 장식이 된다(Louis I. Kahn), 건축의 의미전달의 최소 요소이며 그 구조와 용도에 대한 미학적 표현이다(Marco Frascari)[7], 건축에서 디테일은 건설 구법의 적용을 통하여 재료의 특성을 설명한다.(V:cttorio Gregotti)[8]

현대건축의 관점에서 또는 현대라는 시기와 맞물려 디테일에 대해 반응한 건축가들의 행동을 보면, 건축가에게 디테일은 건축의 전체가 아닌 부분들에 관한 것으로 전체 건물의 질, 특성, 본질, 구성에 있어 개체성

---

3 Leon Batista Alberti, On the Art of Building Ten Books, Joseph Rykwert 외 2명 옮김, The MIT Press, 1988

4 Kenneth Frampton, 『Studies in Tectonic Culture』, The MIT Press, 1995, p.29

5 "Il n'y a pas de detail dans la construction." Vittorio Gregotti, 『건축 속으로』, 임종엽 역, 미건사, 2002, p.71

6 Kenneth Frampton, 『Studies in Tectonic Culture』, The MIT Press, 1995, p.171

7 Marco Frascari, 「Tell-The-Tale Detail」, Kate Nasbbit ed, 『Theorizing a new agenda for Architecture』, 1996

8 Vittorio Gregotti, 「The Exercise of Detailing」, Kate Nasbbit ed, 『Theorizing a new agenda for Architecture』, 1996, p.494

을 다른 것과 구분할 수 있다는 점에서 건축의 아이덴터티를 보여줄 수 있으며(Laurie Hawkinson), 작업의 전체적인 성격에 붙잡히지 않고는 강렬함을 표현할 기회를 제공하며(Thom Mayne), 공공하우징에서 건축이 사회적 소외감를 일으키고 있는 형태를 완화하고 표현할 수 있는 방법을 꾀하기도 하고(Michael Bell), 19세기 독일에서의 건축양식에 대한 논쟁에서 외관과 양식(style)이 분리되면서 근대건축이 성립하였던 것처럼[9], 우리시대의 세계적인(cosmopolitan) 건축의 양식을 묻기도 하고(Andrew Benjamin), 새로운 생산기술이 생산과정과 통합되는 디자인이 가능한가에 대해 고심하고(Scott Marble)[10], 멋진 건축은 언제나 드러내려고 하지 않아도 멋진데, 왜냐하면 항상 그것은 표면에 있기 때문이라며 디테일을 강조하거나(Sylvia Lavin), 우리가 텍토닉의 개념을 받아들인다면, 현대건축의 매끈한 표면의 건축은 어떻게 받아들여야 하는가?(Yolande Daniels) 하고 고민하기도 한다.[11]

왜 건축가들은 디테일에 집착하는가? 근대 건축가 미스 반 데 로에는 랑게(Lange)저택의 건설 부지에서 길이 긴 벽돌을 길이가 짧은 벽돌을 분리하여 개개의 벽돌을 정리한 것으로 유명하다. 건축가들 사이에서 전형적인 것은 아니며, 이러한 종류의 결벽은 건설 현장에서 있어 지나친 것

9 고전건축에서는 양식과 구조, 디테일을 따로 구분하지 않았다. 디테일이나 양식이 구조가 분리되기 시작한 것은 독일양식논쟁이라 부르던 것뿐만 아니라 19세기 절충주의 양식의 유행 및 프랑스 폴리테크니크의 교육과도 연관이 있다.

10 Rem Koolhaas는 "No money, No detail, only Pure concept"이라고 말하는데 그래서 그런지 그의 건물에는 디테일을 해결을 실리콘으로 하고 있다. 실리콘이 발명되고 나서 장인의 솜씨가 보여져야할 부분이 많이 사라졌다. 물론 렘 콜하스는 엘리베이터의 발명과 더불어 20세기 최고의 건축관련 발명품으로 이야기하기도 한다.

11 Bernard Tschumi and Irene Cheng ed, 『The State of Architecture at the Beginning of the 21st century』, The Monacelli Press, 2003, pp.38-48

으로 볼 수 있다.[12]

건축에서, 디테일은 특별한 품목에 대한 단순히 사소한 관심이라기보다는 특별한 의미를 가지고 있다. 건축의 디테일은 전형적으로 두 재료가 만나는 곳에 위치하며, 빈틈과 경계의 문제를 해결한다. 이러한 서로 만나는 부분들을 분석하는 것은 많은 시간을 가져야 되고 많은 해결책을 산출한다. 어떤 건축가는 디테일을 맹목적으로 숭배하는 것으로 알려져 있으며, 반면에 다른 이들은 '지저분한(sloppy)' 디테일을 사용하는 것으로 간주된다. 디테일을 취급하는 관습적인 방법은 변했다. 빈틈을 감추기 위해 몰딩을 사용하는 방법에서 문자 그대로 '드러내는(revealing)' 조인트 즉, 재료사이의 틈을 남겨 드러내는 디자인으로, 그리고 가장 최근에는 틈이 없는 것을 보여주는 휘어진 표면을 창조하는 방향으로 발전하였다.

건축가는 단순한 건물과 자신의 작업을 구별하는 것이 꼼꼼하게 디테일을 연구하는 노동과 주의 깊은 숙고(contemplation)이기 때문에 부분적으로 디테일을 좋아한다. 디테일은 초과의 장소(a site of excess)이다: 무언가 단지 효용성이나 기능에 관한 것이 아닌 의미를 전달하기 시작하는 점. 그러므로 디테일에 대한 관심은 아이덴터티에 대한 관심을 반영하는 것이라 할 수 있다. 이것을 좀 더 확장하면 접합되거나 맞물리는 재료의 아이덴터티나 의미뿐만 아니라 건축 자체의 아이덴터티나 의미[13] 같은 것은 아닐까?

반면에 디테일에 무심한 건축가도 있다. 렘 콜하스가 그러한데 그는 그의 책 『S, M, L, XL』에서 자기의 작업을 'No Money, No Detail, Only

---

12 미스가 벽돌건물을 설계할 때 그 디테일에 많은 신경을 기울였다. 자세한 내용은 Kenneth Frampton의 『Studies in Tectonic Culture』, The MIT Press, 1995, 6장을 참조할 것

13 Bernard Tschumi and Irene Cheng ed, 『The State of Architecture at the Beginning of the 21st century』, The Monacelli Press, 2003, p.37

Pure Concept' 이라고 설명한다. 이러한 그의 작업을 텍토닉이나 디테일의 측면에서 접근하여 아무런 의미도 없는 건물이라고 비평하는 경우가 있는데 이러한 비평은 아무 관련이 없는 개념이나 패러다임을 부적절하게 갖다 붙이는 식이다. 그의 작업은 디테일이나 텍토닉이라는 개념을 가지고 바라보아서는 안 된다. 그렇다면 그는 그의 건축의 아이덴터티를 어떻게 보여주고, 우리는 어떻게 비평하여야 하는가?

텍토닉(Tectonic)이란 무엇인가?[14]

우선, Architect의 어원을 정리하여 보면 다음과 같은 표로 나타낼 수 있다.(Architecture 라는 단어는 16세기에 형성되었다.)

<table>
<tr><th colspan="3">architect</th><th colspan="2">meaning</th></tr>
<tr><td>Archi</td><td colspan="2">tect</td><td colspan="2"></td></tr>
<tr><td rowspan="4">arkhos- : principal, chief</td><td colspan="2">tectonic</td><td colspan="2">art of joint?</td></tr>
<tr><td>tectonicus(라틴)
tekton(그리스)</td><td>tekne</td><td>carpenter, builder
(architect : 짓는 자의 우두머리)</td><td>art, craft
poesis(poet의 그리스 어원)</td></tr>
<tr><td>tekth
teksan
(산스크리트)</td><td>tikto
(그리스)</td><td colspan="2">tekth : weave, build, joint
teksan : 목공예, 도끼의 사용
tikto : produce, bring forth</td></tr>
<tr><td colspan="2">tek-</td><td colspan="2">tek- : shape, make</td></tr>
</table>

14 이 절은 Kenneth Frampton의 『Studies in Tectonic Culture』, Gevork Hartoonian의 『Ontology of Construction』, Vittorio Gregotti의 「The Exercise of Detailing」, Marco Frascari의 「Tell-The-Tale Detail」, 정인하의 「고트프리트 젬퍼와 칼 베티허의 텍토닉 개념 비교」, 변태호의 「현대건축의 표상성에 대한 존재론적 위기」 외 여러 논문을 참조하여 정리한 것임. 용어의 정리에 있어서는 영어를 기준으로 하였음.

architect의 어원은 목공예, 짜 맞춤, 만드는 것(making) 그리고 시와 예술 등과 관련된 의미들이라는 것을 알 수 있다. 또 이와 별도로 art의 산스크리트어원인 ar—는 to join, fit together라는 의미가 있다. 왜 건축과 예술에 공통적으로 joint가 들어가는 걸까?

우선 건축의 어원인 tekton이란 무엇을 의미하는가? 우선 그리스 시인 호머는 구축의 예술(art of construction)이라는 포괄적 의미로 사용하였으며, 사포(Sappho)의 시에서 tekton은 목수이면서 시인의 의미로 사용된 것으로 보아 그리스에서는 목수에게 집 짓는 역할 이상의 의미를 부여하였다는 것을 알 수 있다. 이러한 개념은 아리스토파네스(Aristophanes)에 이르러 '기교', '허구'라는 개념과도 밀접한 관련을 갖게 된다. 즉 tekton은 무엇을 만드는(making) 사람으로 재료를 모아 짜 맞추고 거기에 어떤 의미를 부여하는 사람인 것이다. 예수의 직업도 목수이었으며[15], 이는 목수가 무엇을 만드는(making) 사람으로 재료와 재료를 모아 짜 맞추고 거기에 어떤 의미를 구축하는 사람이라는 의미로 사용하였다는 것을 알 수 있다.

오래 전, 예술(작품)은 우리가 지금 알고 있는 미학적 아름다움을 지닌 어떤 것을 의미하거나 문화적 활동의 일종으로 간주되지는 않았다, 그것은 신과 인간 사이의 형이상학적 또는 신화적 진실을 밝혀 조명하거나 시나 운문처럼 들어내어 놓는, 창조적인 형상 또는 표상의 영역을 지닌 그리스어 poesis의 의미를 지니고 있었다. 반면, 그리스어 tekne라는 단어는 무엇을 들어내어 놓다(bring forth), 눈으로 볼 수 있게 생산하다

15 예수의 직업에 대해서는 논쟁의 여지가 있겠으나 아버지 요셉의 직업이 목수이어서 그대로 목수라고 하는 경우가 일반적이기는 하나 이 시기 목재가 부족한 나라에서 목수라는 직업보다는 집짓는 자(builder)의 의미에서의 목수가 더 타당하리라 본다.

(produce 혹은 letting appear)를 의미하는 tikto의 동사적 어원 tec에 그 유래를 두고 있다. tekne는 단지 현 실체의 조그마한 단편의 참조와 관련한 반면 상징적 의미를 표상하는 poesis는 현 실체 전체에 관계하였으며, tekne는 poesis에 항상 부속되어 있는 것으로 여겨졌다. 그 후 언제부터인가, tekne는 지식의 현시(現示)로의 의미영역으로부터 존재적 진실을 상징적으로 들어내어 놓는, 이전의 예술이 지닌 poesis의 의미를 확대-포함하게 되었고, 그로인해 그 시대의 건축을 포함한 예술이나 수세공(hand-craft)을 대표하는 이름으로, 특히 두 단어의 합성어인 tekné-poietike로 불려졌다. 그러나 17세기에서 18세기 초에 걸쳐, 근대과학과 미학의 시작과 함께 tekné-poietike는 다시 각각 의미군으로 분리되어 tekne는 지금의 공학(technology)과 같은 기계적이고 생산적인 지식의 독자적 집단으로 나아가게 되었고, 또한 상징적 표상으로의 poesis는 미적 현실의 창조의 의미를 갖게 되었으나, 그 둘 모두 예술의 속성(**현 실체가 지닌 시적 내용성 혹은 존재론적 진실에 대한 표상**)을 이해하는데 있어 공통분모를 지니고 있다.

텍토닉이란 본디 어원적으로 모든 조형예술(fine art)을 지칭하는 테크네(techne)의 파생어이다. 테크네는 그래서 본디 그 자체의 시학과 같은 해석학적 표상특성 때문에 예술적인 동시에, 실질적이며 현시적인 드러냄으로서의 특성 때문에 기술적 의미 모두를 이중적으로 함축하고 있다. 이러한 점에서 테크네의 파생어인 텍토닉 역시 이러한 점에서 이해되어야 한다.

그렇다면 tectonic이란 무엇을 의미하는가? 표에서처럼 어원적으로 tectonic은 그리스어로 tektonikos, 라틴어로는 tectonicus이며, 이는 제한된 의미로는 목조의 가구식 구조를 말하며, 넓게는 조적식과 가구식을 포괄할 수 있는 개념으로 볼 수 있다. 텍토닉을 joint, weave(직조), build

등의 의미로 보면 건축의 재료적, 구조적 결합방식에 그 중요성을 둔 세움의 의미로 해석할 수 있으며, 재료와 구조의 기술적 특성과 창작의 시학과 같은 예술적 의미를 무엇과 무엇의 조인트 즉 연결형식을 통해 표출해 내는 것으로 이해할 수 있다. 즉 짜 맞춘다는 의미에서 보면 오히려 조적식 보다는 가구식에 더 가까운 것으로 보인다.[16]

이러한 텍토닉의 의미를 배경으로서 하이데거(Heidegger)는 텍토닉을 시적임과 드러냄으로 설명하였으며, 프램프톤(Kenneth Frampton)은 건설의 시학이라 하였으며, 앤더슨(Stanford Anderson)은 기술적 문제들과 형태 사이의 관계를 결정하는 복합적인 개념으로, 슈워저(Mitchell Schwarzer)는 건축분야의 특수성과 자율성을 전제로 건축을 이성적으로 이해하려는 복합적인 담론으로, 발혼랫(Carlos Vallhonrat)은 중력, 물질들의 구조, 물질들을 종합하는 방법에 따르는 것으로 설명하고 있다. 이는 텍토닉이 물리적 영역과 정신적 영역이 어떤 인과율을 가지고 통합될 수 있는가에 대한 주제와 건축가에 의해 다양한 의견이 도출될 가능성을 가지고 있다. 또한 이로 인해 건축의 구체적 문제보다는 미학적이고 철학적인 논의로 나아갈 가능성 역시 가지고 있다는 것이다. 예로 프레스 캐리의 경우 디테일의 본질적 특성의 기술과 같은 형식화로의 성격 즉 건축에 있어서 실질적인 건설(construction)의 성격을 강조한 로고스와 시학과 같은 예술적 해석(construing)을 강조한 테크네의 변증법적 관계로[17] 정의·설명하고 있다.

---

16 이러한 의미에서 텍토닉을 구축적이라는 단어로 번역하는 것은 조적식 방법만을 생각하게 하는 오해를 불러일으킬 수 있다. 따라서 구축적이라는 번역대신에 원음을 주로 사용하였다.

17 "construction, the result of the logos of techné, and construing the result of the techné of logos"

Detail, Tectonic, 그리고 Architecture

우선 어원적으로 보면 'art'나 'architecture'에 공통적으로 들어가는 joint라는 단어가 포함되어 있다. 둘째, 그리스 건축이 자연을 모방에 의한 것이 아니라 그 이전의 목조건축 시스템과 보편적인 기계적 법칙에서 유래한 것으로(A. Hirt) 본다면, tectonic의 어원이 왜 목수를 의미하는 tekton인가에 대해 이해할 수 있다. 셋째, 디테일이란 서로 다른 것(재료)의 관계 맺기로 정의 내린다면, joint에서 텍토닉으로 다시 디테일의 연결이 가능하다. 넷째, 어원적 의미에서 tekne는 poesis(poet)와 같은 의미를 가지고 있으므로 건축이 단순히 물질적 차원을 넘어 루이스 칸과 같은 시학의 의미를 가질 수 있다. 따라서 하이데거의 시적임과 드러냄, 조인트와의 상관관계를 유추할 수 있다. 하이데거의 '시적임과 드러냄'이라는 정의와의 관계에서 볼 때 텍토닉의 디테일이란 감추는 것인가? 드러내는 것인가?

전통적인 진리관에서는 마음의 제 체험(제 표상)은 사물과의 일치(아리스토텔레스)가 진리라고 하였다.[18] 그러나 하이데거의 진리관은 대상과 인식사이의 일치를 의미하는 것이 아닌 사물을 단지 표상(represent)하는 것을 의미하는 즉, 하나의 대상으로 세우는 것, 따라서 대상이 비로소 현전하도록 세우고 제시하여 존재의 의미(진실)을 발견하는 것, 참되고 진실한 것은 존재의 가능한 모습을 발굴함을 뜻하며 바로 존재자들을 그들의 은폐되어져있음으로부터 발굴하여 드러내는 것 즉 비은폐성을 의미한다. 이러한 하이데거에게 창조란 세계 내 '존재자'들이 작품이라는 틀 안에서

18 앞에서 보지 않았는가? 데카르트 이후 신에서 벗어난 인간이 진리를 알 수 있다는 것을 보기 위해 근대 이전의 철학자들이 얼마나 노력하였던가?

스스로를 '비은폐'하는 진리에 의해 근원적으로 재구성하고 재표상하는 변혁을 의미하는 것[19]으로 볼 수 있다.

하이데거에게 테크네는 '시적인 것과 드러냄'을 의미한다. 즉 테크네는 도구와 공작을 의미하는 것 이상으로 실용적 지식 이상의 시적인 것을 의미한다. 그에게 장인의 행위는 예술가처럼 어떤 것 앞에 드러내 놓는 한 즉 '무엇이든 비존재를 뛰어넘어 현존 속으로 나아가게 하는' 한 시적인 것이다. 더불어 테크네는 '드러냄'으로서 대상형식과 제작 로고스가 존재론적 관계를 특징짓는다. 이러한 테크네를 어원으로 하는 텍토닉은 단순한 구축을 넘어서는 것이다. 텍토닉에서 기둥, 보, 벽, 지붕 등은 구조적 합리성을 넘어서는 그 무엇을 드러내는 것으로 여기서 장식은 하나의 죄악이 아니라 필수적인 요소이며, 고전 건축의 디테일에서 드러냄과 숨김의 상호작용을 통해 구축의 규칙과 통합된다. 이때 건축텍토닉의 요소의 구조적 유용성과 그 유추적 표상 간에는 하나의 '틈'이 있으며, 거기에 텍토닉이 있다고 할 수 있다.[20]

인간이 대상을 처음 만나 대상을 사유하고 해석하는 부분으로, 대상과 다른 대상이 만나 형식적으로 또는 추상적으로 관계 지움으로 존재사유를 요구하는 건축적 장소는 무엇인가? 사이 공간, 조인트, 디테일 이러한 곳이 진리표상의 장소가 아닐까? 접합의 사이 공간 즉 관계맺음의 방식을 결정하는 인간의 사유란 하이데거에겐 결국 사물을 처음 만나 그 사물을 언표하고 표상하는 것과 같은 즉 사물이 지닐 수 있는 존재의미(진실)을 비은폐하고 밝히는 것을 의미한다. 단순히 세우는 것이 아닌 그 사이사이에 의미를 구축하는 지적 체계의 완성, 그런데 이런 해석은 들뢰

---

19 이상진, 변태호, 「'Tectonic'과 Carlo Scarpa건축에서의 디테일에 대한 존재론적 이해에 관한 연구」, 『건축역사연구』, 제11권 1호 통권 제29호, 2002, pp.54-59

20 Gevork Hartoonian, 『건축텍토닉과 기술니힐리즘』, 이종건 역, 시공문화사, 2008, pp. 85-86

즈의 사유로도 가능하다.(표면효과; 사건 발생의경계면; 의미 발생의 경계[21]; 외부와 가장 가까이 대면하고 있는 신체의 스킨[22]; 건축에 있어서의 외피; 파사드; 파사드에 나타난 장식; 장식의 디테일…….)

왜 Tectonic을 말하는가?

고전 건축이론에서 오늘날과 같은 기술에 대한 개념은 없었다. 고전 건축이론에서 현대의 기술개념이 부재한 것은 테크네(techne)라는 낱말이 표상하는 예술과 과학의 존재론적 결속 때문이었다. 비트루비우스의 건축담론과 팔라디오의 건축담론에서, 테크네는 제작 로고스를, 즉 테크닉이 최종 대상물 그 자체 이미지에 적합한 공작의 개념을 뜻한다.

고전적 의미의 테크네는 17세기 말경, 예술가나 장인이 예술 혹은 수공의 기술적 요소들을 사용하는 방식 혹은 테크닉으로 대체되었다. 18세기 후반 기계화의 도래로, 예술과 과학의 존재론적 관계가 사라졌다. '테크닉'은 그 이후의 용법에서, 문제대상이나 그 역사적 가치에 대한 어떤 특별한 연관성도 굳이 명시하지 않은 채 문제의 해법을 제공하였다. 이러한 발전과 나란히, 실증적 합리성이 제작 로고스를 넘겨받는 건축담론이 19세기 중반에 나타났다.[23] 제1차 세계대전과 제2차 세계

21 "경계선이란 거기에 도달했을 때 멈추어 버리는 것을 의미하는 것이 아니라 그리스인들이 인식했던 것처럼 무엇인가 그 모습을 드러내기 시작하는 것을 의미한다." Kenneth Frampton, 『Studies in Tectonic Culture』, The MIT Press, 1995, p.239

22 "물체들로부터 비-물체적인 것으로의 이행은 경계선을 따라감으로써, 표면을 따라감으로써 이루어진다. 발레리의 심오함 말처럼 가장 심오한 것은 피부이다", Gilles Deleuze, 『의미의 논리』, 이정우 역, 한길사, 2007, p.59

23 Gevork Hartoonian, 『건축텍토닉과 기술니힐리즘』, 이종건 역, 시공문화사, 2008, pp.67-68

대전 사이의 기술과 관련된 모든 논쟁은, 도덕적 논쟁이었다. 저자가 오슈발트 슈팽글러(Oswald Spengler)이거나 마틴 하이데거(Martin Heidegger)이거나, 토마스 만(Thomas Mann)이거나, 에른스트 윙거(Ernst Jünger)이거나, 기술과 기술적 생산들에 관한 반성들은, 니체적 니힐리즘의 자국을 따르는 재건의 전망 안에서 도덕적적인 관점에서 틀 지워졌다. 베르너 예거(Werner Jaeger)가 떠맡고 있었던 것과 같은, 그리스 사고가 테크네(techne)와 포이에시스(poiesis)의 차이들에 대한 분석이 그 시대의 지배적 몰입에서 태어났는데, 미스 반 데 로에 역시 거기서 결코 자유롭지 않았다. 생산과 의미를 불가분한 것으로 인식한 중세 미학에 대한 재고는 위에 언급한 사유가들에게, 논박할 수 없는 준거점을 제공하였다.[24]

위에서처럼 아리스토텔레스 이래로 전통적인 진리관은 진리는 마음의 제 체험(제 표상)은 사물과의 일치에서 찾았다. 그러나 점차로 고전건축에서의 실체와 표상이 분리되기 시작하였다. 근대 이전까지 건축적 실체들은 이들을 문법적으로 규정하는 건축언어들에 의해 완전하게 표상된다고 믿어왔다. 즉 구조와 재료와 그들을 표상하는 장식이 투명하게 존재론적으로 일치하였던 것이다. 그러나 18~19세기 들어 예술적 형태와 구조적 형태의 분리 발생하기 시작하였다. 이에 architecture에서 arche는 사라지고 techne는 기술승리로 인한 테크닉(수단)으로 전락하는 상황이 도래하게 된 것이다.

이후 텍토닉을 재료의 물성과 결합부의 구조적인 의미사이에서 나타나는 시적인 어떤 것, 구축행위의 주요대상인 재료, 결합기술, 구조를 시각적인 어떤 것으로 표현하는 것, 구축적인 것으로 간주하면서 건축의 본질적 고유한 가치로 해석하려는 경향이 발생하기 시작하였다.

---

24 Ignasi De Sola-Morales Rubio, 『차이들』, 이종건 역, 시공문화사, 2004. p.75

어떠한 디테일이 텍토닉적인가?

물질과 텍토닉을 연결시키려고 한 젬퍼(Gottfried Semper), 구조적 역학관계를 텍토닉에 연결시키려고 한 뵈티허(Karl Bötticher), 젬퍼에게 텍토닉은 진정한 우주의 예술이며 이 단어와 비슷한 표현은 없지만 그것의 의미는 우주의 질서와 장식(adornment)과 유사하며, 자연의 법칙과 조화를 유지하기 위해서는 예술작품을 장식(피복)하여 인간은 그가 꾸민 그 대상물에 자연의 법칙이 명료하게 나타나도록 하는 것이었다. 젬퍼에게 목재의 형태를 흉내 내고 있는 대리석의 피복물은 그 숨겨진 내용물과는 전혀 상관없고, 예술작품으로서 건물의 진실과 관계할 뿐이었다. 그래서 젬퍼는 피복이 항구적인 요소이고, 내부 구조에 의해 표현될 수 없는 주체들을 표상한다고 보았다. 젬퍼가 이성과 물질, 주체와 타자, 실재와 표상사이의 간극을 메우기 위해 간극 이전의 동일자의 기원으로 돌아가고자 한 것은 하이데거가 예술과 기술을 통합하기 위해 테크네라는 그들의 기원으로 되돌아 간 것도 이와 같은 이유이다.[25] 기원으로 돌아가면 다시 간극이 없어지기는 하는 것인가? 틈이 벌어졌다는 것에는 여러 이유가 있을 것이다. 단순히 건축의 기원으로 돌아간다고 해서 그 틈이 메워질까? 중요한 것은 기원으로 돌아가 그 의미나 방법이 현대에 어떻게 적용되는가 하는 것이다. 예술과 기술의 통합 그것은 가능한 것인가? 가능하기 위한 건축과 건축 외의 전제 조건은 무엇인가? 또는 건축만의 전제조건으로 그것이 가능하기는 할까? 의문은 남는다.

뵈티헤는 건물의 내부구조가 가지는 일관된 역학관계를 정신적으로 표상하는 것으로 텍토닉의 주요한 개념을 인식하였다. 그러나 문제는

---

25 정인하, 「고트프리트 젬퍼와 칼 뵈티허의 텍토닉 개념비교」, 『건축역사연구』, 제7권 4호, 통권 제17호, 1998년 12월, pp.83-90

예술과 기술, 장식과 구조, 표상과 실체라는 이원화된 세계를 어떻게 통합하느냐가 문제였다. 텍토닉이란 개념을 건축에 도입하여 이원화된 관계를 결합시키려는 노력에도 불구하고 이 두 가지 속성은 잘 합치되지 않고 계속해서 평행적인 상태로 남았다.[26] 건축적 실체와 표상이 일치하는 고전시대에서처럼 더 이상 신화적인 사회구조가 아닌 현대 사회에서 어떤 빌리프 시스템(belief system, Jonathan Glover)이 이것을 가능하게 하는가?[27] 이원화된 속성을 결합하기 위해 무엇을 하여야 하는 것인가?

건축의 디테일의 진화는 근대 이전의 몰딩에서부터 근대의 드러냄(reveal)으로, 포스트모던의 표현적 디테일로, 포스트-포스트모던의 균질한 표면으로 전개되었다.[28]

감추는 디테일, 드러내 보이는 디테일, 아니면 디테일이 사라진 매끈한 표면? 근대화이후 우리는 속도와의 전쟁에 들어섰다. 무엇이든 효율적인 것, 경제적인 것에 가치를 부여하게 되었다. 그리고 탈근대 이후 다양한 분야들이 이러한 것에 대해 반성하기 시작하였다. 건축은 어떠한가? 현재 우리가 실무에서 사용하는 디테일은 대부분은 감추는 디테일이다. 천정과 벽이 만나는 부분의 몰딩, 벽과 바닥이 만나는 부분의 걸레받이, 다른 재료가 만나는 부분의 재료분리대, 문틀, 창틀 등등 그리고 20세기 최고의 발명품으로 불리는 실리콘의 사용이 그것이다. 감추는

---

26 정인하, 「고트프리트 젬퍼와 칼 뵈티허의 텍토닉 개념비교」, 『건축역사연구』, 제7권 4호, 통권 제17호, 1998년 12월, pp.87-88

27 1장에서 본 것처럼, 근대건축의 기능주의는 이 신화의 자리에 기계(효용성)를 위치시켰던 결과이다. 문제는 이 신화의 자리에 무엇이든 들어갈 수 있다는 것이다. 이 신화의 자리에 잘못된 것이 들어서면 나치즘이나 파시즘과 같은 전체주의가 나타난다.

28 Yolande Daniels, 「Detail and Articulation」, Bernard Tschumi and Irene Cheng ed, 『The State of Architecture at the Beginning of the 21st century』, The Monacelli Press, 2003, p.48

디테일을 하는 데는 여러 이유가 있겠지만, 가장 큰 이유는 경제성이다. 드러내 보이는 디테일은 그 만큼 작업량도 많고, 정확도도 요구한다. 감추는 디테일은 대충 마무리하고 실리콘으로 마무리 하면 간단히 해결된다. 드러내 보이는 또는 수공업 장인의 디테일은 없어진지 오래 됐다. 실무적으로 공사비 특히 인건비 상승과 맞물려 좀 더 간편하고 싼 디테일로 옮겨진지 오래 되었다.

그렇다면 좋은 디테일이란 어떤 것인가? 알베르티에 의하면 예술을 그들이 속한 단위 안에서 모든 디테일의 균형으로 설명하고 있다. 즉, 더 더해진 것도, 모자란 것도, 잘못 선택된 것도 없이 부분들이 기술적으로 만나는 것이다.[29] 정확하며 명료한 디테일을 의미한다. 정확함이란 무엇을 말하는가?

정확함이라는 것은 단순히 정확히 측정하는 능력만을 의미하는 것은 아니다.[30] 정확함이라는 것은 엄밀함의 뉘앙스를 표사할 수 있는 능력을 의미하는데, 그것은 즉 정교하게 사물을 간파하는 능력, 디테일의 가치를 알고 중요시하는 것, 그리고 부재(absence), 정지(pause), 비움(emptiness), 변화(variation)의 중요성, 그리고 건축의 목적뿐만 아니라 그 각각의 형태들 사이의 관계성을 이해할 수 있는 능력이다. 정확성은 그 프로젝트의 여러 가지 조각들이, 아무리 작은 것이라고 하더라도, 각각의 요소들이

29 Marco Frascari, 「Tell-The-Tale Detail」, Kate Nasbbit ed, 『Theorizing a new agenda for Architecture』, 1996, p.503

30 "그리스 인의 사상은 그들이 추론했던 철학 개념들에 완고한 신념을 가졌을 뿐, 예술에 의해 지배되었을 때를 제외하고, 바로 이 세계의, 현재 우리 세계의 전반적인 문제인, 정확성을 위해 수학적인 존재를 구체화하는 것을 결코 인정하지 않았다. 실로, 그리스시기 기둥의 형상이나, 주두, 주추의 디자인보다 더 정확한 것은 없으며 그들 각각의 표준보다 더 잘 산출되고 세련된 표준은 없었다. 그러나 이 모든 특징을 자연에 부여한 것은 수학이 아닌 예술이었다." Alexandre Koyré, 「유사의 세계에서 정확의 세계로(Du monde de l'à peu prés a l'universe de la précision)」, Vittorio Gregotti, 『건축 속으로』, 임종엽 역, 미건사, 2002, p.62에서 재인용

선택된 이유뿐만 아니라 다른 요소들과 그 자체의 연관성과 그 자체의 존재 양쪽의 이면에서 필요성을 나타내는 것을 전체적으로 명료하게 하는 것이 틀림없다.[31] 결국 테크네, 건설의 시학에서 말하는 명료함과 정확함은 이러한 것이 아닐까? 단지 의미 있는 디테일의 생산만을 의미하는 것은 아닐 것이다. 이런 점에서 우리는 그리스인들이 기둥을 다듬거나 건축물의 무게를 가볍게 보이도록 하기 위해서 어떻게 시각적 교정을 했고, 아랍인들이 얽힘 장식을 사용하여 아라베스크나 기학적 기교, 그리고 신성한 우주의 무한성을 어떻게 창조했으며, 중세의 석공의 장인들이 늑재(nervure)를 사용하여 신의 광휘를 좀 더 높이 구현하고자 어떤 노력을 했는가를 알 필요가 있으며[32] 그러한 기술 또는 표현이 어떻게 일체화되는 가에 대한 사회적 문화적 배경역시 알 필요가 있다.[33]

디테일의 사전적인 정의는 큰 전체와 관계 맺은 작은 부분이다. 건축

---

31 Vittorio Gregotti, 『건축 속으로』, 임종엽 역, 미건사, 2002, p.64

32 Daniel Pinson, 『건축과 근대성』, 정진국 역, 영림카디널, 1999, p.14

33 프램프톤은 웃존(Jørn Utzon)의 박스베어드(Bagsvaerd) 교회를 비판적 지역주의 작품의 예로 설명하고 있다. 여기서 보여지는 콘크리트 쉘볼트와 중국식 첨탑양식을 그 본보기로 들고 있는데, 의심스러운 것은 과연 서양의 교회와 중국식 첨탑의 개연성이다. 이것은 마치 인류학적 구조주의에 근본을 둔 구조주의 건축이 제시한 사례와 비슷한 경우로 보인다. 또한 키스 에그너(Keith Eggener)의 경우 프램프톤의 비판적 지역주의가 중심의 관점에서 주변을 일반화하는 위험을 드러내고 있다고 비판하고 있다. 유럽과 미국을 중심으로 형성된 중심/주변의 담론으로 논쟁과 실용보다는 형태를, 지적인 것보다는 감각적이고 감성적인 것으로 주변 건축물을 바라본다는 것이다. 마크 크린슨(Mark Crinson)의 경우, 프램프톤은 정치적 환경을 중요하게 다루지 않으면서 보편문명과 민족문화를 변증법적으로 다루고 있다고 지적한다. 예를 들어 식민지와 반식민지 자유 운동 사이의 문제를 심도 있게 다루지 않은 채로, 건축이 이디지로 축소되는 현실에 텍토닉 문화를 통하여 자율적인 건축으로 극복해나가는 해법을 택하였는데, 이 '자율적 극복'에서 처음 문제의 출발점이었던 도시문제에 대한 구체적 현실 인식은 찾아볼 수 없다는 것이다. 마이스(Pierre von Meiss)의 경우 박스베어드 교회의 구조체와 볼트 사이의 형태에 있어, 웃존은 공간적이고 조형적인 의지가 구축적인 현실보다 더욱 중요하였다고 말하고 있다.

에서 이러한 정의는 모순적인데, 전체에서 본다면 기둥도 디테일이다, 그리고 전체의 고전적 원형 사원이 돔 상부 랜턴(lantern)이 되는 경우 때때로 하나의 디테일이 된다. 건축문헌에서 기둥과 주두는 디테일로 분류된다, 피아노 노블레(piani nobili), 포치, 파고라 역시 그렇다. 이러한 분류에 있어 크기와 치수의 문제와 작은 신전과 건물의 관계는 건축에서의 사전적 정의를 의미가 없게 만든다. 그러나 디테일로 정의되는 모든 건축적 요소는 언제나 조인트라는 것은 관찰할 수 있다. 디테일은 기둥 샤프트와 아키트레이브(architrave)를 연결하는 주두처럼 '물질적(material) 조인트'가 되거나, 내부공간과 외부공간을 연결하는 포치의 경우처럼 '형식적인(formal) 조인트'가 된다. 그러므로 디테일은 건축의 기능들의 다양한 현실(multifold reality)의 직접적인 결과이다. 디테일은 건물의 사용과 구조에 대한 직접적인(immediate) 또는 간접적인(mediate) 표현이다.[34]

디테일이 서로 다른 것이 만나는 것에 대한 해석이라면, 텍토닉을 접점이나 경계면에서 벌어지는 그 무엇에 대한 해석과 함께 단지 재료나 구조라는 물질적인 차원을 넘어서는 그 무엇으로 생각할 수 있다면, 부분과 부분이 만나는 것을 넘어 부분과 전체가 만나는 것, 마치 보자르 교육의 아날리티크(analytique)와 에스키스(esquisse)의 관계처럼, 건축요소의 한부분이 전체가 되고 전체는 다시 한부분이 되는 그러한 관계로 해석할 수는 없을까? 더 나아가 텍토닉을 건물과 부분, 사물 사이의 관계를 넘어서 서로 만나는 것들의 시적, 기술적 창조적 행위로 해석할 수는 없을까? 더 나아가 텍토닉을 '관계 맺음'으로 이해한다면 그리고 그 관계 맺음이 기술적-시적 창조의 관계 맺음이라면 그리고 그것이 단순히 디테일(물질)을 넘어서는 것이 텍토닉이라고 한다면 **물질적, 개념적, 공간적 차원**

---

34 Marco Frascari, 「Tell-The-Tale Detail」, Kate Nasbbit ed, 『Theorizing a new agenda for Architecture』, 1996, p.501

을 포괄하는 관계 맺음이 되어야 한다. 더 나아가 들뢰즈의 사유를 빌어 포괄적 관계맺음을 의미발생의 경계면으로서의 관계맺음, 즉 사건이라는 차원으로 이해할 수 있다면, 그리고 사건이 발생하는 물질적 배경으로서의 장소로 이해할 수 있다면, 텍토닉에 대한 이해가 달라질 것이며, 테크네로서의 기술의 의미와 시적 울림을 드러내 보일 수 있을 것이다. 이러한 개념이라면 렘 콜하스의 작품들도 비평가능하지 않을까?

03

Skin

이제 모든 것이 표면으로 올라온다.

__질 들뢰즈(Gilles Deleuze)

세 번째로, 전례 없는 자율성을 가진 새로운 외피는
안과 밖, 사적인 것과 공적인 것의 구분하지 않고
이러한 구별을 효과적으로 제거한다.

__마이클 헤이즈(K. Michael Hays)

건축에 있어서 외피의 기능은 단순히 외부환경으로 생활 터전을 보호하거나 장소를 한정하고 내부와 외부를 연결하거나 차단하는 경계면이라는 1차원적인 목적을 넘어 여러 방향으로 발전해 왔다. 최근 20~30년간 가히 혁신적이라고 할 만큼 급진적으로 변화한, 현대건축의 외피는 형태적으로나 미학적으로 다양한 특성을 보여주고 있다. 새로운 미의식에 따른 다양한 표현방식, 디지털 테크놀로지의 발달에 따른 다양한 형태, 새로운 건축 재료의 다양한 사용과 함께, 최근의 연구 동향(텍토닉, 젬퍼에 대한 재조명, 들뢰즈의 철학[1] 등)과 맞물려 건축의 주요한 주제로 떠오르기 시작하였다.

현재 건물의 가장 바깥부부의 켜를 지칭하는 말로 사용되는 스킨이라는 단어는 바람막이 피복(Rainscreen Cladding)처럼 건물의 외부와 내부가 거의 자율적으로 분리되는 것으로 여기는 경향과 건물의 외피가 자연순응형 설계에 아주 중요한 역할을 한다는 복잡한 환경여과 장치라는 경향의 두 가지 추세가 반영된 것으로[2] 여기서는 주로 전자의 의미에 가깝다. 이러한 건축외피의 특성은 크게 근대 이전과 이후로 나누어 볼 수 있다.[3]

---

* 이 장은 본인의 논문(폴딩건축의 후기 구조주의적 해석에 관한 연구) 중에서 3장(건축외피의 진화와 표현 양상)을 수정 및 보완한 것임.

1 들뢰즈는 서양철학 전반을 지배하고 있는 플라토니즘을 전복시키고자 스토아학파의 영향을 받아들여 표면효과를 발견한다. 더불어 플라톤 철학에서 사유되지 않았던 시뮬라크르(simulacre, 사건)를 주요한 철학적 주제로 삼는다. 이러한 사건이 일어나는 것은 사물들의 표면이고 이에 따른 표면효과(사건)들이 의미를 생성하는 것으로 해석하고 있다. 이러한 이유로 인간이 외부에 직접적으로 면하고 있는 피부가 중요한 주제가 됨과 동시에 몸이 주요한 철학적 주제로 떠올랐다. 같은 이유로 건축에서는 인간의 피부처럼 외부와 가장 가까이 맞닿고 있는 건축외피를 중요하게 인식하기 시작하였다. 따라서 건축의 외피를 단순히 물리적 차원의 외피(envelope)를 넘어서는 외피(skin)로 이해하고자 한다.

2 Richard Weatern, 『건축을 뒤바꾼 아이디어 100』, 김광현·서울대건축의장연구실 옮김, 2013, pp.192-193

3 근대건축을 어느 시기로 보느냐는 역사가에 따라 다르다. 그것은 사가에 따라 근대 건축에 대한 개념이 다르기 때문이다. 펩스너(Nicholas Pevsner)는 『근대건축의 선구자』에서

근대건축 이전의 시기로는 새로운 기능의 출현, 구조와 외피의 분리, 외피의 독립성과 추상성이라는 의미에서, 철과 유리 및 건축기술의 발달을 보이며 외피가 구조체에서 분리되기 시작한 19세기의 죠셉 팩스톤(Joseph Paxton, 1851)의 수정궁(Crystal Palace) 이전으로, 근대 이후의 시기로는 기술의 발전과 언어이론의 도입으로 새롭게 건축 담론들이 형성되는 1960년대 이후로 설정한다.[4] 이러한 시대 구분을 기준으로, 파사드(Façade)로 인식되던 근대 이전의 건축 외피특성과 근대건축에서 외피가 자율성과 독립성을 획득하려는 과정, 구조화된 외피와 활성화된 표면이라는 특징을 보이는 현대건축외피를 통하여 사회변화에 따라 끊임없이 변화하고 있는 건축외피의 진화와 표현 양상을 단순히 건축외적인 요인(재료, 디지털 기술)에 의해 출현한 것이 아니라 건축의 역사 자체에 축척된 발전 과정(아이젠만의 입장에서의 선재성의 개념)으로 보려고 한다.

새로운 건축의 사회적 도덕적 기반을 강조하는 1860년대 모리스(William Morris)의 수공예운동에서부터 써내려가고 있으며, 기디온(Gigfried Gidion)은 시대정신을 내세우며, 19세기를 단절의 시대로 그리고 있다. 한쪽에서는 절충주의의 '썩어 빠진 형태'가 있으며, 또 한쪽에서 '급속히 신장하는 경향의 무리(기술적 분야의)가 있어서 형태, 구조, 문화적 성실성의 새로운 통합을 지향한다고 주장한다. 히치콕(Henry-Russel Hitchcock)과 필립 존슨(Philip Johnson)은 근대건축이란 비례라고 하는 고전적 자질과 구조에 대한 고딕적 태도의 통합이라고 정의하고 있다. 벤헴(Rayner Banham)은 20세기초 30년간의 이론적 배경 및 1920년대 기계미학의 시각적 관습(convention)과 상징적 의미를 연구했다. 피터 콜린스(Peter Collins)는 『근대건축의 변화하는 이상』에서 18-19세기의 근대운동의 지적 구성원을 추적하면서 이론과 실제 건물에 더 많이 할애하였다. William J. R. Curtis, 『modern architecture since 1900』, Phaidon Press, third edition, 2006, p.14

4 현대언어학과 기호학 일반, 구조주의 및 후기구조주의와 사회학, 인류학, 정신분석학 등 언어이론을 포함한 모든 분야들로 폭 넓게 정의하려고 한다. 언어이론은 이 시기 건축의 미학적 개념적 의미론적 측면을 지배하였으며, 1960년대의 포스트모더니즘, 1970년대의 유형학, 1980년대의 해체주의 역시 언어이론을 기반으로 하였다.

근대건축 이전의 재현적 외피

근대 이전의 건축에서 외피는 주로 벽과 지붕을 의미하며, 벽과 지붕은 원래의 목적인 공간의 한정이나 분할, 배치 외에 무엇인가 상징적인 내용[5]을 표현하고 있었다. 이러한 건축에서 기둥의 개념은 벽과 분리되지 않았으며, 벽, 기둥, 지붕은 구조체로서의 기능 또한 같이 하고 있었다.

비트루비우스(Marcus, Vitruvius Pollio)는 건축의 기본원리로 『건축 10서(The Ten Books on Architecture)』에서 건축 성립을 위한 6가지 범주를 설정하였다.[6] 이중 건축외피와 연관되는 것은 장식에 해당하는 다섯 번째 데코르(Decor)이다. 비트루비우스 이래 건축에서 데코르에 대한 명확한 정의나 개념설정은 없었으나, 서양건축을 양식의 건축사로써 설명할 수 있을

---

5 로버트 벤츄리(Robert Ventury)는 『Architecture as Signs and Symbol for a mannerist time』에서 건축의 장식적 사용을 상징(sign)과 커뮤니케이션의 건축으로 해석하고 있다. 예를 들어 고대 이집트의 상형문자가 새겨진 신전이나 파일론(phylon)은 최초의 정보세대를 위한 광고판으로 보고 있으며, 그리스와 로마 사원의 페디먼트(pediment)는 건물이 종교적으로 사용되는 목적에 따라 달리 표현되었을 뿐만 아니라, 상징적인 요소로써 신들이 무리지어 있는 조각으로 장식되어져 있다고 주장한다. 초기 그리스도 교회는 그리스도 신학을 문맹의 시민에게 보여주는 예술작품으로 가득 차 있으며, 비잔틴건축이나 고딕건축의 네이브(nave)에 설치된 스테인드글라스의 작품 역시 같은 이유라고 주장한다.

6 6개의 범주는 오르디나티오(Ordinatio), 디스포지토(Dispositо), 에우류드리아(Eurythmia), 슘메트리아(Symmetria), 데코르(Decor), 디스트리뷰티어(Distributio) 등이다. 오르디나티오는 질서에 관한 것으로, 전체에 대한 각 부분의 크기를 규정하는 것은 작품 자체가 각각 척도에 적합하고, 슘메트리아에 의해 전체적으로 적당한 비례를 설정하는 것을 의미한다. 디스포지토는 공간배치(arrangement)에 관한 것이고 평면도, 입면도, 투시도를 작성하는 것이다. 에우류드리아는 아름답게 보이는 것으로 건물의 폭에 합당한 길이, 높이 등 구성의 아름다움과 기능의 적합도를 말하는 것이다. 슘메트리아는 모듈설정 및 비례적 조화로움을 말한다. 데코르는 인지된 원칙에 맞추어 건축을 위엄 있게 지었을 때 이루어지는 양식(style)의 완성을 말한다. 디스트리뷰티어는 경제성에 관한 것이다. 비트루비우스는 『건축십서』의 많은 부분을 데코르의 설명에 할애하고 있다. M. H. Morgan 편저, 오덕성 역, 『건축십서』, 기문당, 1988

정도로 중요한 위치를 차지하고 있으며, 건축가들도 장식을 건축의 본질적 속성 중에 하나로 인식하였다.[7]

비트루비우스를 통해 그리스·로마 시대의 건축을 보면, 건축물의 장식은 기단, 기둥, 엔타블러처(entablature) 등으로 이루어져 있으며, 이 세 부분의 각 양식들은 일정한 법칙에 의해 결합되어, 도리스식, 이오니아식, 코린트식 등의 오더체계를 만들어내며, 엄밀한 비례와 균형으로 이루어져 있다.[8] 이러한 그리스 건축 구성에서 구조체와 장식을 구분하기는 쉽지 않다.[9] 그리스인들의 관점에서 바라보았을 때, 페디먼트(pediment)나, 트리글리프(triglyph), 메토페(metophe) 등의 벽면장식은 신전의 기능과 목적에 비추어 중요한 역할을 했으며 단순히 장식을 위한 장식이 아닌 신전 본래의 목적에 잘 부합하였고, 신전의 장식요소들이 가진 상징적인 의미가 구조체보다 더 중요한 위상을 갖고 있었다.[10]

중세시대의 고딕양식은 반원형아치보다 더 많은 하중을 지탱할 수 있는 첨두형 둥근 천정을 만드는 기술로 정의내릴 수 있다. 여기에서 고딕양식의 독특한 특징과 예술적 가치가 산출되었다고 볼 수 있다. 지속적

---

7 "비트루비우스의 조형원칙은 조형요소의 배합과 배치에 관한 원칙(데코르로 대표된다)과 비례에 관한 원칙(심메트리아로 대표된다)의 두개 군으로 나눌 수 있으며, 이러한 두 개 군의 원칙이 고전건축의 근간을 이루고 있다." 井上充夫, 『건축미론』, 임영배 외 1인 옮김, 도서출판국제, 1994, p.41

8 19세기 신고전주의까지 비례와 오더는 중요한 개념이었다. 존 섬머슨(John Summerson)의 경우 오더(Order)라는 주제로 고대에서 근대까지의 서양건축을 설명하고 있다. John Summerson, 『건축의 고전적언어』, 최일·조희철 옮김, 태림문화사, 1992

9 그리스 신전의 디자인 자체의 구조적 속성보다는 시각적이고 형태적인 것에 더욱 크게 영향을 받는데, 대리석이라는 재료로 아키트레이브가 받는 휨모멘트를 받게 하는 것은 기술적으로는 논리적인 해결책은 아니었다. 이것은 그리스 신전의 원래 목조의 가구식 구조로 지어진 것을 후에 석조 건축으로 바뀐 뒤에도 전체 구성은 목조건축을 모방하였기 때문이다.

10 김정아, 「오나멘트와 데코레이션의 차이에 대한 역사적 연구」, 대한건축학회 논문집, 통권 제208호, 2006, p.135

인 높이경쟁을 불러일으킨 고딕 성당의 경우 건축양식의 원칙 자체보다는 오히려 건축양식이 의존했던 것은 새로운 미의 규준에 따라 창출되는 취향을 나타내는 건축기술이었다.[11, 12] 그럼에도 불구하고 고딕건축의 외피는 가고일(Gargoyle) 석상처럼 종교적 상징 및 추기경과 교황의 개인적 상징들로 가득 차 있다.

르네상스건축은 고딕처럼 기술에 의한 외피의 가능성에 의존하지 않고 최고의 미학적 원칙과 대칭성이나 비례 같은 추상적인 개념, 자신의 건축용어와 문법체계를 통해 엄격히 정제된 언어에 근거하게 되었다. 부분과 부분사이의 조화로운 관계를 일컫는 비례는 르네상스의 건축에서 우선적으로 고려해야할 대상이었다. 건축의 르네상스는 기둥, 주두와 엔타블레쳐, 돔, 큐폴라(cupola), 그리고 장식 등을 통해 알 수 있듯이 고대 예술의 양식을 새롭게 수립했다. 그리고 비례체계이자, 장식형태인 오더는 이 양식에서 매우 중요한 것이었다.[13] 그리고 오더들이 건축외피의 벽에 덧붙인 벽기둥의 형태로 나타났다. 벽기둥은 복잡하고 세련된 가공을 통해 만들어졌으며, 긴 원통의 중간부가 가늘게 보이는 것을 막기 위해 가운데 부분을 볼록하게 만든 벽기둥은 조각상처럼 몰딩이 된 토대가 있는 받침대 위에 올려졌다. 그리고 벽기둥은 초기의 목재건축에서 그랬던 것처럼, 주두 위에 얹힌 엔타블레쳐(아키트레이브, 프리즈, 코니스 등)를 떠받치고

---

11 고딕건축이 중력에 저항한다는 개념은 수세기가 지난 후 보링거(Wilhelm Worringer)와 같은 건축이론가들에 의해 독해되고 분석된 주제였다. 중세에는 중력이라는 개념 자체가 없었다.

12 플라잉 버트레스의 경우 고딕성당을 역학적으로 지지하는 가장 중요한 구조인 것은 분명하지만 보링거 의하면 역학적 측면과 다르게 미학적 측면에서 보고 설명하고 있다. 정반대의 에너지 방향을 나타내고 있다는 것이다. 즉 떨어지는 힘을 바치고 있는 플라잉 버트레스가 미학적으로는 수직으로 상승하는 것처럼 보인다는 것이다. 이러한 모습은 고딕 건축의 초월적인 존재의 상승과 비물질성을 나타내는 것이다.

13 Bertrand Jestaz, 『건축의 르네상스』, 김택 역, 시공사, 1997, pp.14-39

있으며[14] 독립적으로 병렬되어 있는 체계를 가지고 있으며, 구조체인 벽과 분리되지 않고 장식적인 역할을 수행하였다.

알베르티(Alberti)의 루첼라이 궁(Palazzo Rucellai)의 입면에서 외피는 벽에서 기둥을 분리시키는 선들, 창문 아치의 선들, 그리고 정면의 수평 띠들과 수직 띠들이 기둥과 장식의 윤곽만을 보여주고 있어 마치 종이를 오려내어 구조물위에 덧붙인 것처럼 보인다.[15] 파사드는 점점 '면'적인 특성을 보이기 시작했다.[16]

고전주의 시대의 건축의 대표적인 교육기관인 에꼴 데 보자르(Ecole des Beaux-Arts)의 교육과정의 특징 중 하나인 평면 포쉐(porche)의 경우, 보자르 평면드로잉의 검게 칠해진 부분은 구조와 장식이 하나의 덩어리로 읽혀지는 동시에 지붕구조와 연관된 내부 볼륨의 윤곽까지도 읽을 수 있는 기호체계로서의 역할을 하였다. 여기에서 고전 장식은 건물의 기본 구조체에 덧붙여졌다는 개념이라기보다는 장식이 벽체 매스와 시각적으로 하나로 인지되어 벽자체를 구성하고 규명하는 디테일로 간주하는 것으로 볼 수 있다.

---

14 "콜로세움에서 볼 수 있듯 고대의 건축은 아치와 원주를 연결시켜 놓았지만, 르네상스의 벽기둥은 아치와 원주 사이의 연결부가 없이 독립적으로 병렬되어 있는 체계를 가지고 있었다. 중세에는 고대와는 달리 원주라는 개념이 전혀 존재하지 않았다. 중세는 원주의 불룩한 윤곽이나 비례라는 개념이 없는 원통형 지지대라는 보다 단순한 표현만을 가지고 있었으므로, 성당 중앙 회랑석의 원형기둥, 트리포리움이나 수도원의 작은 기둥들은 아케이드의 세로 열만을 지지했다." Bertrand Jestaz, 김택 역, 『건축의 르네상스』, 시공사, 1997, pp.40-42

15 알베르티는 이러한 선들을 리니어먼트(lineament)라고 불렀으며 이것은 구조와 함께 건축의 모든 문제를 구성한다고 하였다. Leon Batista Alberti, 『On the Art of Building Ten Books』, trans. Joseph Rykwert, Neal Leash and Robert Tavernor, The MIT Presss, 1988, 1장 참조

16 도시의 가로의 경우, "건물이 매스가 아닌 면으로 나타날 경우 가로의 공간적 특성에 결정적인 요인이 된다." Christian Norberg-Schulz, 『Existence, Space and Architecture』, Praeger Publishers, 1971, p.81

오목함과 볼록함, 파동벽면 그리고 연속과 단절 사이의 복잡하고 연속적인 작용 등의 특징을 가진 바로크 건축은 규칙과 관습, 정적인 공간, 기본적 기하학, 내부와 외부의 대립에서 벗어났다. 이러한 방법들의 사용은 결국 구조체의 공간의 외피를 분리시켰고, 공간의 외피는 환상적인 장식을 위해 사용되었다. 바로크의 벽체와 지붕은 더 이상 양면을 가진 견고한 것으로 여겨지지 않았다. 개념적으로 구축적으로, 그들은 내부와 외부 각각에서 요구하는 것들에 알맞은 양면의 껍질을 가지게 되었다. 또한 고전건축에 있어 주요구성방식인 분절을 사용하는 경우에 있어 분절하여야 하는 곳에 분절을 하지 않고 연속성을 보여주기도 하였다.[17] (Einsiedeln 수도원, Christoph Dientzenhoper의 St. Margareth 성당) 바로크 건축은 구조와 외피와의 관계에서 보면 거대하고 육중한 벽체를 큰 기둥들과 그 사이를 메우는 막으로 바꾸기 시작하였다.[18]

근대 이전의 서양건축의 구조는 크게 가구식 구조와 아치식 구조로 나누어 볼 수다 특히 도시의 건물들은 벽돌과 돌로 지어졌는데, 이러한 재료들은 보통 지지하는 것과 칸막이벽의 기능을 동일한 구조적 구성요소로 결합해왔다.[19] 따라서 구조체의 역학적 질서나 볼륨을 드러내는 구조

---

17 Pierre von Meiss, 『형태로부터 장소로』, 정인하·여동진 옮김, 시공사, 2002, pp.92-95, pp.123-124
"베르나트도 비토네는 1730년 이후에 투린에서 이러한 여러 실험들을 종합하여 구성했다. 즉 비토네는 천정 정점의 채광창, 겹쳐진 큐폴라, 궁륭의 해체 등에 의해 나오는 모든 가능성을 실험하였고, 이것들을 뼈대 구조와 조합하면서, 지붕의 이중화를 벽의 이중화에 첨가 시켜 성당을 마치 빛을 포착하고 다시 방출되도록 배치한 완전한 과학 상자와 같은 구조로 만들었다" Frédéric Dassas, 『바로크의 꿈』, 변지현 역, 시공사, 2000, pp.81-84

18 Christian Norberg-Schulz, 『Existence, Space and Time』, Praeger Publishers, 1971, pp.63-65

19 Bernard Leupen외 4인, 『건축디자인과 분석』, 김영애·문은미 옮김, 도서출판국제, 2001, p.142

적 측면을 제외하면, 개구부로 인해 생긴 리듬과 장식 두 가지 요소가 주로 입면의 표현적 속성을 좌우하게 된다. 그러므로 19세기 이전, 구조와 외피관계는 입면이 구축된 방식보다는 구조와 장식이 관계 맺는 방식에 따라 크게 변하게 된다.[20] 이러한 특성들로 인하여 그리스건축에서 르네상스를 거쳐 신고전주의시대에 이르기까지 고전건축은 하나의 질서 속에서 분절(distribution)이나 배열(disposition)의 수법[21]으로 부분들을 배치(arrangement)하는 구성방식이었다.[22] 이러한 고전건축에서 외피는 구조와 분리 불가능한 혼합물로써, 외피에 대한 개념이 따로 보이지 않는다. 외피라는 개념보다 구조와의 혼합물로써의 입면 즉 파사드(Façade)의 개념으로 이해되었다. 구조와 외피(장식)의 관계에서 보면 바로크시대를 제외하고 고전건축에서는 따로 분리하여 이해할 수 없었다. 고대 그리스 건축의 장식은 그 자체로 하나의 소우주를 상징하는 것으로 구조를 넘어선다고도 볼 수 있는 것이었다. 이 시기에는 건축물이 구조체와 장식이라는 두 요소의 결합으로 파악된 것이 아니라, 존재론적으로, 인식론적으로 장식은 구조체와 분리할 수 없는 하나의 실체로 간주하였고, 장식의 기능적이고 조형적인 역할 역시 인정하였던 것이다.

로지에(M. A. Logier)는 '원시 오두막(1753)'의 예에서 고전 건축미의 근원을 발견하려 하였으며, "모든 건축의 장려함은 이 원시 오두막을 규범으

20 유진상, 「건축외피 표현성의 재해석에 관한 연구」, 『대한건축학회논문집』, 통권 제181호, 2003, p.183

21 Pierre von Meiss, 『형태로부터 장소로』, 정인하·여동진 옮김, 시공사, 2002, p.93

22 "19세기 중반 에꼴 데 보자르에서 구성(composition)이라는 개념이 나오기 전까지는 공간의 구성에 있어서 건물의 주요 형상을 구축하는 방법은 비트루비우스에게서 따온 분절(distribution)이나 배열(disposition)의 수법으로 고전적인 대칭과 기둥사이의 칸에 맞게 전체 매스를 공간으로 나누는 문제였다." Bernard Leupen외 4인, 『건축디자인과 분석』, 김영애·문은미 옮김, 도서출판국제, 2001, p.60

로 하여 창안된 것이다. 이 원초적 규범의 단순성의 실현에 가까워지려고 하는 것만이 근본적인 실수를 피하고, 진정한 건축을 이룰 수 있다"고 주장했다. 그는 이 오두막을 구성하는 기둥, 아키트레이브, 페디먼트가 건축의 유일한 기본 요소라고 주장한다.[23] 이러한 개념들은 한편으로는 바로크와 로코코에 대한 반동이지만, 건축에서의 장식의 부정과 추상적 미의 재확인이라는 의미가 있으며, 고고학적 근거가 없는 이 원시 오두막에서는 벽, 즉 수직 외피는 의미가 없는 것이었다.

산업혁명 이후, 산업과 기술의 발달, 새로운 건축유형(기능)의 탄생 등 급격히 변화하는 서구에서 요구되는 건축형태는 단순히 과거의 고정된 형태를 부분적으로 변경하거나 조합하는 수준으로는 해결될 수 없는 것이었다. 19세기 건축가들에게는 바로 산업혁명이후 새롭게 대두된 재료와 기술을 건축적으로 어떻게 수용할 것인가가 중요한 문제로 대두되었다.[24] 18세기의 '신구논쟁'에 이은 19세기 독일의 '양식논쟁'[25]은 이러한

---

23 Alberto Pérez-Cómez, 『Architecture and The Crisis of Modern Science』, The MIT Press, 1990, p.62

24 "당시의 새로운 재료와 기술은 국가에 따라, 그리고 건축가들에 따라 다양하게 수용되었다. 존 러스킨(John Ruskin)처럼 극단적으로 기계를 혐오하는 사람도 있고, 비올레-르-뒤크나 앙리 라브루스트처럼 건축에 적극적으로 수용하는 사람도 있었으며, 영국의 경우 윤리적 측면에서 주로 거론되었고, 프랑스의 경우는 실제 건설의 관점에서 받아들여졌다. 독일의 경우 이것은 철학적, 미학적 논의를 바탕으로 한 텍토닉이란 개념으로 논의 되었다." 정인하, 「고트프리트 젬퍼와 칼 뵈티허의 텍토닉 개념 비교」, 『건축역사연구』, 17호, 1998, p.77

25 19세기 독일 '양식논쟁'의 주제는 '우리가 어떤 양식으로 건축할 수 있겠는가?'라는 질문이었다. 다른 측면이기는 하지만, 재미있는 것은 가장 먼저 식당을 대상으로 삼았다는 것이다. "예로부터 미학적 운동에서는 다른 아닌 식당에 특별한 '양식을 부여하려는' 움직임이 있었으며, 1870년대 독일에서 시작된 양식운동은 가장 먼저 식당을 대상으로 삼았다.…매우 특이하게도 이러한 양식화의 요구는—현대인에게는—원래 그가 사는 집안 환경을 구성하는 개별적인 대상들에만 적용된다. 즉 전체적인 환경에 결코 적용되지 않는다." Georg Simmel, 「양식의 문제」, 『짐멜의 모더니티 읽기』, 김덕영·윤미애 옮김, 새물결, 2006, p.126

배경에서 나온 것이다.

베티헤르(Karl Bëttiher)는 건축을 발생시키는 요소로 재료를 가장 중요한 것으로 생각했으며 지붕을 덮어 공간을 확보하는 구조시스템이 건축의 시작으로 보았다.[26] 그에게 가장 근원적인 것은 물질과 공간 확보를 위한 구조체이다. 그는 기술적 진보와 창조를 통해서만 출현하는 핵심적 형태(Kernform)와 이상적 아름다움의 표상으로서의 예술적 형태(Kunstform)를 구분하였다. 그는 이 두 가지, 즉 구조체로서의 핵심적 형태와 장식(피복)으로서의 예술적 형태는 서로 밀접한 관계를 가지고 있어, 장식이 구조와 상관없이 임의적으로 사용되는 것은 불가능하다고 보았으며, 상호보완적인 관계라고 하였다.[27] 뵈티헤르의 경우 외피에서 상징적, 예술적 가치 그리고 구조적 가치의 중요성을 모두 강조하였다.

젬퍼(Gottfried Semper)는 『건축의 4가지 요소(Die vier Elemente der Baukunst)』에서 원시주거를 이루는 4가지 요소로 화로(hearth), 흙바닥(mound), 지붕(roof), 칸막이벽(enclosure)으로 소개하고, 이러한 4가지 요소 중 건축외피의 의미와 직접적인 연관이 있는 칸막이벽은 매트와 카펫을 짜는 기술을 중심으로 형성되었다고 하며, 원시인들은 바닥 매트나 카펫을 이용하여 더위와 추위를 피하고 공간을 분리했으며, 따라서 매달린 카펫이 진정한 벽체이고 가시적 공간의 경계이며, 벽의 본질이라고 하였다. 건축의 기

26 "모든 특정 양식은 구조적 단위와 부분으로 분절되는 공간확보 시스템에 의해 결정된다. 폐쇄된 공간의 형태는 지붕의 형태와 일치하기 때문에, 전체 평면과 배치는 지붕의 조직에 의해 좌우된다. 모든 양식에 있어서 지붕은 구조적 지지물의 위치와 모양을 결정하고 벽의 배치와 분절, 그리고 결국 이들과 관련된 모든 예술적 형태를 결정한다." Karl Bëttiher, 「Das Prinzip der hellenischen und germanischen Bauweise hinsichtlich」, 『In What Style should we build?』(edited by Wolfgang Hermann), Getty Center, 1992, p.154, 정인하, 「고트프리트 젬퍼와 칼 뵈티허의 텍토닉 개념 비교」, 『건축역사연구』, 통권 제17호, 1998, p.87에서 재인용

27 정인하, 「고트프리트 젬퍼와 칼 뵈티허의 텍토닉 개념 비교」, 『건축역사연구』, 통권 제17호, 1998

원으로서 피복은 항구적 요소이고, 내부구조에 의해 표현될 수 없는 주체들을 표상한다고 보았다. 건축은 단순히 물질적인 구조체만으로는 완전한 건축물이 될 수 없으며, 자연의 법칙과 조화를 이루는 예술작품이 되려면 장식(피복)은 건축에서 불가결한 요소라고 말하며,[28] 건축의 상징적(의미 있는 형태) 가치의 중요성 또한 주장하였다.

외피의 상징적, 예술적, 구조적 가치를 강조한 뵈티헤르와 장식(피복) 및 건축의 상징적 가치의 중요성에 대한 젬퍼의 이러한 주장은 구조와 장식이 분리될 수 없었던 근대 이전 건축과는 다른 근대 초기의 건축외피에 대한 개념변화를 보여주고 있다.

근대건축외피의 추상성과 자율성

시민혁명과 산업혁명으로 형성된 19세기 근대사회는 새로운 건축시설물들 – 공장, 박물관, 병원, 학교, 극장, 수용소, 박람회, 철도역사 등[29] – 이 필요했으며, 산업혁명의 결과 전통적 축조 방식은 철과 유리, 콘크리트 같은 새로운 재료의 사용으로 전환되었다. 특히 건축기술의 발달과 생산방식의 변화, 유리에 대한 조세감면 조치[30] 등으로 인한, 판유리의

28 Wolfgang Herrmann, 「The Attributes of Formal Beauty」, 『Gottfried Semper, In Search of Architecture』, The MIT Press, 1984

29 "18세기 말 이래도 주도적 여러 새 과제가 등장하기 시작하였다. 그러한 과제들은 이전에는 없었던 것이거나 아니면 한 번도 주도적 입장에 서지 못했던 것들이다.…이 하나하나의 경향은 전 유럽에 해당하는 것이다. 그것은 조원(造園), 건축적 기념물, 박물관, 극장, 박람회, 공장 등이다.", Hans Sedlmyr, 『중심의 상실(Verlust der Mitte)』, 박경래 역, 휘문출판사, 1983, p.49

30 Kenneth Frampton, 『modern architecture: a critical history』, Thames & Hudson, 1992, p.33

대량생산, 철재의 구조재 사용에 대한 관심 증폭, 프리패브 공법 발달 등은 새로운 건축시설물들을 가능하게 하였으며, 밝고 넓은 공간을 짧은 시간에 완성해야 한다는 사회적 요구를 수용할 수 있었다.

18세기 에꼴 데 보자르 내에서 건축가와 합리주의자의 대립은 에꼴 데 보자르의 아카데미 전통을 붕괴시키는 계기가 되었으며, 19세기 마지막 교장인 고데(Julien Gaudet)에 있어서 건축은 전통에 얽매이지 않고 창조적 상상력을 바탕으로 바뀌기 시작한다. 이러한 교육과정에 대한 갈등은 근대운동의 출발점 중에 하나로 작용한다. 이후 뒤랑(J. N. L. Duran)을 교장으로 하는 에꼴 폴리테크닉(Ecole Polytechnique)의 설립은 공학기술자의 입장의 강화하였으며,[31] 그때까지 건축전체를 지배하였던 축을 기본으로 하는 고전적인 구성방법이 유형화된 요소를 경제적인 요구에 따라 배열하는 방법으로 변하게 되었다.[32] 그 결과 건축설계에 절충주의적 구성 수법이 도입 되었다. 기술공학자들은 고전건축 언어를 제대로 이해하지 못하면서, 고전 양식들을 자기취향에 맞추어 과거의 조형을 기술이나 기능에

---

31 1867년 프랑스에서 법령을 제정하였는데, 연구의 전통적 경향을 유지하면서, 합리주의자에 의해 요구된 체계적 교육내용을 최소한으로 수용하고, 학위(Diplomé)의 제도화로서 건축가의 위상을 확립하게 되었다. 그러나 이러한 학위제도는 당시 위태로웠던 건축가의 위상을 지켜주었지만, 이탈리아의 콰트로첸토(quattrocento) 시기에 획득한 건축가의 지위는, 이제 하나의 전문직업인으로 사회적 지위가 격하되었다. 이는 아카데미문화와 현실사이의 대립을 의미하는 것이다.

32 뒤랑은 2권의 책을 저술하였는데, 한 권(『Nouveau précis des leçons d'architecture』)은 당시 영향력이 큰 건물의 개요를 철저하게 유형학적으로 배열한 것이며, 다른 한권(『건축학 강의 개설서, Précis des leçons d'architecture données à l'École royale polytechnique』)은 발생 가능한 수많은 디자인문제에 대한 표준적 해결로 제안된 일련의 건물 구성요소와 그것의 형태의 재해석 방향으로 구성된 것이다. 모든 건물의 구성요소를 똑같은 격자 위에 그려서 건물 블럭의 유형학이라는 디자인 매뉴얼 작성한 것으로 폴리테크닉 기술자들이 새로운 영역의 건물을 재빨리 디자인할 수 있도록 하려고 만든 것이다. Bernard Leupen외 4인, 『건축디자인과 분석』, 김영애·문은미 옮김, 도서출판국제, 2001, pp.188-192

관계없이 무차별하게 콜라주하여 철골구조에 고전주의 요소를 덧씌우기 시작하였으며,[33] 고전건축언어의 조형적 의미가 사라지게 되었다. 19세기 건축기술 및 재료의 발달이 구조로부터 건축의 외피를 자유롭게 하여 새로운 표현 가능성을 부여하였음에도 불구하고, 구조적 틀 위에 다양한 양식(style)을 입히는 방식으로 진행되었다는 것은, 기술의 발전 속도를 사회가 미학적으로 수용하지 못하였기 때문이다.[34]

푸코(Michel Foucault)는 『말과 사물』에서, 19세기에 세 번째 인식론적 틀이 바뀌면서 말과 표상사이에 분리가 시작되었다고 말한다. 근대 이전은 말과 사물이 투명한 관계를 유지하며 그것만이 이 세계를 표상할 수 있는 특권을 가지는 것이었다. 그러나 근대에 들어와서 표상은 사물의 인식에 공통된 존재 양태를 규정할 수 있는 힘을 상실하였다. 건축에서의 실체, 혹은 존재론적 실재와 표상사이가 일치하지 않으면서, 건축의 물질적 기반인 물질 구조와 그것을 표상하는 장식사이의 관계가 더 이상 일치하지 않는 것이다.[35] 건축에서 기존의 양식이 건축의 고유한 존재 양태를 규정하지 못하게 되면서, 건축가들의 사유 방식을 지배하였던 절대적 진리는 이제 더 이상 의미를 잃게 되었다

구축에 있어서 기존에 없는 프로그램이 도입되고 효용성 문제가 제기된 19세기 이후로, 건축은 사용과 대상 사이의 지시체계의 성립에 대해

---

33 "근대적 건축물의 철골은 석고로 된 격자 천장 뒤로 감추어지고 말았다." Daniel Pinson, 『건축과 근대성』, 정진국 역, 영림카디널, 1999, p.19

34 건물의 디자인은 구조적 고려로부터 전적으로 예측되어 진다는 고딕에 근거한 합리적 디자인 방법을 설명한 비올레-르-뒤크(Eugne Emmanuel Viollet-Le-Duc)의 영향을 받은 합리주의자의 경우 구조의 객관성과 명료성을 드러내 보이려 했으며, 구조를 숨기고 장식을 덧붙이는 것에 대해 비난했다. 그러나 많은 경우 구조에 장식을 덧붙이는 방향으로 나아갔다.

35 이러한 재현의 위기는 서양의 문화비평에 있어 중요한 주제이다. 지리학자 데이비드 하비의 경우 1947~1848년에 파리에서 일어난 위기가 재현의 위기를 가지고 왔다고 평한다. David Harvey, 『모더니티의 수도, 파리』, 김병화 역, 생각의 나무, 2005

계속적으로 의문을 제기하였다. 여기에서 중요하게 생각된 것은 기능을 철저하게 분류하는 일이었고,[36] 새롭게 등장한 각각의 기능들은 범주화되고 계통적으로 분류될 수 있었고 그에 따라 건축 요소들은 일정한 형태를 이루기 위해 조직되었다. 결과적으로 기능은 가시적 차원에서 분석의 대상물이 된 것이다. 근대주의 건축에서 두드러진 구조재와 비구조재의 분리, 특수 공간과 일반 공간의 구별 등은 기능적 효용성과 가시적 형상성 사이의 개별적 상관관계를 탐구함으로써 나온 결과이다. 즉, 근대주의자들은 식별 가능한 형태를 통하여 사용 가능한 기능을 설명하고자 하였다.[37]

이 같은 사회적, 물적 토대의 변화로 인한 근대건축외피는 크게 추상성과 자율성이라는 특징을 나타내게 된다.

:: 근대건축외피의 추상성

유리는 경제성 때문에 수많은 박람회 파빌리온을 구성하는 주요 재료로서 등장한다. 팜하우스(Palm House, 런던, 1848), 수정궁(Crystal Palace, 1851) 등

---

36 가장 극단적인 예시가 러시아 '구성주의'의 모세이 긴즈부르크(Moisei Ginzburg)의 '실험과 작업의 지도를 위한 방법으로서의 구성주의'로 요약되는 방법론이다. 설비 개요(scheme of equipment)와 동선 다이어그램(flow diagram)으로 이루어진 건축디자인의 첫 번째 단계에 주목해 보라.

37 "르 코르뷔지에가 양식으로 정의되는 건축형태의 모순을 타파하고자 한 것은 잘 알려진 사실이다. 그것은 산업혁명이후 급격하게 변화한 서구에서 요구되는 건축행위가 과거의 형태를 부분적으로 변경하거나 조합하는 인습적 수준에서 해결될 수 없는 것이기 때문이다. 더욱이 사용가치의 현실적 문제는 모든 기존의 존재에 의문을 가지게 한 근본적인 이유다. 근대 건축의 중요한 주제인 기능은 이러한 사회적 맥락에서 이해되어야 한다. 그리고 근대 건축가들이 기능주의적 관점을 취했던 배경에는, 단순히 기능의 의미를 체계적인 방법으로 보편화하려는 이념적 장치로서가 아니라, 근대 사회의 사용 가치를 감각적 형식으로 전환해야만 하는 필요성에 답하기 위한 노력이었다. 건축의 고전적 개념을 평가하면서 자연스럽게 기능과 형태 사이의 새로운 관계가 논의된 것이다." 정진국, 『르 코르뷔지에가 선택한 최초의 색채들』, 공간사, 2001, pp.111-112

19세기 중반의 유리건축은 철과 유리의 반복으로 간단하게 구축될 수 있었고 비내력벽의 출현을 나타내는 것으로 장식은 찾아보기 힘들었고, 단지 기술적 요구만 있을 뿐이었다.[38] 얇은 막(유리)으로 이루어진 외피는 점차 내력벽의 기능에서 해방되고 새로운 가능성을 얻었지만, 이시기의 대부분의 비내력벽 외피의 건물은 대부분 건축미학적 경험이 부족한 기술공학자들이 건설을 하였기에 미학적 측면에서의 표현성을 기대하기는 어려웠다.

줄르 소니에(Jules Saunier)의 므니에(Menier) 초콜릿 공장(1871-72) 경우 마른 강 밑바닥까지 닿아 있는 네 개의 교각이 건물을 지지하고 있으며, 건물 자체는 사각형 단면을 가진 4개의 주철로 된 속 빈 거더로 지지되는, 최초로 철골조건설의 원리가 적용된 건물이고 건물의 정하중을 이 철골조에 전달하게 한 최초의 건물이다. 이 초콜릿 공장의 벽은 평평한 면으로 되어 있으며, 속이 빈 벽돌로 이루어진 이 벽체는 단지 골조 사이를 채우는 기능만을 할 뿐이다. 파사드에 사용된 표면은 밑에서부터 꼭대기까지 평평하며, 수직적으로나 수평적으로 이 벽에서 튀어나온 것은 전혀 없는 경우로[39] 장식 없는 벽면과 새로운 구조방법이 어떻게 사용되는가를 잘 보여주는 건물이다.

1900년을 전후해 철골구조와 철근콘크리트 구조가 발달하자 구조체의 표면에 장식을 덧붙이거나 표면에 평면적으로 장식을 삽입시키는 방법으로 외피를 해결하였다.

죠지 워싱턴 스노우(George Washington Snow)에 의해 고안된 목재 발룬 프레임(Ballon Frame)으로 이루어진 도시 시카고는 1871년 대화재 이후 소실

---

38 젬퍼의 경우 철골구조에 대해 혐오감을 가지고 있었음에도 불구하고 수정궁과 같은 유리 파빌리온에 대해서는 좋게 비평하였다.

39 S. Giedion, 『Space, Time and Architecture』, Havard University Press, 2002, p.204

된 도시를 20년 동안 도시를 재건하였다. 이때 시카고에 들어선 마천루는 철골구조를 기본으로 하여 외부에 조적 및 테라코타를 마감하는 방식으로 이루어져 있다.[40] 외피는 구조와 분리되기 시작하였고 일체의 절충적이고 재현적인 장식을 제거하기 시작하여 평탄한 면을 갖게 되었다[41] 다니엘 번햄(D. H, Banham)과 존 루트(John W. Root)[42]가 설계한 1851년, 모나드녹(Monadnock)빌딩은 강철구조체에 외벽이 내력조적조로 마감되어 있다. 외피에서 곡선의 창문(bow window)과 외관 모서리 일부가 곡면을 나타내는 것을 제외하곤 비장식적이고 간결한 건물이다.

유럽에서는 1893년 시카고 만국박람회와 마천루를 보고 돌아온 아돌프 로스(Adolf Loss)는 1908년 『장식과 죄악(Ornament and Crime)』에서 "장식은 죄악이다[43]"라고 주장하며, 외벽 표면의 요철에서 비롯되는 평활면의 파괴를 막기 위해 장식이 완전히 제거된 백색피복을 사용한다.[44] 외피에서

---

40 철근콘크리트의 발달과 유리, 철골구조물이 새롭게 각광받고 있던 시기에 조적 및 테라코타가 주 마감재로 사용된 것은 유리와 철골의 디테일이 아직 완벽하지 않았기 때문이다.

41 S. Giedion, 『Space, Time and Architecture』, Havard University Press. 2002, pp.335-363

42 젬퍼(Gottfried Semper)의 피복(Cladding, Bekleidung)이론에 영향을 받은 로스(Adolf Loos)에 관한 짧은 글에서 리쿼트(Joseph Rykywert)는 라이트(F. L. Wright)의 콘크리트 외피(textile block)을 언급하며 라이트와 젬퍼의 연결고리로 1985년 번햄(D. H. Bunham)의 릴라이언스(Reliance) 빌딩을 언급한다. 리쿼트는 젬퍼의 이론을 처음으로 영역한 사람이 존 루트(John Wellborn Root)이며, 이런 의미에서 릴라이언스 빌딩을 최초의 커튼월 빌딩이라고 주장한다. 확실히 테라코타 피복(cladding)으로 이루어진 14층의 이 건물은, 역사적으로 볼 때, 새로운 건축기술의 "잠재성"을 실험하는 미국건축의 움직임에 대한 하나의 상징적 기점이다. Joanna Merwood, 「The Mechanization of Cladding : The Reliance Building and Narratives of Modern Architecture」, 『Gray Room 04』, MIT Press, 2001, p.52

43 로스의 Goldman & Salatsch 빌딩의 토스카나풍의 거대한 원기둥의 사용이나, 그의 글을 보면 그가 단순히 미학적인 이유로 장식을 거부했다고 보기보다는 사회 경제적 이유로 장식을 반대한 것으로 보인다.

44 '문화의 발전은 실용품에서 장식을 배제하는 것과 동일하다'고 주장한 로스는 빼레

장식이 없는 평평한 백색피복과 큰 판유리의 창문을 배치하고, '신고전적' 평면과 엄격한 대칭성을 보이는 스타이너 주택(Steiner House, 1910)은 1920년대 국제주의 양식에서 보이는 역동적인 비대칭과 상호 침투하는 평면과는 (의미에서 뿐만 아니라 형태에 있어서도) 거리가 있다하더라도, 아르누보의 탄생이후 15년도 채 되지 않는 기간과, 1920년대 르 꼬르뷔지에의 흰색의 사각형 주택 디자인보다 10년이나 앞서서 극도의 간결성을 성취한 건물이었다.[45] 그의 외피는 모든 절충주의적 형태를 제거하고 재료의 물성이나 백색피막을 강조한 후 피복의 표현성을 대체해 구조와 외피가 구분되지 않는 '피복'이라는 중성적 켜로 외피를 비물질화시킨 추상적 피복이다.[46] 상징적 의미를 가지는 재현적 장식과 완전히 결별하고 스크린과 같은 백색의 추상적인 외피로의 전환이라는 의미를 갖는다.

1920년 열린 추계전람회에서 르 꼬르뷔지에가 제출한 모형사진 중 시트로앙(Citrohan)주택계획안의 사진에서 중앙을 차지하는 부분은 정면도 측면도 아닌 모서리이다. 건축적 표현에 있어 관례를 벗어난 이러한 역동적 표현은 모든 축조의 흔적이 사라진 평탄한 표면들과 그것들의 만들어 내는 단일의 기하학적 입방체 형태를 가진 건축물을 인식하게 한다. 여기서 특별히 강조된 것은 다름 아닌 스크린 같은 백색표면을 가진 균질의 수직벽으로 실제적 재료의 질감을 완전히 배제한 추상화된 시각적 대상물이다. 이러한 백색의 추상성을 가진 벽이 나오기 전까지 지속적인 연구가 계속 되었는데, 르 꼬르뷔지에의 슙(Schwab, 1917)주택의 경우, 기

(August Perret) 등과 같은 프랑스 합리주의자들과는 달리 구조의 표현에는 관심이 없었다. 대신 피복으로서의 벽을 역할을 강조하였다.

45 William J. R. Curtis, 『modern architecture since 1900』, Phaidon Press, third edition, 2006, pp.69-71

46 유진상, 「건축외피 표현성의 재해석에 관한 연구」, 『대한건축학회논문집』, 통권 제181호, 2003, p.188

존과는 다른 평지붕에 기하학적 비례체계를 따르고 있으나, 처마나 원형 창문 등의 전통적 요소가 잔존하고 있어 완전한 추상화가 이루어지지 않았지만, 여기서 중요한 것은 북쪽 입면의 중앙에 위치한 정사각형의 비워진 벽면이다. 주택 전체를 지배하는 황토색과 고동색의 벽돌벽면에 끼워진 모습으로 건축물 상부에 매달린 이 비워진 벽면은 평탄한 시멘트로 구성되어 있고 그 위에는 백색도료가 입혀져 있다. 쇼 주택의 벽면구성은 평탄한 시멘트 피복과 다소 거친 벽돌 피복이라는 두 가지 물성으로 나타난다. 쇼 주택은 조적조 방식으로 지어지지 않았다. 비록 벽의 두께 속에 묻혀 보이지 않는다하더라도 독립된 기둥이 집의 무게를 지탱하는, 지지체와 피지지체가 분리된 구조체계를 이루고 있는 쇼 저택은 1914~16년에 르 꼬르뷔지에가 개념화한 돔·이노(Dom·Ino)시스템[47]을 보여주는 최초의 건축물이다. 이것의 특징은 기둥, 바닥, 계단을 일체화시켜놓았다는 것인데, 이때 건축물의 전체 부피 결정에 있어서 중요한 역할을

---

47 르 꼬르뷔지에가 오귀스트 페레의 사무실에서 잠시 근무했던 1908년의 경험은 그의 건축활동에 새로운 차원을 갖게 했다. 이 사무실에서 그는 철근 콘크리트 구조에 관한 기초를 터득한 이외에도 고전건축의 질서를 체득할 수 있는 기회를 얻었다. 페레와의 접촉에서 르 꼬르뷔지에는 철근콘크리트가 미래의 가장 중요한 건축재료라고 확신하기에 이르렀는데, 페레는 르 꼬르뷔지에에게 비올레 르 뒤크로 대표되는 프랑스 합리주의의 건축철학을 고취시켰고, 구조를 적절히 디자인하기만 하면 손쉽게 예술의 경지에 도달할 수 있다는 합리주의자들의 논리를 접하게 했다. 또한 콘크리트라는 재료가 내구력이 있고 경제적이라는 점뿐만 아니라 콘크리트 골조가 고딕구조의 중심사상과 고전주의적 형식의 인문주의적 가치관과의 대립을 해소하는데 효과적인 수단일 된 것이라는 견해를 접하게 해주었다. 현대미술관회편, 『현대건축의 거장들』, 현대미술관회 출판부, 1988, pp.70-72
'하나의 구조에는 거기서 자연스럽게 연유될 수밖에 없는 하나의 형태가 있다. 만일 구조가 바뀐다면 형태도 바뀔 것이다'라며 재료와 구조를 외부형태로 표현해야 한다고 했던 비올레 르 뒤크(Violet le Duc)의 구조와 외피 개념은 오귀스트 페레(Auguste Parret)를 거쳐 르 꼬르뷔제에 이르게 된다. 유진상, 「현대건축 외피의 '비물질적' 표현성에 관한 연구」, 『대한건축학회논문집』, 통권 제165호, 2002, p.115

담당하는 벽은 다양한 기능의 수용이 가능하도록 자율성을 띠게 된다. 이러한 구조체계에서는 과거 조적조 건물에서 벽이 구속력을 행사하던 것과는 전혀 다른 양상이 발생된다. 즉, 벽(외피)이 고정적 건축 요소가 아니라 임의적 건축요소로 변화한 것이다.[48]

:: 근대건축외피의 자율성

근대 건축에서 외피가 자율성을 얻는데 결정적인 역할을 한 것은 돔·이노 시스템과 데 스틸(De Stijl)이었다.

돔·이노 시스템은 르 꼬르뷔지에게는 '새로운 건축의 5원칙'[49]을 성립하게 하는 주요소이지만, 이를 공식적으로 발표하기 전에 완성한 쇼 저택의 벽면은 바로 철근 시멘트 구조체계에 따른 벽의 의미에 대한 건축가의 질문인 것이다. 벽돌의 구축법은 철근 콘크리트와 크게 두 가지로 대별되는데, 첫째로 벽돌은 하중을 담당하는 내력벽을 만들어야 하지만 철근 콘크리트는 내력벽이 필요 없다. 둘째로 벽돌은 거친 질감과 불규칙한 인상의 회화적이고 촉각적인 형태를 나타내지만, 철근 콘크리트는 인위적 추상성을 지향하고 있다. 돔·이노 원리를 결정한 르꼬르뷔지에는 쇼 저택을 통하여 건축형태를 구성하는 데 필연적으로 요구되는 벽을 규정하고자 하였다. 그는 벽의 형태가 규범화되어 있거나 정태적 속성을

48 정진국, 『르 코르뷔지에가 선택한 최초의 색채들』, 공간사, 2001, pp.28-29

49 '새로운 건축의 5원칙'은 몇 번의 수정을 거치는데 처음에 발표된 것이 1927년 바이젠호프지들룽(Weisenhofsiedlung) 전시회가 있는 1927년이고, 1929년 『전작집 제1권』에 실리면서 한 번 수정되었고, 1933년 잡지 AA(L'architecture d'Aujourd'hui)의 특집호 때 다시 한번 수정되었다. 1929년 수정된 '5원칙' 중 자유로운 입면 항의 내용은 다음과 같다. "입면으로부터 물러나서 집의 내부에 있는 기둥들, 바닥판은 돌출부까지 계속된다. 입면은 단지 방음, 방열벽, 또는 창으로 된 **얇은 막**일 뿐이다. 입면은 자유롭다. 창은 중단 없이 입면의 끝에서 끝까지 내달린다." 봉일범, 『Le Corbusier의 새로운 건축의 5원칙 수정과정에 관한 연구』, 1998, 서울대 석론

갖는 것이라고 생각하지 않았다. 오히려 이것은 대립관계에 있는 구조체계에 따라 변화하고 의미를 획득한다고 보았다.[50]

이러한 돔·이노 시스템은 순수하게 구조적이며 주택의 내부계획에 대해 매우 독립적이어서 계획이 어떠하든지 구조는 똑같이 유지되며, 주택 그 자체의 설계에 관한 것으로 콘크리트 기둥과 바닥 슬래브는 건축가로 하여금 전면의 구성에 대해 완전한 자유를 부여한 것과 마찬가지로 내벽, 문, 가구의 위치 등에 대해서도 완전한 자유를 부여한다는 것이다.[51]

돔·이노 시스템은 구조에 종속되어 있던 외피나 그 장식의 개념을 깨고 자율적인 표현성을 외피에 가져다준 기존과 전혀 다른 새로운 구축법이다. 이것은 내력벽이 필요 없게 됨을 선언한 것이고 대량생산과 표준화의 발전을[52] 의미하는 것이다. 이제 자율적 외피의 디자인이 가능해진 것이다. 이 구조는 구조, 공간, 형태에 있어서 새로운 영역의 기초와 배경을 제공하게 되었다.

---

50 정진국, 『르 코르뷔지에가 선택한 최초의 색채들』, 공간사, 2001, pp.28-30

51 돔·이노 시스템의 6가지 개념 중 1번과 5번의 개념이며, "6가지 개념은 다음과 같다. 첫째, 순수하게 구조적이며 주택의 내부계획에 대해 매우 독립적이어서 계획이 어떠하든지 구조는 똑같이 유지된다. 둘째, 구성요소들이 표준화되어 있으며 다양한 방법으로 결합되는데 이 융통성은 다양한 종류의 주택을 설계하는 원천이 된다. 셋째, 철근 콘크리트 기둥은 현장에서 타설되고 이 기둥에 바닥 슬래브를 타설하기 위한 거푸집과 철제 I빔을 고정시킬 금속 받침대가 부착된다. 이 새로운 기술은 목재 거푸집을 몇 회로 반복 사용할 수 있는 금속시스템으로 대체 가능하게 했다. 넷째, 기술적 확신은 건축가, 도시계획가의 설계와 일치되어 돔·이노 시스템을 세우도록 했다. 다섯째, 주택 그 자체의 설계에 관한 것으로 콘크리트 기둥과 바닥 슬래브는 건축가로 하여금 전면의 구성에 대해 완전한 자유를 부여한 것과 마찬가지로 내벽, 문, 가구의 위치 등에 대해서도 완전한 자유를 준다. 여섯째 확고한 시스템은 표준화된 치수에 따라 내·외부 및 모든 가구의 제조를 가능하게 해준다." Eleanor Gregh , 「The Domino Idea」, 『Oppositions 15/16』, MIT Press, 1978, p.62

52 베네볼로(Leonardo Benevolo)는 근대 건축과 전통건축의 구분이 구축요소들의 표준화를 인정하느냐 또는 거부하느냐에 달려 있다고 한다. Leonardo Benevolo, 『History of modern Architecture』, MIT Press, 1980

건설기술을 바탕으로 한[53] 르 꼬르뷔지에의 돔·이노 이론은 '새로운 건축의 5원칙'으로 이어졌고 외피는 표현성을 제거당한 중성적 백색 피복으로 내부의 기능과 공간을 표현하는 도구로 변하면서, 양식, 의미, 상징, 장식 등의 표현개념이 중성적 외피에 의한 비례와 리듬, 외피와 공간, 외피와 기능과의 관계성의 표현으로 진행되었다. 대량생산과 표준화를 가능하게 한 돔·이노에 의해, 이제 내력벽은 제거되었고, 구축에 의한 생산이 아닌 주물에 의한 생산으로 변화하였으며, 미학적으로는 자율적 외피의 디자인이 가능하게 되었다.[54]

몬드리안(Piet Mondrian)의 회화에서 확립된 신조형주의의 수평과 수직, 그리고 직각의 엄격한 기하학적 구성 원리에 그 기본을 두고 있는, 데 스틸(De Stijl) 건축의 전체적인 건축구성원리는 데 스틸 회화에서처럼 상하좌우로 무한히 확장하며 서로 직교하는 수직선과 수평선에 의해 형성된 평탄한 면들과 그러한 면들이 공간 속에서 서로 직각으로 교차함에 따라 형성되는 개방된 입방체들을 강조하는 것이었다.

데 스틸의 건축가들은 큐비즘(Cubism)으로부터는 대상을 객관적으로 분석하려는 점과 3차원적 입체의 실체를 2차원적인 캔버스에 재구성하는 방법을 배웠으며, 베를라헤(H. P. Berlage)로부터는 공간의 우월성, 형태의 창조자로서의 벽의 중요성, 체계적인 비례의 필요성을 배웠으며, 라이트(F. L. Wright)에게서는 떠 있는 듯한 형태, 상호 침투하는 평면이라

---

53 돔·이노는 대량생산과 합리적인 표준화를 목적으로 개발된 것으로 시공방법에 있어서도 목재 거푸집 대신 속이 빈 중공벽돌을 이용해 타설하는 '로프트-타일'공법이다. Eleanor Gregh, 「The Domino Idea」, 『Oppositions 15/16』, MIT Press, 1978, pp.62-64

54 돔·이노 시스템의 대표작인 빌라 사보이에(Villa Savoye)의 입면의 경우 아직은 스팬의 길이에 영향을 받은 모습을 보여주고 있어 자유롭게 입면을 분절한다기 보다는 비내력벽의 입면을 보여주고 있는 것이다.

는 구성방법과 공간적 특징을 포함해 구조적으로는 캔틸레버 구조에 의한 개방적, 유동적 공간의 영향을 받았다. 이러한 영향으로 반 되스버그(Theo van Doesbug)가 주도한 데 스틸운동의 건축 경향들은[55] 외부 모습이 하나의 관점에 한정되어서는 안 된다는 생각을 가지고 있었고, 이를 위해 상자 형태의 건물을 해체하고 모서리를 개방함으로써 선과 면이라는 각각의 기본 요소들로 분해시키고, 더 나아가 요소화(elementalization)와 대각선을 통해서 볼륨을 자유로운 면으로 해체한 다음 정적인 투시화법적 시각을 피해 재조립하였다. 이러한 데스틸 건축의 외피는 파사드라는 전통 건축의 정면성에 대비되는 다면적인(multi-faced) 특성을 나타내고 각각의 공간으로 분열, 배치되는 고전적 구성원칙을 깨뜨려 이제 공간은 또 하나의 다른 공간으로 흘러들어가게 되었다.

이러한 데 스틸의 특징을 제비(Bruno Zevi)는 상자의 분리라고 하였는데, "만약 투시화법적인 덩어리의 제거가 해결되어야 할 문제라면, 첫째로 해야 할 일은 그 상자를 분해해서 패널(panel)로 쪼갬으로써 제 3차원을 제거하는 것이다, 그러면 밀폐된 볼륨은 더 이상 존재하지 않는다. 이제 이미 그 방은 입방체의 빈 공간이 아니다. 거기에는 6개의 면이 있다. 즉 천정, 4개의 벽, 그리고 바닥 면이다. 그 면들을 각기 자유롭게 하면서, 각 접합부들을 해체시켜라. 그러면, 빛은 방의 가장 어두운 구석까지 스며들게 되고, 그 공간을 새 생명을 갖게 될 것이다"[56]라고 말하면서 반

---

55 전체에 걸쳐 분리된 요소들을 역동적으로 그리고 비대칭적으로 배치하는 것, 가능한 모든 내부의 구석의 공간을 터뜨려 열려놓은 것, 내부 공간을 구성하고 수정하기 위해서 얇은 부조면 위에 채색된 장방형 판재들을 사용하는 것, 마지막으로 분리, 후퇴 등의 효과를 가져 오기 위해서 원색을 사용하여 데 스틸의 건축적 결정화가 이루어졌다. Kenneth Frampton, 「De Stijl」, Nikos Stangos(ed), 「Concept of Modern Art」, 성완경·김안례 옮김, 『현대미술의 개념』, 문예출판사, 1993, p.233

56 Bruno Zevi, 『The Modern Language of Architecture』, Univ. of Washington. 1978, p.31

투시화법에서 출발한 데 스틸의 개방적 시·공간 개념이 조형원리로 실체화되는 과정을 잘 묘사하고 있다. 특히 이 상자의 분리를 설명한 그림 중 마지막 그림은 최근의 건축 경향(예를 들어 폴딩건축)을 예감하고 있는 것처럼 각각의 면이 독립적이고 휘어져 있으며 모서리는 개방되어 있다.

전통적 공간개념 및 벽의 사용과는 매우 다른 특성을 보여주는 미스의 벽돌조 전원주택(1923)은 벽난로가 있는 코어와 모서리 정도를 제외하고는 모두 비내력벽으로 구성되어 있어, 벽들의 자유로운 배치로 공간을 생성하고 있다. 방들의 조합이나 방으로의 구분을 향해 진행되는 전통적인 평면의 구성과는 다르게 건축의 구성단위가 벽으로 규정되고 있다. 또한 여기서 볼 수 있는 벽은 장식이나 입면(façade)으로서가 아닌 공간만을 보여주기 위한 기능만을 가지고 있다. 돔·이노와 프레임구조와 대치되는 내력벽의 자유로운 배치, 벽 기능의 새로운 개념설정으로, 자유롭게 서있는 벽은 관습적인 상자 형태를 깨고 닫힌 볼륨을 만드는 대신, 실내와 실외는 더 이상 쉽게 구분할 수 없게 만들며, 내·외부 공간은 상호관입하는 공간을 형성하고 있다. 이러한 구성방법은 후에 투명한 재료를 사용한 바르셀로나 파빌리온에 더욱 명확하게 표현되고 있다.

벽이 추상화된 면으로써 공간을 구성하는 다른 예로서는 리히트벨트(Gerrit Rietvelt)의 슈뢰더 하우스(Schröther House, 1924)가 있다. 슈뢰더 하우스의 투명한 창호부분과 비내력벽을 제거해 보면 내부 구성요소들은 'ㄱ'자 형태를 하고 있는 하나의 벽과 하나의 캔틸레버를 제외하고는 모두 평활하고 형태가 제거된 사각형의 면으로 구성되어 있다. 코너부분의 수직부재를 생략함으로써 판들이 만나는 부분에 사이공간이 드러나고, 건물의 수평과 수직면들은 서로 덧붙여져 있는 것으로 보인다. 르 꼬르뷔제가 공간을 외피로 한정해 보다 안정감 있고 질서가 잡힌 건물을 구축했던 것과는 대조적이다. 더구나 슈뢰더 하우스에 사용된 색면 역시 형태가 완전히 제거된 평활면을 요소화시켜 사용하는 것을 원칙으로 하고 있다.[57] 축선, 그리드, 스팬에 따른 실의 구성이 없는 슈뢰더 하우스의 구성은 확실히 자유로운 구성을 보여주며, 그리드로 파악하기 힘든 평면은 직교시스템을 제한적으로 받아들였다는 것을 보여준다.

주택의 주요 구조와 요소를 제거하고 면으로 주택을 해체한 후 투시도적 화법을 피하기 위해 등각투상도로 제작된 반 되스버그의 예술가의 집(Maison d'Artiste, 1923)의 반구축에서는 이러한 추상화되고 평활한 면이 공간의 구성단위임을 더욱 명확히 보여주고 있다.

데 스틸에 있어 벽은 단지 건물을 지지하는 구조체가 아니며, 단지 지지점을 제공하고 있는 것으로 보고 개방된 구조의 건축을 주장하였다. 면이 주요한 건축요소가 된 것이다.[58] 중력과 불가분인 내력벽(구조체)이 자유로운 구성단위로서 이동, 변형, 수정되는 방식, 면을 재료로 하는 공간 생성 방식은 르꼬르뷔지에의 프레임 구조에 기반 했던 공간구성이라는 개념과 비교될 수 있을 것이다.

---

57 유진상, 「근대 이후 건축외피 표현방식의 재해석에 관한 연구」, 『대한건축학회논문집』, 통권 제181호, 2003, p.221

58 "라 로슈 주택의 홀을 구성하는 벽들을 관찰한 라이쉬린은 데 스틸의 영향에 대해 이렇게 적고 있다 첫째, 부피를 면으로 의도적으로 분할했다는 것, 둘째로 막힘과 트임의 평형성을 고려했다는 것, 셋째로 구조나 재료의 위장술, 특히 다색체의 사용을 통하여 건축적 추상화를 추구했다는 것," Bruno Reichlin, 『Le Corbusier vs De Stijl』, Liége, 1985, 정진국, 『르 코르뷔지에가 선택한 최초의 색채들』, 공간사, 2001, p.58에서 재인용

돔·이노 시스템과 데스틸의 구성원리

	돔·이노 시스템	데 스틸
구조체계	체계/구성	구조체의 자유로운 구성
매스 구성	직육면체	육면체의 조합 및 변형
좌표체계	직교좌표	직교좌표
외피	백색 비내력벽 동일층의 수평면	비물질성의 벽체 레벨차에 의한 수평면 구성
면의 특성	• 면을 기본으로 하는 공간의 생성	• 장식을 제거한 외피

근대건축 이후의 구조화된 스킨과 표면의 활성화

근대건축에서 외피가 자율성과 추상성을 획득한 이후 언어이론과 테크놀로지의 발전을 배경으로 건축의 외피는 여러 방향으로 진행된다.

1960년대 의미론을 기반으로 작업한 포스트모더니즘 건축가들은 근대건축가들의 주장과는 달리 지어진 건축물들이 실제로 기능적으로 작동하지 않으며, 탈-의미적인(meaning-free) 건축을 추구하였다는 점을 간파하였다. (르 꼬르뷔제의 표현대로라면) 모든 인간에게 보편적으로 작용하는 형태의 탐구가 근대건축의 가장 본질적인 사항이며 바로 이 점 때문에 근대건축에는 의미 전달의 문제가 항상 잠재되어 있었고, 전후 근대건축이 대량 복제되면서 그 문제가 보다 심화되었다며, 그들은 의미시스템을 어떤 방식으로든 재구축할 필요가 있다는 사실에 동의하였다. 그러나 그들의 작업은 애초부터 건축의 의미를 발생시키는 기능, 공간, 구축체계, 장소성에 대한 깊이 있는 탐구와는 애초부터 거리를 두었다. 그것은 엘리트주의를 지향한 근대건축의 본질이었기 때문이다. 오히려 그보다는 주로 의미론적이고 통사론적인 언어의 조작을 통해 가볍고 대중적인 건축양식을 추구하였다. 이 경우 건축은 대중들과 소통할 수 있는 가능성은 커지지만, 본질적으로 새로운 건축을 발생시키기 힘든 부분이 있다. 새로운 건축적 가치들을 탐구하지 않고, 기존 언어가 가지는 의미만을 되풀이 하며 소진할 경우, 마지막으로 남는 것은 의미가 거세된 속이 텅 빈 기호의 껍데기뿐이다.[59] 포스트모더니즘 건축의 외피는 근대건축의 투명한 외피도, 백색의 추상성도 추구하지 않았으며, 새로운 구축방식을 탐구하지도 아니 하였으며, 심오한 구조적 의미를 담는 것도 아닌 대중적 기호의 콜라주로 변형되었다.[60]

반면에, 1970년대 초 백색과 회색으로 대비되는 뉴욕 파이브(New York 5)와 로버트 벤츄리는 그 원천이나 구축 방식 등 여러 가지 차이를 보였지만, 스크린이나 평활한 면에 의한 다양한 형태조작에 높은 가치를 둔 외피중심의 건축이라는 공통점을 가지고 있었다.

1980년대 초반, 의미론과 통사론을 기반으로 한 건축적 논의가 더 이상 발전하지 못하고 이론적 한계를 드러냄에 따라 1970년대의 포스트모더니즘을 대체할 새로운 건축이론이 요구되었고, 후기 구조주의 특히 데리다(Jaques Derrida)의 해체철학을 배경으로 한 해체주의 건축가들이 나타났다. 처음부터 기표와 기의의 일대일 대응관계를 인정하지 않았으며, 이 관계를 고의적으로 파괴하고 분리하여 기표만으로 구성된 건축이론을 생성하였다. 일반화시키자면 모든 것을 텍스트로 간주하려는 경향과 해체가능한 모든 것을 해체하려는 경향 등의 영향으로, 해체주의 건축가들은 그동안 자명하게 인식되어 온 모든 것들이 의심받는 마당에, 기능, 구조, 기하학, 공간, 프로그램, 형태적 의미와 같이 그 동안 건축의 동일

---

59 정인하, 「1960년대 이후 등장한 건축적 담론들과 언어이론의 상관관계에 관한 연구」, 『건축역사연구』 19호, 1999, pp.98-99

60 역사주의의 콜라주와 표피적인 장식의 남용만을 남기고 사라진 포스트모더니즘 건축은 외피의 미학적, 기술적 발전과는 아무관련이 없는 하나의 사조이지만 과거의 역사를 돌아볼 수 있는 계기가 되기도 한다.

성을 유지하기 위해 채택되었던 주요 개념을 의심하고[61] 건축형태에서도 이와 같은 현상들이 나타나기 시작하였다. 이전까지 많은 건축경향들과는 다르게, 슬래브를 들어 올리거나 경사지게하고 벽체와 기둥을 비틀거나 삐딱하거나 경사지게 하는 형태들이 나타났다. 오래전부터 전제되어온 건축적 담론들이 철저하게 해체되어야한다고 생각했기에 건물의 형태구성에서 조화로움이나 자연스러움보다는 전혀 이질적이 요소들의 접목이나 충돌, 전혀 예기치 못한 우연적 요소의 돌출과 부유함, 구조적 안전성의 파괴와 같은 극단적인 건축형태가 등장하였다. 전혀 이질적인 맥락을 가진 형태들이 한 건물 내에서 부유하는 것이다.[62] 동일성이 아닌 차이에 의해 건축형태가 정의되면서, 한 건물 내에서 마치 데리다가 이야기하는 상호텍스트성과 산종을 연상시키는 다양한 텍스트들의 파괴적 놀이가 생산되었다. 이러한 해체주의 건축의 외피는 합리적인 기능, 구

61 "피터 아이젠만은 '모더니즘 건축은 전통건축과 결별하면서 헤겔의 미학원리를 중심개념으로 사용하였다'고 본다. 즉, 형태와 기능, 구조와 장식, 형상과 배경, 수식과 추상의 변증법적인 개념이 근대건축을 지배한 것이다. 그 때문에 근대건축이 고전적 전통과의 단절을 꾀했다고 주장함에도 불구하고 그것은 허구이고, 오히려 고전건축의 연장선상에 있다고 본다. 인간, 자연, 신에 대한 관계가 불변의 토대로부터 불확실한 것으로 바뀌었음에도 불구하고, 건축만이 변하지 못한 것을 두고, 아이젠만은 건축이 가지는 특별한 속성 때문이라고 한다. 즉, 건축은 현실과 존재의 구조를 만드는 분야이기 때문이다. 또 그것은 중력에 대해서 사고하는 것이 아니라 그것에 대해서 작용하기 때문이다." 정인하, 「1960년대 이후 등장한 건축적 담론들과 언어이론의 상관관계에 관한 연구」, 건축연사연구, 19호, 1999, p.101

62 "이에 따라 창은 구조적이고 기능적인 것과는 별개로 단순히 건물외피를 구성하는 자율적인 형식체계로 인식되기 시작했다. … 과거에는 올바른 창의 형태가 존재했다. 그들은 빛을 잘 끌어 들이고, 자연에 대한 조망을 갖게 하며, 구조적으로 안전해야 옳게 설계된 것이었다. 그러나 오늘날은 그렇지 못하다. 자연광은 인공광으로 충분히 대체할 수 있고, 다소 부자연스러운 형태라도 구조적으로 전혀 문제 될 것이 없다. 이런 상황에서 창의 형태를 근거 짓는 기반을 더 이상 외부에서 찾을 수 없게 되었다. 대신 그것은 건축가의 전체 의도와 맞물려서 그 존재 기반을 마련하였다.", 정인하, 『현대건축의 비표상』, 아카넷, 2006, pp.44-46

조나 공간을 반영하는 외피의 구성과는 거리가 먼 다양한 형태의 유희로 전락하였다.

츄미(Bernard. Tschumi), 자하 하디드(Zaha Hadid), 다니엘 리베스킨드(Daniel Libeskind)는 합리적 질서 대신 각 부재 사이의 움직임이나 사이 공간 등에 주목하며 역동적 공간감이나 이질적 부재의 접속, 파열, 부유한 느낌 등을 외피에 표현하였으며, 피터 아이젠만(Peter Eisenman)이나 프랭크 게리(Frank Gehry)의 작품에서 조각적인 형태는 보다 유기적이고 연속적인 면을 갖는 방향으로 진행하였다. 프랭크 게리의 비트라 박물관(Vitra museum, 1989) 같은 경우에 조각과 같은 외피는 연속적인 면을 이루고 있으며, 음영효과에 의해 볼륨들의 입체감을 강조하고 있다.

현학적이고 난해한 이론으로 1980년대를 지배한 해체주의 건축은 단편화된 형태들과 파괴적인 욕망, 맹목적인 형식주의로 가득 찬 형태의 유희들과 태생적인 모순으로 정교한 디자인 방법론을 제시하지 못하고 한 세대도 넘기지 못하고 사라졌다. 지나치게 폐쇄적인 내부의 논리, 예술로서의 건축, 미학적이고 오브제로서의 건축으로 제한한 결과, 단편화된 기표들을 재료로 삼는 구문론적 조작과 관계의 구축은, 언어학/기호학으로부터 전치된 개념들과는 연관 없는 대단히 자의적이고 주관적 디자인에 머물렀다. 그러나 해체주의이후 입면을 따로 구분하지 않는 개념과 기둥, 내력벽, 외력벽 등과 같은 구조체계와 공간을 구획하는 내피, 외피로서의 조직체계를 별도로 구분하지 않은 형태들이 발생했다. 그리고 그것은 건축을 구성하는 단위가 배열(arrangement)을 기본으로 하는 분절적인 요소들로부터 연속적으로 변화하는 면으로 변화하고 있음을 의미한다. 수평/수직면 사이의 구분이 불필요하게 만드는 연속적인 면이나 평탄한 바닥면이라는 개념이 사라진 것이다.

해체주의 건축 이후 디지털 기술의 발달과 들뢰즈(G. Deleuze)철학을 배경으로 입면을 따로 분리하지 않으면서, 구조체계와 공간체계를 구분하지 않는, 연속적인 면의 구성적 특성을 보이는 형태생성작업이 나타나기 시작하였고, 이러한 흐름들을 모아 『Folding in Architecture』라는 책이 1993년에 발간되었다. 해체주의건축 이후 다양한 형태의 실험과 함께 점(요소)에서 면으로 건축의 기본단위가 바뀌게 되며 이러한 변환을 두고 그렉 린(Greg Lynn)은 해체주의건축이 '충돌과 모순의 논리'로 수행되지만, 폴딩 건축은 '더욱 유연한 연결논리(fluid logic of connectivity)'를 전제로 하며, 해체주의건축은 형태적 파열(formal rupture)을 전면에 내세우지만, 폴딩건축(또는 랜스스케이프 건축)은 물질적 이질성(material heterogeneity)을 추구한다고 주장한다. 폴딩(folding)에 의한 건축에서 발생하는 공통적인 효과가 있다면 그것은 새로운 연속성의 복합체에서 서로 큰 관계성을 가지지 않는 요소들을 통합하는 것이라고 주장한다.[63] 폴딩건축은 해체주의건축이 내세우는 공간의 충만과 충일 대신에, 장소와 구조 간의 연속성을 창조한다. 건축부지와 건축물 사이에 부드러운 연속적 공간을 생성하여 물리적으로나 심리적으로나 외부와 내부를 모두 연결하는 패턴을 따른다. 이러한 더욱 복잡하고, 잡종적이며, 유연한 건축형태[64]로 인해 폴딩건축의 외부는 내부의 접힘이 되며, 이러한 형태에서는 개념적인 형태와 지각적인 형태를 더욱 더 구별할 수 없게 만든다. 이런 폴딩건축은 구조와 외피(스킨)가 하나인, 뼈도 분리된 조직도 없는, 연속적으로 접힌 표피적 특성[65]으로 현대건축의 외피에서 나타나는 '면을 공간화'하는 구성방식은

63 Greg Lynn, 『Folding in Architecture』, AD, 1993, p.8

64 Michael Speaks, 「Folding toward a New Architecture」, Bernard Cache, 『Earth Moves』, The MIT Press, 1995, p.XVi

65 Beatriz Colomina, 「Skinless Architecture」, Ed by Bernard Tschumi &Irene Cheng, 『The State of Architecture at the Beginning of the 21st Century』, The Monacelli Press, 2003, pp.68-69

공간을 규정하는 내외피의 이분법적 사고를 극복하며 다중 표피의 새로운 가능성을 만들어내고 이를 통해 건축의 표현가능성과 새로운 차원의 담론을 만들게 되었다.

해체주의나 폴딩건축과는 다르게 노만 포스터(Norman Forster)의 세인즈베리 시각예술센터(Sainsbury Center for the Visual Arts)는 불확정적인 프로그램을 수용하기 위해 모든 설비를 벽과 천장의 내·외부 표피 안에 설치하고, 37개의 트러스로 이루어진 구조와 외피를 일체화시켰다. 표피 안에서 기술적, 구조적 문제를 해결하고 표피는 평평한 연속적인 면으로서 남는다.

이러한 외피의 연속적인 면의 특성 외에도 SITE의 Best 사옥들과 벤츄리의 장식된 헛간(decorated shed)처럼 벽체를 건물로부터 분리하여 자의적 기호로 보려는 태도가 1970년대 초에 나타나기 시작하였다, 이러한 태도는 1980년대 이후 건축외피의 표현성과 독자성을 극대화하며, 사용자와의 커뮤니케이션을 활성화하려는 실험적 건축들이 나타났다. 근대건축에서 외피재료의 사용은 건축의 공간과 프로그램을 수용하기 위한 내·외부 경계의 마감장치로 사용된 반면, 현대건축의 외피는 멀티미디어와 센서 및 공학기술의 발달로 새로운 방식의 접속개념들이 적용되고 있다.

건축가는 오랜 시간 디지털기법, 공학기술, 센서를 이용하여 건축을 실시간 매개체로 바꿈으로서 건축을 말 그대로 미디어에 가깝게 진화시키고 있다. 이러한 건축은 전통적인 건축과는 거리가 멀다. 전통적인 건축은 바닥, 벽, 지붕으로 이루어진 외피와 형태 그리고 하드웨어에 관한 것이었다. 비트루비우스가 주장한 건축의 3대 요소 중 하나인 구조(견고성)은 구조적 튼튼함 보다는 구조적으로 튼튼하게 보여야 한다는 것이었지만 현대건축에서는 가벼움, 부정형, 가변성, 사용자의 참여 등으로 대체되고 있으며 이러한 현상은 건축에서 비물질성(immateriality), 감응성(interactivity), 멀티미디어의 현상내지 특징을 보이고 있다. 외피를 주변의 정보와 환경이 표면에 표현할 수 있게 처리하거나(Toyo Ito의 Tower of Winds), 외관이 끊임없이 변하는 비물질적 형태를 가능하게 하는 기술을 사용한 다차원의 결과물을 생산하거나(UN studio의 la defence), 사용자의 촉각적 경험을 극대화하거나(Nox의 Fresh Water Pavilion), 예술적 표현을 위한 장치나 플랫폼으로 설계하여 디스플레이를 위해 전자막의 형태로 처리하는(Peter Cook과 Collin Fournier의 쿤스트하우스) 등 다양한 디자인을 통해 건축과 사용자 사이의 다양한 커뮤니케이션의 가능성을 열어놓고 있다.

이러한 현대건축의 외피의 표현양상은 연속적인 면을 중심으로 형태를 구성하는 구조화된 외피(structured skin)와 형태보다는 외피자체의 디자인에 치중한 활성화된 표면(activated surfaces)이라는 두 개의 키워드로 크게 일반화시킬 수 있다.

건축외피의 진화와 표현 양상

외피의 진화와 표현양상을 통사적으로 분석하여 간략히 일반화해 보면, 다음과 같은 결론을 얻을 수 있다.

건축외피의 표현 양상

	근대 이전의 건축외피 특성	근대의 건축외피 특성	현대의 건축외피 특성	
건축외피 특성	재현적	추상적, 자율적	비표상적	
구조적 특성	구조+재현적 외피	구조/외피	구조/외피	구조=외피
건축입면구성 방식	분절에 의한 구성	외피의 자율성 건축요소의 분리	활성화된 표면	구조화된 외피 점(요소)에서 면으로

벤야민(Walter Benjamin)은 『기술복제시대의 예술작품』에서, 예술작품이 전통의 맥락에 편입되는 원초적 방식은 제의에서 표현되었으며, 가장 오래된 예술작품들은 의식(儀式, ritual)에 쓰이기 위해 생겨났는데, 처음에는 주술적 의식에 쓰이다가 나중에 종교적 의식에 쓰였다고 주장하며, 예술사를 예술작품에 들어 있는 두 극의 대결로 서술하고 그 대결과정의 역사를 한 극에서 다른 극으로 옮겨가는 과정이라면, 두 극이란 바로 제의가치(祭儀價値, Kultwert)와 전시가치(展示價値, Ausstellungswert)라는 것이다. 따라서 예술생산은 주술(마술)에 사용되는 형상물에서 시작되었으며, 이 형상물에서는 그것들을 보여주는 것이 아니라 그것들이 존재한다는 사실이 유일하게 중요했던 원시시대에는 절대적 역점이 제의가치에 주어짐으로써 예술작품이 주술의 도구가 되었던 것처럼, 오늘날에는 절대적 역점이 그 전시가치에 주어짐으로써 예술작품은 전혀 새로운 기능을 지닌 형상물이 되었다고 주장하였다.[66]

건축의 외피 역시 처음에는 제의가치에 의해 그 역할이 주어졌었지만 시대가 변하면서 제의가치에서 전시가치로의 역할이 변화하면서 건축의 외피는 다양한 표현가능성을 획득하게 되었다.

제의가치가 중요한 의미를 차지한 고전건축에 있어서의 구조와 분리될 수 없었던 외피(장식)는 따로 떼어서 생각할 수 없는 것이었다, 즉 존재론적으로, 인식론적으로 구조와 외피(장식)는 분리할 수 없는 하나의 실체로 간주되었고, 건축언어들에 의해 완전히 표상된다고 믿었다.

그러나 산업혁명이후 외피(피복)에 대한 인식변화와 함께, 기존에 없던 새로운 프로그램이 도입되고 고전건축의 효용성 문제가 대두된 19세기 이후, 건축은 사용과 대상 사이의 지시체계 성립이 불분명해 지면서 양식, 의미, 상징, 장식 등의 표현개념이 제거된 추상적이고 중성적인 외피

[66] Walter Benjamin, 『기술복제시대의 예술작품』, 최성만 역, 길, 2009, pp.51-55

가 나타났다. 또한 건설기술을 바탕으로 한 돔·이노 이론에 의해 내력벽은 제거되었고, 구조재와 비구조재의 분리를 가능하게 하여 자율적인 외피의 사용이 가능해졌다. 데 스틸건축은 벽을 자유롭게 배치하여 공간을 구성하거나, 고정적 요소가 아닌 임의적 요소로 사용하고, 추상화된 면으로써 공간을 구성하여, 면(벽)이 공간의 구성단위임을 보여주었다. 이러한 근대건축외피는 크게 추상성과 자율성이라는 특성으로 요약될 수 있다.

현대 건축 외피는 근대건축의 추상적, 자율적 특성을 배경으로 디지털기술의 발달, 학계의 흐름(젬퍼의 피복이론, 들뢰즈의 철학) 등과 더불어 구조와 외피를 구분할 수 없거나, 다양한 접속을 통해 사용자와 상호작용(responsive)하는 특성을 보이고 있다.

이러한 건축외피는 기술과 재료의 발달, 사회의 다양한 요구에 의해 내/외부의 환경의 단순한 경계마감장치로서의 기능을 넘어서 다양한 표현 가능성을 보여주고 있으며, 이에 외피는 단순히 물리적 형태의 차원을 넘어서 사회, 문화, 과학 등 다양한 차원의 경험을 포함하고 있다.

현재 다양한 외피의 실험이 이루어지는 것은 건축에 내재된 역량의 표출로 볼 수도 있지만, 벤야민이 지적한 제의가치에서 전시가치로의 변화 속에서, 사회전반을 움직이는 그 무엇, 절대적 가치나 신화 또는 누구는 빌리프–시스템(belief-system)이라고도 하는, 건축에서는 원형(규범, canon)이 없다는 것으로도 해석할 수 있다. 현재의 상황에서 고전건축에서처럼 존재론적으로나 인식론적으로 하나인, 흔히 좋은 건축이라고 말하는, 다른 말로 의미 있는–그것이 장식이건, 형태건, 공간이건 간에–건축이 가능하려면 어떻게 해야 하는가? 니체와 하이데거의 차이의 철학에서 비롯된 허무주의에 의한 해석만이 남는 현대사회에서 그 빈자리를 채울 수 있는 것은 무엇인가? 이 빈자리를 채울 수 있는 것이 전세계화(globalization)

현상 속에서 수평화, 평준화되어 가는 현대 사회에서 질적 개인화를 가능하게 할 수 있는 것은 아닐까?

04

Fold

그것은 원본과 복사본의 구분이 아니라
복사본들과 시뮬라크르들의 구분이다.

__질 들뢰즈(Gilles Deleuz), ≪의미의 논리≫

연속체의 분절은 모래알들의 분절로서가 아니라
접혀있는 종이나 막의 분절로 이해되어야 한다.
그렇게 크고 작은 무한의 주름들이 존재할 수 있도록,
물체/신체는 결코 점이나 무한소로 와해될 수 없기 때문이다.

__라이프니츠(G. W. Leibniz)

20세기 후반에 들어서 기능주의, 총체성, 동일성 등의 이념을 내세운 근대건축의 한계를 넘기 위해 1960년대 이후, 복합성(complexity), 이질성(heterogeneity), 장소성(place), 혼성(hybridization), 모호성(ambiguity) 등을 내세우는 다양한 이론 및 건축이 형성되었다.[1] 의미론과 통사론을 바탕으로 하는 1960~70년대 건축이론들은 근대건축의 문제점에 대해서 적절한 비판을 가할 수 있었지만, 새로운 건축을 생성시키는 데는 한계가 있었다. 1980년대 해체주의 이후 건축의 흐름은 크게 두 가지로 나누어 볼 수 있는데 하나는 포스트모더니즘의 재현적 건축이나 데리다의 해체주의의 언어학적 관점에서 들뢰즈, 푸코(M. Focault), 화이트헤드(A. N. Whitehead), 라캉(J. Lacan) 등의 후기 구조주의자들의 공간적, 예술적, 수학적 모델로의 이동과 다른 하나는 르네 톰의 급변론(catastrophe theory)에서 유래한 복잡계에 대한 과학적 모델에 대한 관심이 증가하기 시작하였다는 것이다.[2] 이러한 경향으로 해체주의 이후 급진적이고 실험적인 건축형태가 발생하기 시작하였는데 이것은 근대건축과는 다른 미학적 차원이며, 다른 차

---

1 "20세기 말 지난 건축이론들을 정리하는 책들이 출간되었고, 그 주된 내용은 1960~70년대의 알도 로시(Aldo Rossi)의 유형학, 크리스토 알렉산더(Christoper Alexander)의 패턴 랭귀지, 로버트 벤츄리의 복합성과 대립성, 라스베가스의 교훈, 슐츠의 장소론, 찰스 젠크스의 포스트 모던 건축이 그것이며, 아이젠만의 다이어그램 건축, 렘 쿨하스의 랜드스케이프건축, 프랭크 게리의 디지털 건축, 그렉 린의 활성화된 형태, 존 프레이저의 보편적인 구축기계 등이 1980년 이후의 건축이론이 그것이다. 이러한 책으로는 Kate Nesbit의 『Theorizing a new agenda for architecture: An Anthology of architectural theory 1965~1995』, K. Micheal Hays의 『Architecture Theory since 1968』과 『Opposition Reader』, Neil Leach의 『Rethinking Architecture, a reader in the cultural theory』 등이 있다." 정인하, 『현대건축과 비표상』, 아카넷, 2006, pp.5-6

2 Charles Jencks, 『The Architrecture of the Jumping Universe』, Academy Editions, 1997. 젠크스는 이 책의 부제 'How Complexity Science is changing Architecture and Culture'가 의미하듯이 프리고진의 자연철학, 산타페 학파, 르네 톰의 재난이론(Catastrophe Theory) 등으로 현재의 건축과 문화의 변화를 설명하고 있다. 여기서 그는 현재의 새로운 건축에서는 국제주의 양식이 기반을 두었던 딱딱(rigid)하고 차갑기만 한 메커니즘을 극복하기 위해 과학과 자연은 정보기술의 발전에 힘입어 함께 작용할 수 있다는 것이다.

원의 가능성에 대한 탐색으로 볼 수 있다. 이는 자본주의 시대의 공간적 환상에 대한 쾌락이든지 아니면 또 다른 지적 모험이든지 어쨌든 기존과는 다른 설계프로세스에서 나온 것으로 보인다.

건축에서 데리다(Jacques Derrida)의 철학이 1980년대를 지배하였듯이 1990년대에는 들뢰즈/가타리(Gilles Deuleuze/Félix Gattari)의 철학이 지배하였으며, 평면기하학, 형태학, 생물학, 지리학, 복잡성 이론 등 여러 개념이 건축의 지적 중심에서 소용돌이치며 수렴하고 있었고,[3] 이론적 배경으로 그의 철학을 주장하는 건축들이 나타나기 시작했다. 1980년대의 해체주의 건축이 데리다의 해체철학을 기반으로 하였다면, 1990년대 이후 질 들뢰즈의 '주름(fold)'[4] 개념을 배경으로 하는 주름 잡힌 형태의 '폴딩(folding) 건축'이 나타나기 시작하였다. 그렉 린(Greg Lynn)의 표현을 따르면 파괴적이지 않으면서, 생산적인, 조화로운, 배제가 아닌 포괄을 향한, 유연하면서도 연속적인 새로운 구축의 형식, 그러면서도 형태론에 얽매이는 것이 아니라 건축의 외부와 의미적으로나 물리적으로나 유기적 관계를 맺을 수 있는 형식을 도시와 통합적인 구도 안에서 찾고자 하는[5] 시도의 종합으로 다양한 건축현상들이 1990년대에 전개하기 시작하였다.[6] 더불어 형태적으로 접고 구부리고 연속된 면의 특성을 보이는 건축

---

3 Susannah Hagan, 『Taking Shape : A New Contract between Architecture and Nature』, Architectural Press, 2001, p.137

4 'fold'는 주름, 접힘, 중첩 등등으로 번역되나 여기서는 철학적 개념과 생산의 과정이나 결과물로서의 건축을 구분하기 위해 철학적 개념에 있어서는 '주름'이라는 용어로 건축에서는 원어 그대로 사용하여 '폴드' 또는 '폴딩'이라고 사용한다.

5 Greg Lynn, 『Folds, Bodies & Blobs』, La lettre volée, 1998, p.114 / 봉일범, 『잠재성의 차원』, 시공문화사, 2007, p.25

6 1985년 철학(쟈크 데리다)과 건축(피터 아이젠만)의 직접적 만남으로 이루어진 코라 작업(chora L works)과 1988년의 MoMA에서의 전시회가 해체주의 건축의 시발점으로 작용했던 것처럼, 1988년에 출판된 들뢰즈의 『The Fold, Leibniz and Baroque』가 1993년 영문판으로 출간되었고, 1992년 ANY 회의에서 제프리 킵니스(Jeffrey Kipnis)가 폴딩 건축을

들을 들뢰즈의 철학에서 영향을 받은 것으로 설명하고 있다.[7]

들뢰즈의 '주름'은 무엇인가? 들뢰즈의 철학은 사건(simulacre/event)을 사유하는 철학으로 끝없는 분기, 생성과 창조를 그 목적으로 하고 있다. 주름개념은 사건의 철학을 설명하기 위한 형이상학적이며 존재론적인 개념인데, 90년대 이후 '폴딩 건축'이라고 하는 건축은 들뢰즈의 철학을 인용 또는 원용하고 있으나 그의 철학을 제대로 이해하기 보다는 주름개념의 형태적 특성에 집착하는 경향을 보인다.

형태의 폴딩건축 또는 형태발생적 폴딩건축

1990년대 이후의 피터 아이젠만, 그렉 린, 바램 셔들(Bahram Shirdel), 카르텐 주엘-크리스티안센(Carsten Juel-Christiansen), 제프리 킵니스, 존 라흐망(John Rachman) 등이 들뢰즈의 주름 개념을 그 공통적 기반으로 삼고 있으며[8], 그 외에 마드리데요스와 오시나가(Sol Madridejos & Juan Carlos Sancho Osinaga)와 같은 최근의 건축가들은 접는 방법 자체를 그 건축의 형태적 생성요인으로 설명하고 있다.[9]

주름개념을 직접적으로 언급한 건축가는 피터 아아젠만(Peter Eisenman)

들뢰즈의 주름 사유와 르네 톰(René F. Thom)의 급변론(catastrophe theory)을 적용한 건축으로 소개하였으며, 1993년 잡지 AD의 『Folding in Architecture』의 발간, 1994년 카디프 베이(Cardiff Bay) 오페라하우스 공모전, 1995년 요코하마 국제선 여객터미널 현상설계를 기점으로 부분들에 대한 생각을 연속적인 관계로 생각하고, 건물을 접거나 구부린 연속적인 면을 가진 형태로 만드는 경향들이 나타났다. ANY회의와 위 잡지에서 폴딩 건축은 들뢰즈의 철학에서 시작한다고 주장되었다.

7 Greg Lynn ed, 『Folding in Architecture』, AD, no.102, 1993

8 Greg Lynn ed, 『Folding in Architecture』, AD, no.102, 1993

9 In Progress[II]: Turn of Century, 『El Croquis 106/107』, 2001

과 그렉 린(Greg Lynn) 정도이고, 둘은 본질적인 구조를 추구하는 건축의 고전적 모델이 오늘날의 현대 세계의 동적인 도시와 건축에 적합하지 않다는 것에 견해를 같이 하지만 디자인 방법론에 있어서는 방법을 달리한다. 피터 아이젠만은 주름개념을 통해 '흐린 형태(blurred form)'를 생성하여 현전성의 전통건축을 전복시키고 잠재된 건축의 내재성을 표출시키려고 하는 반면, 그렉 린은 다양한 외부 맥락에 유연하게 대처하며 현대사회의 복합적이고 동적인 패러다임을 구현하기 위한 새로운 형태의 추구에 집중한다.

:: 피터 아이젠만(Peter Eisenman)의 형태발생적 폴딩건축

코라 작업이후 3년 뒤, 피터 아이제만은 콜럼버스 시의 컨벤션 센터를 위한 현상 설계에 유약한 형태(weak form)라는 개념으로 참여한 이후, 아이젠만은 그전까지의 강직한 기하학적 입체가 아니라 찌그러지고, 접히고, 구부러진, 즉 외부의 힘에 의해 유연하게 변형된 입체들을 보여준다.

그의 설계방법론은 다이어그램(Diagram)과 블러드 존(Blurred zones)이라는 개념으로 설명할 수 있다. 두 개념의 목적은 '비동기화 된 생성(the becoming unmotivated)'을 만드는 것이다. 다이어그램과 블러드 존이라는 개념을 이용한 설계 방법으로 건축물 디자인에 요구되는 실재 요소들인 대지, 프로그램, 기능 등을 텍스트로 간주하고, 이와 관련된 건축의 내재성(interiority; 형식, 규정성 : 건축내의 제한과 조건의 한계)과 선재성(anteriority; 역사적 축적 : 건축의 역사를 통해 축척된 노하우와 건축요소를 다루는 기술)의 요소들로 텍스트화 한 다음, 설계를 진행하고 이것이 만족스럽지 못할 때 두 번째 단계가 시작된다. 건축의 외부에서 새로운 가능성을 건축적 프로세스에 적용하는데, 그것은 파도의 패턴, DNA구조, 수정의 결정구조, 순수기하학곡선, 프랙탈, 변종(morphing) 등 여러 가지가 있는데 그것의 선택은 자의적이다.

외부에서 가져온 다이어그램을 전통적 프로세스의 다이어그램에 '중첩' 시켜 놓는데, 블러링(blurring)[10]이라는 과정을 통해, 의도적으로 일대일 대응관계를 흐리게 하는 것이다. 즉, 하나의 명징성으로 다른 명징성을 파괴하기 위한 것으로 이것은 의미의 모호함의 영역(zone of obscurity)이라 부를 수 있다. '두 가지 명징성은 흐릿함과 같다'[11]고 아이젠만은 설명하면서 일반적인 미학적-건축적 감성을 통해 조정가능하다고 한다. 즉, '다이어그램은 동기를 가지지 않는(un:motivated) 장소를 시도하는 것이고 그 장소에서 기호와 의미작용의 새로운 형상화로 가득 찬 부재(void)와 부정(negativity), 비존재(nonpresence)의 공간을 찾는 것이다.'[12]라고 그는 말한다.

건축에서 명확한 의도(motivation)를 가지고 대지, 프로그램, 기능, 맥락 등의 요소를 형태와 공간에 일대일 대응시키는 확정적인 개념적 틀을 '흐리기(Blurring)'라는 전략을 통해 지우려는 시도에서 표출되는 영역이 블러드 존이며, 건물과 대지, 중심과 가장자리, 내부와 외부, 빈 공간과 찬 공간 사이에 존재하는 흐릿한 구역을 의미한다. 이 구역은 특정 요소에 의해 고착되지 않는 유연한 움직임, 즉 '비동기화된 생성(the becoming unmotivated)'으로 가득 차게 되며 잠재된 건축의 무의식적 층위를 펼치는 장(場)이 된다. 아이젠만의 이러한 흐리기 전략은 잠재된 다양성을 생성시키기 보다 구체적인 하나의 건축 디자인 원리이다. 그는 이것을 설계방법에 있어서, 전통적인 주체(건축가)를 대신하는 '자동적인 과정(autonomous process)'이라고 불렀다.[13]

---

10 "동기로부터 완전히 자유로울 수 없지만 건축에는 분명히 '습관적 기억', '관습'에 의해 억압되어버린 상태 같은 '비동기화의 상태'가 존재하며, 이러한 상태가 특정한 상태로 굳어지기 전에 그것을 향해 접근해야하는데, 그 과도기적 상태가 바로 '블러링(Blurring)의 상태인 것이다." 「아이젠만과의 대화」, 『space 9907』, p.47

11 Peter Eisenman, 「Process of Interstitial」, 『El Croquis 83』, p.26

12 Peter Eisenman 『Diagram Diaries』, Thames and Hudson, 1999, p.215 그는 이러한 개념을 'the becoming unmotivated of the (architectural) sign'이라고 한다.

렙스톡 파크 마스터플랜(Rebstock Park Master plan)에서는 변형의 전략으로 '물질(matter)'을 파열적이고 연속적인 것으로 보았을 뿐만 아니라 사물의 최소단위를 점이 아닌 주름으로 보았던 라이프니츠의 사유를 빌어 설명하였다.[14] 20세기 전반기 독일에서 유행했던 지들룽(siedlung)을 비평하면서 렙스톡이 가지고 있는 특이성(singularity)과 주름(fold)을 기존 도시구조로 담아낼 수 없는 현대인의 생활을 담아내는 새로운 건축으로 치환하기 위한 핵심적인 개념으로 사용한다.[15] 도시가 가진 시·공간적 맥락의 결과물인 대지 형상에다 주거블록에서 전통적인 유형학적 방식으로 추출한 형태를 대지 규모에 따라 스케일을 달리하여 겹쳐내어 각각의 대지 경계선까지 압축해 가면서 부지의 형상에 따른 형태와 대지 주변에 존재하는 오래됨과 새로움의 흔적들을 서로 겹치고 접어서 대지 내에 '블러드 존(Blurred Zone)'으로 만들어 도시 속에 내재된 잠재성을 드러내 새로운 장소의 의미를 나타내고자 하였다. 디자인의 최종 결과물로서 아이젠만이 노리는 효과는 기존의 도시구조를 파괴하는데 있는 것이 아니라, 다이어그램화 과정을 통해 재구조화시켜 그 도시 조직 속에 잠재된 무한한 다양성을 생성시키고자 하는데 있다. 따라서 주름 개념을 사용하는 것이 단순히 형태적 측면의 도구로서만이 아니라, 기존의 도시환경에

---

13 권태일, 『'표현적 다양성'으로 본 현대건축』, 부산대학교 박사논문, pp.120-121

14 "이러한 치환의 가능성은 독일 사조의 역사에서 찾아볼 수 있다. 라이프니츠는 사물을 파열적이고(explosive) 연속적인 것으로 생각했다. 최소 입자는 점이 아니라 주름이라고 하였다. … 큰 그리드 구획을 이 부지의 경계 위에 또는 소규모 그리드를 닫혀 있는 부지 위에 압축함으로써 두 형상이 접히고 펼치면서 부수적인 연출효과가 나타났다. 주름은 새로운 것과 낡은 것, 수송과 도착, 상업과 주거지 같은 조건을 중재하고 재구성하는 새로운 차원에 테두리와 같은 전통적인 아이디어를 부여한다. 따라서 도시공간을 새롭게 구성하고 기존 구조를 재구성하기 위해 주름의 아이디어를 사용하였다." Edited by Cynthia Davison, 『Tracing Eisenman』, Thames & Hudson, 2006, p.210

15 Peter Eisenman, 「FOLDING IN TIME ; The Singularity of Rebstok」, Greg Lynn ed, 『Folding in Architecture』, AD, no.102, 1993. pp.39-41

새로운 사회조직의 형태를 주입시키는 하나의 방법으로서 의미를 가지며,[16] 다양성과 불확정성을 지향하는 전자 미디어시대와 부합되는 가장 중요한 관점을 제공하는 것이라고 주장한다.[17]

그런데 여기서 보여주는 단순한 아니 복잡한, 주름의 형태적인 다양성이 과연 프랑크푸르트의 시간적 차원과 도시와 건축의 잠재성을 드러낼 수 있는 것인가? 그가 말하는 모더니즘 건축의 고정성에서 벗어나 현대생활의 다양하고 불확정적인 현대인의 삶을 담는 새로운 건축으로의 치환이 다양한 형태생성의 문제인가? 아니면 외적인 조건과는 아무 관련이 없는 순수한 주름 형태의 생성작업인가? 더 나아가 아이젠만은 근대 건축에서 벗어나 새로운 건축으로의 시도를 하고 있으면서도 근대건축의 상징인 데카르트 좌표계의 그리드를 여전히 버리지 못하고 사용하였다. 이는 초기 디자인 목표인 잠재성의 표출보다는 단순히 데카르트적 공간의 변형에만 치중하고 있는 것은 아닌가? 모네오(Rafael Moneo)의 비평[18]처럼 아이젠만의 건축적 재능은 형태조작의 능숙함에 있는 것은 아닌가?

---

16 "이러한 치환의 가능성은 독일 사조의 역사에서 찾아볼 수 있다. 라이프니츠는 사물을 파열적이고(explosive) 연속적인 것으로 생각했다. 최소 입자는 점이 아니라 주름이라고 하였다. … 큰 그리드 구획을 이 부지의 경계 위에 또는 소규모 그리드를 닫혀 있는 부지 위에 압축함으로써 두 형상이 접히고 펼치면서 부수적인 연출효과가 나타났다. 주름은 새로운 것과 낡은 것, 수송과 도착, 상업과 주거지 같은 조건을 중재하고 재구성하는 새로운 차원에 테두리와 같은 전통적인 아이디어를 부여한다. 따라서 도시공간을 새롭게 구성하고 기존 구조를 재구성하기 위해 주름의 아이디어를 사용하였다." Edited by Cynthia Davison, 『Tracing Eisenman』, Thames & Hudson, 2006, p.210

17 권태일, 『'표현적 다양성'으로 본 현대건축』, 부산대학교 박사논문, pp.122-124

18 "자의성을 보여주는 이전의 증거를 제외하고도 이 프로젝트는 확실히 과거 수년간 훈련과 노력의 결과인 형태조작의 능숙함을 보여준다. 아이젠만의 건축적 재능은 자신의 건축을 정당화하기 위한 극도의 규율적 담론에 있는 것이 아니라 이러한 형태조작의 능숙함에 있다." Rafael Moneo, 『8인의 현대 건축가 : 이론적 열망과 디자인 전략』, 이영범 외 3인 옮김, 공간사, 2008, p.232

데카르트 좌표계에서 주름으로의 이동이 이 프로젝트의 중요한 주제인데 그리드만 접는 것이 이러한 이동이라면 너무 표피적인 이동이 아닌가? '렙스톡에서 이상화된 배경 없는 배경이 주름의 가능성(possibility) 속에서 현실화되었다(realized)'[19]는 것은 들뢰즈의 표현 즉 창조가 아닌 재현을 의미하는 것이 아닌가?

:: 그렉 린(Greg Lynn)의 형태발생적 폴딩건축

그렉 린은 들뢰즈의 잠재성(virtuality) 개념을 받아들이면서, 건축에 있어서 신체와 기하학의 관계를 새롭게 정립하려고 한다. 그렉 린은 폴딩건축은 유기적 신체와 정확한 기하학 언어 사이의 계약(pact)에서 발견되는 고정된 공간적 유형들을 '탈영토화(deterritorialize)'하여야 한다고 주장한다.[20] 그의 작업에서 신체는 다양체(multiplicity)가 되고, 기하학은 들뢰즈-가타리가 말한 '부정확하나 엄격한(an-exact yet rigorous)' 형태의 '원형-기하학(proto-geometry)'이 된다. 이러한 실험은 단순형태의 구현이라기보다는 '비확정적, 다수적, 시간적, 유동적, 불균형적이고 기괴한 공간의 신체'와 '더욱 유연하고 변형적인 기하학'의 연계를 생산하고 이론화하여, 신체들 또는 형태들이 형상화되어 발전되어가는 개연적(probabilistic) 외피로서의 프레임을 가지고, 건축 프레임의 고정성을 대치하려고 한다. 건축이 전통적으로 이상적 형태에서 출발하는 반면, 개연적 기하형태는 무정형적

19 Peter Eisenman, 「FOLDING IN TIME ; The Singularity of Rebstok」, Greg Lynn ed, 『Folding in Architecture』, AD, no.102, 1993. p.41

20 "건축의 정적인 공간 유형의 기초가 되는 유기적 신체와 엄격한 기하학적 언어 사이의 계약을 푸는 것은 기념비적인 작업이다. 이러한 협약을 느슨하게 하려는 어떠한 시도도 유기체 전체의 자율성에서 탈영토화하여야 하고, 동시에 경직된 기하학의 정확함을 더욱 유연하게 도형을 그리는(description) 시스템으로 대체하여야 한다." Greg Lynn, 『Folds, Bodies and Blobs collected essays』, La Lettre Volée, 1998, p.41

이기는 하지만 '부정확하나 엄격한' 형태를 산출한다.[21] 그렉 린은 오랜 동안 우리가 건축을 '무시간적이고 비역동적이며, 정적 특성'으로 간주해 버렸다고 비판한다. 건축의 형태는 수많은 외적 힘들의 상호작용에 의한 것이며, 건축 공간은 단순히 정적 조건이나 정적인 건축물이 아니며,[22] 지속(duration)이라는 개념이 폴드에 의해 활성화(animate)[23]된 공간이어야 한다고 주장한다.[24] 이렇게 활성화된 형태가 생성되는 곳을 여러 힘이 역동적으로 작용하는 장(場)으로 파악하여 '활성화의 장(animated field)'이라는 개념을 내세운다. 그렉 린은 이러한 관점에서 고정된 것이 아닌 끊임없이 변화하는 주변맥락을 가진 장소성으로 현대도시를 이해하고, 장소에서 시간성을 바탕으로 창조적 변화를 일으키는 동적 형태로 건축을 이해한다.[25]

---

21 Paul A. Harris, 「To See with Mind and Think with Through the Eye」, Ian Buchanon And Gregg Lambert ed. 『Deleuze and Space』, University of Toronto Press, 2005, p.45

22 그렉 린은 건축 디자인이 현실적인 환경을 무시하고 순수하고 중립적인 공간에서 이루어지는 것을 비판한다. 특히 배를 디자인할 때는 외부의 힘, 즉 물의 점성, 흐름, 저항, 소용돌이 등의 외부 특성을 고려하는데 비해 건축은 단지 중력만을 고려할 뿐이라고 하면서 건축이 이상적 공간을 다른 디자인 분야보다 고집스럽게 추구해왔다고 비판한다. Greg Lynn, 『Animate Form』, Princeton Architectural, Press, 1999, p.10

23 animate는 생성, 활성화, 움직임 등으로 번역될 수 있으나 여기서는 움직임이라는 motion과 구별되며, 생명을 불어넣는 다는 의미에서 활성화라고 번역하였다. 그렉 린은 animate는 motion과 구별하며 motion은 이동과 행위를 의미하는 반면 animation은 형태와 그것을 이루는 힘의 진화를 의미한다고 한다. Greg Lynn, 『Animate Form』, Princeton Architectural, Press, 1999, p.9

24 Héléne Frichot, 「Stealing into Gilles Deleuze's Baroque House」, Ian Buchanon And Gregg Lambert ed. 『Deleuze and Space』, University of Toronto Press, 2005, p.72

25 습곡과 단층을 가지고 있는 지층의 변화과정(움직임)을 추적할 수 있는데, 그렉 린은 이를 확장시켜 건축에 적용한다. 즉 대지를 분석할 대, 그 굴곡을 함축된 힘으로 파악하고, 그것을 건축형태의 생성요인으로 사용한다. 이것은 배의 곡선이 물결의 곡선에서 유래한 것처럼, 건축은 대지로부터 만들어지는 것이라는 의미다.

'활성화된 형태(Animate form)'라는 개념이 잘 드러나는 작품은 카디프 만 오페라 하우스 현상설계(Cardiff Bay Opera House Competition)이다.

여기서 그는 들뢰즈의 주름개념에서 연유되어 보이는 '외인성 주름(exogenous folds)'과 '내인성 주름(endogenous folds)'이라는 개념의 해석과 건축적 적용에 초점을 둔다.

외인성 주름은 사물 내부에 잠재된 주름구조가 외부의 힘에 의해 접고 펼치는 주름 운동으로 생성되는 것으로 새로운 건축형태구성에 영향을 주는 외부 맥락 요소의 작용으로 해석한다. '대서양-카디프만-Oval Basin(대상 부지)'로 이어지는 대지 주변의 해안선의 스케일변화와 방향성을 외적 요인으로 본다. 이것은 지속적으로 지형변화를 갖는 해안선처럼 대지의 컨텍스트를 고정된 것이 아닌 지속적으로 변화하는 장소로 이해한다는 것이다.

그리고 내인성 주름은 본래, 생명체의 진화현상처럼 내재적인 원인에 의해 감쌈(envelope)-전개(develope)의 주름 운동으로 형성되는 것인데 이를 프로그램, 구조시스템과 같은 건축 내재적 형태 구성요소에 적용한다. 그리고 내적 요인으로는 내부공간을 조직하는 오페라 홀의 개별 프로그램과 선박 건조시 사용되는 구조시스템 등을 고려하여, 이러한 내·외적 요소들의 분석으로부터 오페라 극장은 Oval Basin의 대칭적인 타원형 형상을 본뜬 기본 단위공간을 주위 지형의 방향성을 따라 비대칭적으로 배치하고 내부 프로그램에 의한 타원형 단위공간의 진화와 반복을 통한 연속적인 형태변이를 이룬다. 사물 안에 주름 구조로 잠재된 형태가 내·외적인 영향으로 인해 접힘과 펼침의 지속적인 운동과정에 놓이면서 새로운 형태로 생성되어가는 과정이 '형태변이(morphogenesis)'이며, 이것을 '활성화된 형태(Animated Form)'라 정의하면서 '형태의 진화내지는 형태를 생성시키는 힘이며, 건축본질의 내면에 닿게 하는 것'으로 정의

한다.[26]

그러나 주름개념을 적용한 린의 '활성화된 형태'의 개념에 있어, 설계 프로세스에 국한되어 동적이고 생성적인 특성을 나타내기는 하나, 완성된 건축형태 자체는 더 이상 활성화되지(animate) 않으며 멈춰진 상태에 머물러 있다. 즉 멈춰진 '부정확한 형태'는, 주름에 의한 개연적 발생으로 활성화된 공간을 형성하여 계속하여 차이를 생성하려는 초기의 디자인 목표와 어긋나 있으며, 고정된 접고 구부린 모양의 새로운 형태 자체가 하나의 강렬한 건축적 주제가 되고 말았다. 즉, 설계가 끝나는 순간 그의 책 제목처럼 animate form으로서 건축이 아니라, animat**ed** form이 되어 차이의 생성 및 창조적 변화는 멈추고 만다.[27] 결국 장소성, 사건, 의미 등과 같은 개념 및 요소들이 배제되고, 물질적 주름 형태에 중점을 둔 디자인 경향으로 나타난다. 이러한 작품들은 '주름'의 개념과 주름처럼 접고 구부리는 방식의 설계방법론을 동일시하고 있다는 것이다. 그렇다면 변화하는 주변맥락을 가진 현대도시의 장소성을 이해하고, 장소에서 시간성을 바탕으로 창조적 변화를 일으키는 동적 형태의 건축이란 무엇인가?

:: FOA의 형태발생적 폴딩건축

FOA는 힘의 강도에 따라 특이성이 공간적으로 표현되는 방식을 유형화하여 기존의 건축언어와는 근본적으로 다른 건축 언어를 제안하고 있다. 그들의 건축에서 등장하는 연속된 표면이 우선 바닥인지 외피인지에 따라, 그리고 중력방향에 수직인지 수평인지에 따라 기본적으로 구분한

---

26 권태일, 『'표현적 다양성'으로 본 현대건축』, 부산대학교 박사논문, pp.126-128

27 마치 데리다와 아이젠만이 공동 작업한 코랄 웍스(Chora L Works)에서 데리다가 아이젠만의 작업을 비평한 내용과 같은 내용이 아닐까?

다. 기존 건축에서는 이러한 구분이 명료하였지만 이들의 폴딩 건축에서는 불분명하기 때문에 하나의 표면으로 통합과 분기를 이루는 기본 역할의 구분은 중요하다.

첫 번째, 표면은 작용하는 힘의 강도에 따라 다섯 방식으로 특이성을 표현하게 된다. 그 다섯 가지 표현방법은 planar, rippled, pinched, perforated, bifurcated이고 내용은 먼저 표면에 걸리는 변형이 없어서 어떤 접힘이나 꺾어짐이 없으면 평면적(planar)이며, 두 번째, 평평한 표면에 힘이 가해지면 국부적인 변형이 일어나게 되어 파동면(rippled)되며, 세 번째로 연속된 표면이 90° 이상 꺾일 경우 그 표면은 오그라진다(pinched), 네 번째로 연속된 표면에 구멍을 낼 수도 있다(perforated). 다섯 번째 표면이 다른 레벨, 다른 레이어, 다른 공간으로 갈라질 수 있다(bifurcated).[28]

FOA는 이러한 표현방법으로 요코하마 국제항만 터미널을 설계하였다. 요코하마 터미널은 연속된 바닥면에 다층적이며, 연속된 표면에 구멍을 냈으며, 한 방향의 표면으로, 우연적 다양성을 생성하는 것을 목표로 한다. 이러한 FOA의 작업에서 생물학적인 잠재성이 종의 분화를 일으켜 하나의 생명체가 되듯 하나의 표면에 대한 개념이 분화되어 형태를 갖추고 건물이 되는 과정을 잠재성이 차이, 분기되어 현실화되어가는 과정과 유비시켜볼 수 있다. 그러나 문제는 들뢰즈의 표현대로 하자면, 내적 조형력이 없이 건축가 자신의 자의성에 따라 이러한 분기를 일으킨다고 하는데 있다. 이것은 아이젠만이나 그렉 린과는 또 다른 형태만을 생성하기 위한 다이어그램이라고 볼 수 있다.

이외에 접고 구부리는 행위를 건축의 형태생성 프로세스와 일대일 대응하여 작업하는 건축들도 있다. 정말 들뢰즈의 '주름'이 형태를 생성하기 위한 개념인가? 들뢰즈의 주름은 무엇이며 그것과 건축의 접점은 무

---

28 FOA, 『Phylogenesis』, Actar, 2005, pp.13-14

엇인가? 그렇다면 어떻게 들뢰즈의 주름(fold)을 이해해야 하고 건축에 적용해야하는가? 적용하기는 할 수 있는가?

주름(Fold)

:: 들뢰즈는 무엇을 하려고 한 것일까?

건축가들은 1990년대 들뢰즈의 철학을 건축적으로 수용하였으며, 그의 철학적 개념—리좀, 기관 없는 신체, 다이어그램, 주름론, 잠재성, 매끄러운 공간 등—은 건축에 폭 넓게 수용되었다. 그의 '주름'은 컴퓨터와 긴밀한 연관이 있는 현재 건축 실무(형태—생성 프로세스)를 이론적으로 뒷받침하며, 지금까지 건축가들의 주요 테마 중 하나인 재현의 문제를 비껴가는 이론적 배경 역시 제공하였다. 이러한 들뢰즈의 사유는 학문적으로 어떤 독자적이고 독창적인 새로운 영역을 개척하였다기보다는 여러 가지 다양한 층위의 학문[29]들을 통합하여 하나의 새로운 형이상학적 체계를 구성하였다는 것이 더 타당할 것이다.[30] 그는 특히 스토아학파, 베르그송, 스피노자, 라이프니츠, 니체 등의 철학자들에게서 영향을 받았다,

---

29 그의 저서를 보면 그의 관심사 많은 부분에 걸쳐 있다는 것을 볼 수 있다. 「안티 오이디푸스」에서는 자본주의를 욕망이란 측면에서 분석하고 있으며, 「감각의 논리」에서는 프란시스 베이컨의 회화를 분석하고, 「니체-철학의 주사위」에서는 니체의 철학을 힘의 개념으로 분석하고 있으며, 「칸트의 비판철학」에서는 칸트 철학의 공통감에 관하여, 「소수 집단의 문학을 위하여」에서는 리좀적 사고를 가지고 소외된 소수 집단을 분석하고 있다. 또한, 「시네마」에서는 영화에 관한 관심을 보여주고 있다. 또한 그의 저서에서 나타나는 이론들은 초끈이론이나 상대성이론, 양자역학, 복잡성 이론, 카오스이론과 급변론 등의 최신의 물리학, 생명과학, 디지털 기술 등을 포함하고 있다.

30 들뢰즈는 자신을 형이상학자라고 한다. 형이상학이라 함은 모든 학문체계를 포괄하는 세계관을 제시하는 것인데 이점에 있어 들뢰즈는 타분야의 학문들(철학, 문화, 과학, 예술)을 하나로 엮는 세계관을 제시하려고 한다.

그들 모두 실체를 힘들의 관계로 파악하거나 차이, 반복, 지속, 사건 등을 주요 개념으로 파악하는 철학자들이다.[31] 거기에 최신의 학문과 다양한 분야의 인용으로 그의 텍스트는 매우 난해하다.

들뢰즈가 여러 개념들을 생산해 내면서 하려던 것은 무엇일까? 우선은 서양 철학 전반의 근거가 되는 플라토니즘의 전복이다. 『차이와 반복』, 『의미와 논리』는 그의 철학을 이해하는 중요한 초석이다. 거칠게 말하자면, 『차이와 반복』은 차이와 존재(일의성) 그리고 뒤에 나올 생성의 철학에 대한 기반을 제공하였고, 『의미와 논리』는 세계를 사건(시뮬라크르)으로 이해하고 차이의 존재론을 구체화하기 위한 기획이었다.[32]

우리가 일반적으로 사물에 대한 지식을 얻으려면 개념이라는 것이 필요하다. 그런데 이 개념이라는 것이 과연 올바르게 사물을 바라보게 하

---

31 '라이프니츠 이전 사람들은 실체를 연장된 물질이나 불활성(不活性)의 물질로 간주하였으나 라이프니츠는 실체를 비물질적 · 비공간적 힘으로 이루어져 있는 생명 있는 역동적 활동으로 보았다. 그에게는 공간과 시간마저도 현상적 사물들에 불과하지 참된 실체는 아니었다. 그는 궁극적인 실체를 모나드(單子, monad)라고 불렀으며, 실체의 본질을 구성하는 활동이나 힘을 지칭하기 위해 사용하였다. **모든 물체들의 본질적인 성격은 힘**이라고 주장하였다.' William S. Sahakian, 『서양철학사』, 권순홍 역, 문예출판사, 1991, pp.196-197

32 철학 전공자도 아닌 내가 난해한 들뢰즈의 철학을 언급하는 것이 매우 불완전한 작업일 수 있다. 그러나 이러한 작업이 필요한 것은 아무리 미진하더라고 다음 작업으로 넘어가기 위한 단계이다. 들뢰즈의 철학을 이해하기 위해서는 지금까지와는 다른 방식의 접근이 필요하다. 일단 그의 저서들은 모두 독자가 철학적, 과학적, 사회학적, 예술적 지식들이 어느 정도 있다는 전제하에서 쓰여 졌다. 예를 들어 칸트에 대해 들뢰즈가 글을 쓴다면 그것은 칸트에 대해 여러분에게 설명하기 위함이 아니다. 칸트를 통해 들뢰즈가 자기 자신이 하고 싶은 말을 한다. 따라서 여러분을 칸트에 대해 어느 정도는 알고 이 책을 읽어야 한다. 그러지 않다면 2페이지를 넘기기도 전에 포기하고 싶은 생각이 들것이다. 이제까지 우리가 받은 교육이나 지식은 마치 벽돌 하나하나 쌓아서 집을 짓는 것과 마찬가지의 방법으로 지식을 넓혀왔다. 즉 개념설정, 분류와 이해, 이항대립, 체계적인 학문 등등, 그러나 들뢰즈는 그러한 체계를 거부한다. 아니 설정하려 하지 않는다. 이것은 수직적 지식체계가 아닌 수평적 지식체계다.

는가?[33] 세상을 개념으로 이해한다는 것은 결국 각각의 개체에 대한 특성이나 특징은 사라지고 개념이라는 하나의 동일성에 모든 개체가 복무하게 되는 상황이 벌어진다. 개념이라는 것이 세상을 보는 하나의 표상체계라면, 그리고 그것이 세계를 인식하는 하나의 방법이라면 그 개념이라는 것, 예를 들어 장미꽃이라고 하면 각각의 장미가 가진 조금씩 다른 색, 향 이런 것들은 무시되고 장미꽃이라는 개념으로 환원되는 그래서 결국 차이를 덮어버리는, 동일성으로 나아가는, 그런 체계라면, 결국 나와 남의 다름을 인정하지 않는 것까지 나아가게 되는 것이다. 이데아를 복사한 것이기에 참된 것이 아닌 것으로 부정하고, 스피노자의 말대로 상상으로 채워진 피안의 세계를 탁월한 것으로 여기며, 찾아 헤매고, 열등한 존재로 비하하는 것이다.

들뢰즈가 플라토니즘의 전복을 내세우면서 공격하였던 것은 바로 이러한 것이다. 『차이와 반복』에서 그가 보여주려고 한 것, 그것은 바로 기존과는 다른 표상체계, 동일자에 포섭되지 않는, 주체 중심의 사고가 아닌 그러한 세계관을 보여주려고 한 것이다. 이 책에서 주요한 개념인 '존재의 일의성', 이것은 존재는 한 가지 의미로만 말할 수 있다는 것이다. 스피노자의 양태와 실체처럼…. 존재는 한 가지 의미이고 이름들, 형식들만 다의적이라면, 존재는 형식들의 '차이'를 통해서만 말할 수 있다. 차이만이 전부이고 그 뒤에는 아무것도 없다. 사물 발생의 궁극적인 단

---

33 "…발자국이 그 발자국이 verbum mentis(보편개념)으로서의 '말(馬)'이라는 것만 가르쳐 주고 있다는 네 말은 맞다. …그래서 나는 '말'이라는 개념에 과한 지식과 특정 종류의 '말'에 대한 내 지식 사이를 오가면서… 내가 한번도 본적이 없는 '말'을 상상하면서 이용한 것이 순수 기호라는 것이다. 눈 위에 찍힌 발자국과 남은 흔적은 '말'이라고 하는 동물을 나타내는 기호였다는 말이다. 기호, 그리고 기호의 기호라는 것은, 사물을 식별할 수 있는 조건이 충분하지 않을 때 이용하면 참으로 요긴한 것이다." Umberto Eco, 『장미의 이름』, 이윤기 역, 열린책들, 1992, pp.56-57. 요긴하긴 한데 결국 남는 것은 장미의 이름뿐이다. 이름뿐…….

위인 차이로 인해 이데아가 끼어들 틈이 없다. 즉 '내재성'이란 이런 초월적 세계를 가지지 않는다는 뜻이다. 차이의 세계에서는 차이나는 것을 부정하지 않고, 계속 그 차제로 반복되면서 사물들을 생성한다. 하나의 개체가 다른 것(동일자)에 포섭되지 않으려면 계속된 차이를 보여주어야 하는데 각 개체의 차이를 보여주려면 비교대상은 바로 자기 자신이며, 따라서 무한한 반복이 필요한 것이다. "차이는 반복에 거주한다." 이러한 반복이 무한히 생성되면서 결코 전과 같지 않은 차이가 발생되면서 결코 하나의 개념에 포섭되지 않는 것이다. 이러한 개체에 대한 생각은 『주름, 라이프니츠와 바로크』에서 라이프니츠의 모나드(monad)를 재해석하여 각각의 개체에 대한 개념에 이르게 된다. 모나드를 확대 해석하면, 영희, 철수, 존, 메리를 아우르는 인간이라는 개념대신에 철수라는 개념, 영희라는 개념, 존이라는 개념, 메리라는 개념이 있다는 것이다.

플라토니즘을 극복하기 위한 들뢰즈의 전략은 단순히 본질과 현상의 위계를 전복시키는 것이 아니라, 플라톤의 텍스트들로부터 모델과 복사물을, 본질과 현상을 동시에 전복시키는 하나의 주변적 범주, 즉 시뮬라크르의 범주를 추출해 내는 것이다.[34] 『의미와 논리』에서 그는 서양전통철학에서는 가치 없는 것이라고 여겼던 순간적인 것, 즉 시뮬라크르

---

[34] Ronald Bogue, 『들뢰즈와 가타리』, 이정우 역, 새길, 1995, p.95
"우리는 이러한 플라톤적 이원론을 잘 알고 있다. 이 이원론의 참모습은 가지적인(이성적인) 것과 가시적인(감각적인) 것, 질료와 형상, 가시적 사물들과 형상들의 이분법에 있지 않다. 플라톤 철학의 참모습은 보다 심층적이고 보다 비밀스러운 이분법, 가지적이고 물질적인 사물들 자체 내에 깃들여 있는 이분법이다. 이는 곧 형상의 작용을 받아들이는 것과 비켜가는 것 사이의 이분법이다. 그것은 원본과 복사본의 구분이 아니라 복사본들과 시뮬라크르들의 구분이다.", Gilles Deleuze, 『의미와 논리』, 이정우 역, 한길, 1999, pp.44-45

(Simulracre, 사건)[35]에 대해 사유하고자 한다.

플라톤은 『국가』에서 실체는 변화할 수 없으며 또한 불완전한 것일 수 없다고 주장하며, 감각세계와 독립된 형상 또는 관념세계를 주장하며 이원론을 내세웠다. 그에 따르면 이상적 존재인 형상은 감각을 통해서가 아닌 이성에 의해서만 알 수 있다는 것이다.[36] 플라톤에게 있어, 이데아, 실제, 형상, 본질과 이러한 것이 가장 많이 들어있는 것이 가장 완전한 실재이며 좋은 것이다. 반면에 감각 기관에 의해 파악되는 현상, 사건, 순간 등은 덜 실재하는 것, 안 좋은 것으로 분류된다. 이러한 이분법을 통해 나온 이러한 관계를 설명하기 위해 플라톤은 나누어 가짐과 흉내냄이라는 개념을 사용하는데, 이 세상에서 개개의 사물들이 얼마나 형상을 나누어 가지고 있느냐가 중요한 문제인 것이다. 즉 이데아/형상을 얼마만큼 나누어 가지거나/흉내 내냐에 따라 가치가 결정되는, 즉 그 사물의 존재-가치가 결정되는 것이다. 이것이 곧 **재**(re)—**현**(presentation)이다.[37]

이러한 사유를 이어온 전통철학에서는 보다 '실재적인 것'과 '지속적인 것'을 흔히 동일시하며 순간적인 것은 가치 없는 것, 덧없는 것으로 간주

---

35 들뢰즈의 시뮬라크르는 사건이라는 의미가 강하다. 그러나 쟝 보드리야르(Jean Baudrilliard)의 좀 다른 시각으로 보고 있다. 그의 시뮬라크르는 사건보다는 실제로 존재하지 않는 대상을 존재하는 것처럼 만들어 놓은 인공물을 지칭한다. 이대의 시뮬라크르는 흉내낼 대상이 없는 이미지이며, 이 원본 없는 이미지가 그 자체로서 현실을 대체하고, 현실은 이미지에 의해서 지배 받게 되며, 따라서 현실보다 더 현실에 가까운 것으로 여겨진다는 것이다. 쟝 보드리야르는 원본 없는 이미지에 의해 지배받는 현실을 비판하기 위해 시뮬라크르(simulacre)와 시뮬라시옹(simulation)이라는 개념을 사용한다. Jean Baudrillard, 『시뮬라시옹』, 하태환 역, 민음사, 1994

36 플라톤, 『국가·정체(政體)』, 박종현 역, 서광사, 1997

37 이정우, 『시뮬라크르의 시대』, 거름, 1999, pp.50-51 / 하지만 이 재현은 자기 모순적 기능도 가지고 있다. 플라톤은 미술을 가장 하등의 예술로 취급하였다. 그에 의하면 이데아를 모방한 현실을 다시 모방한 것이 미술이기 때문이다. 그러나 그리스 신화에 보여진 미술은 현실에 없는 그 무엇(형상, 본질)을 보여주는 것이기도 하다. 그래서 플라톤이 이원론적인 철학체계를 위협하는 미술을 싫어한 것은 아닐까?

한다. 플라톤은 정적인 것, 영원한 것, 질서 잡힌 것, 동일하고 지속적인 것과 순간적인 것, 무질서한 것을 양 극단에 배치하여 전자를 좋은 것, 후자를 나쁜 것이라 구분하였다. 그는 순간적인 것, 아무런 형상도 가지지 못하는 것, 전혀 형상을 부여 받지 못하는 것을 시뮬라크르(simulacre)라고 부른다. 사건 역시 차이를 생성하고 동일하지 않으며, 순간적이며, 형상이 없기에 시뮬라크르로 취급받아 사유의 대상이 되지 못했다. 하지만 우리 생에 정말로 중요한 것은 바로 그 순간(사건)에 발생하는 것이다. 바로 이 시뮬라크르/사건을 사유하는 것이 소위 말하는 후기 구조주의의 핵심이고, 들뢰즈의 철학이다. 사건이라는 것은 한 순간에 나타나고 사라지고, 순간적으로 존재하지만 우리에게 중요하고, 의미를 가진 것이다. 플라톤에 의해 덜 존재하여 가치가 없는 것이라고 폄하되었던 시뮬라크르/사건이 다시 가치를 부여받게 되었다. 그리고 이러한 사건을 들뢰즈의 철학은 사유한다.

들뢰즈는 사건을 부활시킴으로, 외관과 본질의 대립을 현실적인 강도들과 잠재적인 문제들의 대립으로 대체함으로써 플라톤주의를 전복시키고 있다.[38] 그것은 동일성와 표상의 철학을 차이의 철학으로, 시뮬라크르의 물리학/형이상학으로 대체하는 것이다.[39] 그러면서 이렇게 변화하고

38 "들뢰즈는 플라톤이 환상적인 시뮬라크르에 대해 진정으로 두려워하고 있는 것은 무규정적인, 비논리적인 생성의 차원—대상들이 동시에 뜨겁고, 차갑다, 크고 작다, 젊고 늙었다고 말해질 수 있는 그러한 차원—을 드러내는 모순된 또는 기만적인 존재들, 어떤 고정된 동일성도 지니고 있지 않는 그러한 존재들이라고 말하고 있다. 그러한 대상들은 이데아의 지배를 벗어나며, 결국 모델들과 복사물들을 동시에 위협 한다", Ronald Bogue, 『들뢰즈와 가타리』, 이정우 역, 새길, 1995, p.96. / 플라톤이 시뮬라크르를 무시한 것이 아니고 두려워한 것은 아닐까? 이데아를 복사한 것이 현실인데, 시뮬라크르는 복사본이 아니니 원본을 찾을 수도 없고, 플라톤의 이원론의 틀 밖에서 존재하는 그 무엇이기에, 플라톤의 이원론을 무참히 깨부술 수도 있는 것 아닌가? 보드리야르의 말대로 원복 없는 복사물이 원본을 넘어서는…….

39 이러한 생각은 데리다와 많은 후기 구조주의자들로 불리는 이들에게서 나타난다. 이들

생성하는 사건이라는 것은 동일자에 포섭되지 않으면서, 의미가 발생되는 곳이라는 것을 보여주고 있으며, 『주름, 라이프니츠와 바로크』에서 비로소 사건의 존재론적인 형이상학이 완성된다.

그렇다면 그가 세우려는 세계관은 어떠한 것인가? 동일자(개념)에 포섭되지 않고, 계속해서 차이를 발생시키면서, 의미를 생성하는 그러한 것은 무엇일까? 마치 사하라의 모래처럼 자고 일어나면 지형이 바뀌는, 지질학의 지층처럼 계속해서 움직이는, 기상학의 기압처럼 눈에 보이지 않지만 꿈틀거리는 그 무엇, 들뢰즈가 말하는 추상기계, 다이어그램을 가능하게 하는, 하나의 실체라는 개념에 복수화되지 않고 개개의 실재에 충실하며 억압 속에서 벗어난 진정한 자유와 조화를 가진 세상은 무엇인가?

『주름, 라이프니츠와 바로크』에서 그는 이러한 세계를 보여주려고 노력한다. 세상을 하나로 통합하는 주름과 모나드, 또한 사건의 철학적 배경으로서의 주름과 모나드, 차이와 반복을 가능하게 하는 주름과 모나드, 자기 발생적 사건, 운동, 기계 등의 내적 모사로 가득 찬 이 책에서 그는 다른 세계관을 보여주려고 하고 있다. 이러한 이유로 그가 보여주는 모든 이항대립 쌍들[40](매끄러운 공간/홈 패인 공간, 몰적/분자적, 강도적/연장적, 실재적/잠재적, 기계적인 것/기계론적인 것, 영토화/탈영토화 등)과 그리고 그 외의 사유들(특이성, 실제적/잠재적/현실적, 추상기계, 다이어그램 등)은 거의 모두 이러한 것들을 설명하

과 들뢰즈의 차이점은 무엇일까? 대부분의 이들이 이러한 주장들로 기존의 철학체계를 거부 내지는 파괴하는 것이 목적이라면 들뢰즈는 거기서 시작하여 하나의 형이상학체계를 세우려고 한다는 것이다. 그래서 그의 책들이 단순히 철학적 배경뿐만 아니라, 사회학, 과학, 예술 등 전반에 관한 지식을 요하고 그래서 이해하기 어렵고, 불친절해 보일 수밖에 없다.

40 이항대립하는 개념이 더욱 맞는 설명일 수 있으나 개념이라는 단어는 사용하지 않으려고 한다. 혹시 독자들의 생각을 붙잡아 둘 수 있기 때문이다.

기 위한 것이다. 이러한 사유들의 공통된 특징은 고정적이지 않고, 생성적이며, 미래에 대해 불확실하게 열려 있는 사고라는 것이다.[41]

『주름, 라이프니츠와 바로크』는 라이프니츠(G. W. Leibniz)의 철학을 새롭게 해석하고 있는 책이다. 라이프니츠의 철학은 **공가능성(共可能性, compossibilité)**이라는 개념을 설명하기 위한 것이라고 해도 과언이 아니다. 이 공가능성을 설명하기 위해 모나드와 그것의 성질, 그 외의 개념들이 나왔다고 볼 수 있다. 공가능성을 이해하기 위해 먼저 모나드의 개념을 알아볼 필요가 있는데, 간단히 말하면 연장도, 모양도 없고 분할 가능하지 않으며, 창문도 없으며, 단지 일정한 성질을 가지며 질적 차이를 상정하고 있다.[42] '하나이면서 무한한 세계의 속성을 모두 다 가지고 있는' 자

---

41 그의 책을 보면 대제목과 소제목이 있다. "주름, 라이프니츠와 바로크"를 보면 제1장 '물질의 겹주름', 거기에 속한 소제목은 '무한히 나아가는 주름·바로크식 집·아래층 : 물질, 탄성력, 용수철·유기체적 주름·왜 다른 층이 필요한가, 동물적 영혼의 문제·이성적 영혼의 상승, 그리고 이것의 유기체와 비유기체적인 결과들'이다. 그런데 본문에 가보면 소제목들은 보이지 않는다. 어디가 '바로크식 집'인지, '유기체적 주름'인지 어디서부터 시작인지 보이지 않는다. 무슨 이유일까? 왜? 사유가 멈추는 것을 막기 위해서 인가? 소제목이 경계가 되어 앞과 뒤를 가르는 개념을 형성하는 것처럼 보이지 않기 위해서? 아니면 ……. 이러한 경향은 『감각의 논리』, 『천개의 고원』, 『주름, 라이프니츠와 바로크』 등에서 보인다.

42 "첫째, 비물질이며 더 이상 쪼개질 수 없는 그러나 공간상의 단순한 가정에 불과한 기하학적 점이 아니라 형이상학적 점으로 사방으로 힘의 작용을 발산하는 실체적인 점이다. 둘째로 모나드는 힘이다. 모든 결합물은 모나드의 복합체에 불과하다. 물질은 결코 정적인 연장을 갖는 것이 아니라 능동적인 힘으로 구성되어있다. 셋째, 모나드는 영혼이다. 모나드는 하나의 점이지만 모두 어떤 정신적인 능력을 갖고 있다. 최하위 모나드는 몽상과 같은 혼미한 상태에 있고 최상위 모나드는 인간의 정신처럼 의식을 소유하고 있다. 최상위의 모나드인 신은 무한한 의식, 즉 전지전능한 힘을 갖는다. 모든 모나드는 표상의 세계를 잠재적으로 내포한다. 모나드는 그가 갖고 있는 표상 세계를 주위 세계의 경과에 따라 발전시킨다. 모든 의지 활동이 표상과 관계된다. 넷째, 모나드는 '개체(Individium)'이다. 동일한 2개의 모나드란 있을 수 없다. 모나드는 창이 없다. 내면세계와 외부세계가 서로 단절되어 있으므로 창이 없는 모나드들 사이에는 서로 연관이 있을

기 충족적인 모나드. 이런 모나드들로 어떻게 세계를 구성한다는 말인가? 간단히 말하면, 모나드 안에는 순수사건으로서의 빈위(attribut)[43]가 무한히 많이 들어 있고, 이런 빈위들이 수렴되는 곳에서 하나의 세상이 형성된다는 것이다. 즉, 세상은 사건들의 수렴과 발산으로 구성된다는 것이다.[44]

세상의 모든 사건을 담고 있는 모나드를 어떤 이미지로 상상할 수 있을까? 우선, 진정한 하나이면서, 무한한 세계의 속성을 갖는 모순적 모나드의 구조는 그 안에 무수히 많은 질들(**세계의 속성들**)이 '내적 복수성(**internal multiplicity, 잠재성**)의 상태로 '접혀서(**folding**)' 있다는 주름의 이미지를 통해 설명할 수 있다. 주름개념은 바로 이 모나드의 독특한 구조와 하나의 개체로 실재화되는 일련의 과정을 설명하기 위한 개념적 이미지로서 작용한다. 주름의 개념을 간단히 설명하자면 세계는 빈틈없이 꽉 차있으며, 그것은 무한하고 최소 단위로 분리불가능하며, 매우 밀도 높은 주름이 접힌 장(場)이라는 것이다. 이제 물질의 단위가 점(원자)이 아닌 주름인 것이다. 현대물리학의 숙제 중 하나가 바로 양자역학으로 대표되는 미시물

수 없다. 다섯째, 모나드는 어떠한 성질을 가지고 있으며 질적 차이를 불러일으키고 있다." Leibniz, 『모나드론』, 도그마편집부 도그마, 2003

43 빈위라고 번역되는 attribut는 라이프니츠의 개념으로 한 실체에서 일어나는 사건 하나하나를 말한다.

44 "표현된 세계는 변별적 관계들 및 인접한 특이성들로 이루어진다. 그것은 정확히 각 특이성에 의존하는 계열들에 수렴하는 한에서 하나의 세계를 형성한다. 세계의 한 종합 규칙으로서 공가능성을 정의하는 것은 바로 이 수렴이다. 계열들이 발산하는 그곳에서, 처음의 세계와 공가능하지 않은 다른 세계(가능 세계)가 시작된다. 따라서 공가능성이라는 놀라운 개념은 특이성들의 연속체로서, 또 계열들의 수렴을 비물질적인 규준으로서 가지는 연속성으로 정의된다. 또한, 공가능성의 개념은 모순의 개념으로 환원되지 않는다. 차라리 모순이 공가능성의 개념으로부터 일정한 방식으로 파생되는 것이다. 죄인 아담과 죄인이 아닌 아담 사이의 모순은 아담이 죄를 짓는 세계와 아담이 죄를 짓지 않는 세계가 공가능하지 않다는 사실에서 파생된다.", Gelles Deleuze, 『의미의 논리』, 이정우 역, 한길사, 2007, pp.206-207

리학과 일반상대성이론으로 대표되는 거시 물리학을 하나의 이론으로 합치는 것이다. 둘에 모순되는 않는 개념을 찾으려고 노력했고 그래서 나온 개념이 바로 주름(초끈)이론이다. 세상의 기본 입자가 주름(초끈)이라는 것이다. 주름(초끈)은 측면에서 보면 파동이면서 정면에서 보면 점이기에[45] 양자역학과 상대성이론을 엮을 수 있는 접점으로 이해되고 있다. 아직 이것은 완전하게 정리된 이론은 아니다. 그러나 이 둘을 합치는 이론이라는 매력으로 현재 많은 연구가 진행 중이다. 이것은 또한 라이프니츠의 모나드와 사건의 존재론적 사유를 가능하게 해주는 물리학적 차원이기도 하다.

그럼 『주름, 라이프니츠와 바로크』이 담고 있는 내용은 무엇인가? (여기서 그는 주름이라는 사유를 가지고 어느 정도 형이상학의 체계를 완성한 것처럼 보인다.) 각각의 개체가 자기 발생적인 원인과 무한한 사건을 가지고 있는 모나드라는 개념을 이해하기 위해 무한한 주름이라는 개념이 필요하다. 만약 주름이 무한하다면 주름은 다시 잘라도 주름이 되고, 그렇다면 주름에 모든 정보를[46] 충분히 집적할 수 있다. 그런데 문제는 이것이 모나드의 질적 특성에 대한 은유라는 점에 있다. 그러나 건축가들은 이것을 이해하지 못하고 건축에 1:1 대응하려고 한다. 이러한 주름개념을 차용한 현실의 건축은 어떠한가? 1993년 그렉 린이 주관한 AD 특집호인 『Folding Architecture』에서는 단지 『주름, 라이프니츠와 바로크』에서 '제1장 물질의 주름'만을 전체 인용하여 마치 주름 모양의 건축을 하여야 하는 것처럼 보인다. 그래서 모든 건물이 접혀있는 것처럼 보이도록…. 그렇다면

45 "만약에 고무호스의 직경이 매우 작다면(가령 0.01cm), 우리는 그 고무호스를 단지 기다란 끈으로 생각할 것이다. 즉 기다란 고무호스는 실제로는 2차원의 물체지만, 우리의 육안으로는 1차원의 물체처럼 보인다." 박재모·현승준, 『초끈이론』, 살림, 2009, p.56

46 라이프니츠식으로 말하면 빈위를 의미한다.

물질의 기본 단위가 주름이 아닌 원자인 경우에 우리는 마치 불레(Étienne-Louis Boullée)의 뉴턴 기념비처럼 동그란 원자 모양으로 건물을 지어야 하는가?

:: 사건의 철학

들뢰즈는 일찍이 자신의 철학을 '사건(event, Simulacre)'의 철학이라고 말하였다. 과연 사건이란 무엇인가? 그는 사건이 무엇인가에 대해 묻지 않는다[47]고 하지만…….

우리는 흔히 4차원의 공간을 말한다. 1차원은 선, 2차원은 평면, 3차원은 공간(육면체), 여기까지가 우리가 인지 가능한 차원개념이다. 그렇다면 4차원은? 모든 것을 도형으로 생각하려는 건축가의 한계인가? 물리학에서는 차원이라는 것이 계산하여야 할 항이 하나 더 있다는 의미일 뿐이다. 1차원 $ax+b$, 2차원은 ax^2+bx+c, 3차원은 ax^3+bx^2+cx+d, 4차원은 $ax^4+bx^3+cx^2+dx+e$, ……. 이렇게 생각한다면 n차원에 대한 생각을 쉽게 정의해 볼 수 있을 것이다. 그렇다면 4차원은 무엇을 말하는가? 이러한 4차원에 대한 생각은 특수상대성이론이후 집중 조명되었으며 고전 역학과 특수상대성을 이론을 포함하는 일반상대성 이론의 경계에서 살펴보아야 한다. 물리학에서 4차원의 4번째 계산 값은 바로 시간이다.

칸트는 근대물리학 즉 뉴턴 물리학의 영향으로 주체의 판단형식으로 근대 인식론의 체계를 완성하려고 하였다. 주체의 판단형식은 선험적 조건 즉 경험 이전에 존재하여, 경험을 가능하게 하는 선험적 감성, 선험적 오성을 말하는데, 선험적 감성형식은 절대적 시간과 공간을 말한다. 21세

47 Gilles Deleuze, 『의미와 논리』, 이정우 역, 한길, 1999, p.79

기에 들어서도 시간과 공간의 구조가 근본적이라는 생각은 널리 받아들여지고 있다. 그러나 특수상대성 이론에 따르면 시간과 공간 사이에는 매우 밀접한 관계가 있어서, 3차원공간과 시간을 결합하여 4차원 시공간을 생각해야 한다는 것이다.[48] 일반상대성 이론은 특수상대성 이론과 중력이론을 포함하고 있기 때문에 공간을 따로 다루는 것이 아니고 시간과 공간을 같이 다루어야 한다. 이렇게 시간을 염두에 둔 4차원의 시·공간 상의 한 점을 물리학에서는 사건[49]이라고 부른다. 그러나 이것은 시공간적 현실화인 사고(事故)의 개념에 더 가깝다. 그렇다면 사건(事件)이란 무엇인가?[50]

서양철학에서 문제가 되는 단어 중에 하나가 바로 'be'동사 이다. be동사는 '이다'와 '있다'라는 2가지 의미로 동시에 해석되는데, 존재하는 것은 무엇인가 있다는 것이다. 이것이 플라톤을 비롯한 서구의 고중세의 사유에 깔려있는 가치－존재론(axio－ontologie)이 성립하게 된다. 들뢰즈는 플라톤이 무시하였던 이 시뮬라크르/사건을[51] 부활시킴으로 있음(be)이

48 "뉴턴 역학에서는 공간과 시간사이에 전혀 연관성이 없기 때문에 이러한 4차원의 개념이 중요하지 않다. 반면 특수상대성이론에서는 공간과 시간이 불가분의 관계가 있기 때문에 4차원의 개념이 중요하다." 박재모·현승준, 『초끈이론』, 살림, 2009, p.21

49 "4차원 시공간에서의 점은 '사건'이라 불린다. 영희가 아침 아홉시에 학교정문에 있었다면, 3차원 공간에서의 교문이라는 공간의 위치와 아침 아홉시라는 시간을 명시해야만, 4차원의 한 점을 표시할 수 있다." 박재모·현승준, 『초끈이론』, 살림, 2009, p.22

50 다시 말하지만 들뢰즈는 사건의 의미에 대하여 묻지 않는다고 하였지만…….

51 "들뢰즈는 플라톤이 환상적인 시뮬라크르에 대해 진정으로 두려워하고 있는 것은 무규정적인, 비논리적인 생성의 차원-대상들이 동시에 뜨겁고, 차갑다, 크고 작다, 젊고 늙었다고 말해질 수 있는 그러한 차원-을 드러내는 모순된 또는 기만적인 존재들, 어떤 고정된 동일성도 지니고 있지 않는 그러한 존재들이라고 말하고 있다. 그러한 대상들은 이데아의 지배를 벗어나며, 결국 모델들과 복사물들을 동시에 위협한다", Ronald Bogue, 『들뢰즈와 가타리』, 이정우 역, 새길, 1995, p.96

아닌 되기(becoming)를 사유하는 것이다. 들뢰즈는 사건의 철학이란 바로 이 '되기'의 차원에서 의미의 논리가 어떻게 작용하는 가를 밝히는 것이다.

들뢰즈는 플라톤과 대척점에 서 있었던 스토아학파에 주목한다. 플라톤과 반대로 스토아학파는 실체란 다름 아닌 물질/물체이다.(물질 = 물체 = 원자) 스토아학파에 따르면 (영혼이나 성질 그리고 덕과 같은 것들을 포함해) 존재하는 모든 것은 하나의 물체이다. 각각의 물체는 성장하는 식물처럼, 그것을 그 완전한 형태로 이끌어주는 내적인 힘을 지닌 역동적 실체이다. 따라서 각각의 물체는 그 자신의 원인이며, 모든 원인은 우주라는 하나의 단일한 물체 안에 조화를 이루고 있다. 물체들은 원인들의 영역을 이루고 있다. 엄밀하게 말하면 결과들이란 존재하지 않는다. 그럼에도 불구하고 스토아학파는 '어떤 효과들'의, '비물체적인 것들'이 존재하고 있음을 발견한다.[52] 이들은 물체들의 표면에 나타나며, 최소한의 의미에서 존재하기는 하지만 참된 실존성을 가지지 않는 원인들의 단순한 결과이다. 즉 하나의 나무가 녹색으로 성장할 때, 그 나무의 '녹색으로 됨'은 그 나무의 존재 또는 내적 원인으로서의 힘에 결코 참여하지 않는 하나의 단순한 표면효과이다. 그것은 나무의 실존하는 성질이 아니라 일시적 부수물, 표면효과 또는 비물체적인 것이다. 그 부수물은 사물들의 상태라기보다는 하나의 사건이며, 현실적인 존재이기보다는 존재의 한 방식이다.[53]

플라톤에게 종이컵이란 컵라는 형상이 종이라는 물질에 구현된 것이

52 "모든 물체는 원인이다. 그러나 무엇의 원인인가? 그들은 자신들과 전혀 다른 본성을 가진 어떤 것(=효과들)의 원인이다. 이 효과들은 물체들이 아니다. 적절하게 말한다면 '비물체적인 것들'이다. 이들은 물리적 성질들이나 속성들이 아니라 논리학적인 또는 변증법적인(언어를 통해서만 실존하는) 빈위들(attributs)이다. 우리는 실존한다(existent)고 말할 수 없으려 차라리 존속한다/내속한다(subsistent/insistent)고 말해야 한다.", Gilles Deleuze, 『의미와 논리』, 이정우 역, 한길, 1999, p.49

53 Ronald Bogue, 『들뢰즈와 가타리』, 이정우 역, 새길, 1995, p.113

지만, 스토아학파에게는 종이가 실체이고 컵이란 이 물질이 현재 띠고 있는 양태일 뿐이다. 비물질적인 것은 공허, 장소, 시간, (언어로) 표현 가능한 것(lekton), 이 네 가지이다. 여기서 '사건'(녹색으로 됨)이라고 부른 것이 하나의 (언어로) 표현 가능한 것이다. 또한 '의미'라고 불릴 수 있는 것을 가리키는데도 사용된다. 스토아학파에게 말들이란 실재성을 지니고 있는 음성적 실체들이라는 점에서 물체들이다. 음성적 실체로서의 말은 그 말을 이해하거나 못하거나 상관없이 물질적 실체이다. 하나의 말이 누구는 이해하고 누구는 이해 못하는 것은 그것의 의미, 하나의 비물체적 부수물 때문이다. 이는 말에 부수하는 것이며, 물체로서의 말의 실재성에 어떤 영향을 끼치지 못한다. 그래서 말과 사물은 모두 비물체적인 표현이 가능한 것을 표면상에 부수적으로 동반하는 물체들이다. 그래서 말의 표면 효과들은 '의미'가 되고 사물의 표면효과는 '사건'들이 되는 것이다.[54]

사건은 실재인 물체의 표면에서 발생하는 효과인 것이다.[55] 비물체적인 것은 물체적인 것의 표면효과인 것이다. 플라톤에게는 비물체적인 것이 물체적인 것의 저편에 있는 실재인데, 스토아학파에게는 비물체적인 것들은 물체적인 것들 이편의 표면효과인 것이다. 지금 내가 살고 있는 이 현실, 이 세상, 이 사건들은 플라톤에게는 형상의 그림자이지만, 스토아학파에게는 물질적 운동이 발생시킨 표면효과이다.[56] 그런데 이 표면

---

54 Ronald Bogue, 『들뢰즈와 가타리』, 이정우 역, 새길, 1995, pp.114-115

55 "이제 모든 것이 표면으로 올라온다. … 스토아학파는 표면 효과를 발견했다. 시뮬라크르들은 지하에서 반항하기를 그치고 그들의 효과를 작동시킨다.", Gilles Deleuze, 『의미와 논리』, 이정우 역, 한길, 1999, p.55-56

56 "나아가 스토아학파는 플라톤주의의 전복을 처음으로 시도 했다고 볼 수 있다. 왜냐하면 물체들과 그들의 상태들, 양들, 질들은 실체와 원인으로서의 모든 특성을 지니게 되지만, 역으로 플라톤적 형상(l'Idée)이 지닌 특성들은 이 되돌릴 수 없고 무능력한 열외존재로, 사물들의 표면에 발생하는 이차적인 존재로 전락하기 때문이다. 다시 말해, **형상적인/비**

효과는 곧 의미의 문제와 연결된다.

들뢰즈는 스토아학파의 철학을 받아들여 사건이란 말로 표현되는 것이자 물질의 표면효과이며 의미를 지닌 것으로 해석한다. 또한 이러한 사건이 자연과 문화의 경계면, 들뢰즈의 표현으로는 형이상학적 표면이라고 부르는 면에서 발생한다. 들뢰즈는 사건을 표면효과이자 곧 의미라고 보며, 이러한 의미는 사건이 발생할 때 같이 생성되는 것으로 사건(의미)은 지시될 수 없고, 주체에 의해 구성되는 것도 아니며, 기호작용만으로 설명될 수 없는 것이다.[57] 또한 의미는 명제로 표현된 사물들의 속성이며, 의미는 명제와 사물들의 경계선에 존재한다.[58] 들뢰즈의 의미는 '명제 안에 존속하는 순수 사건'이다. 순수사건은 부정법[59]의 상태로 존재

물체적인 것(l'idée), **물질적 차원에 속하지 않는 것은 이제 단지 '효과'에 지나지 않게 된다**.", Gilles Deleuze, 『의미와 논리』, 이정우 역, 한길, 1999, p.55

57 이를 각각 지시작용, 현시작용, 기호작용의 의미론이라 부르며, 이 각각은 실증주의 철학, 현상학, 구조주의에 입각한 존재론이다. Gilles Deleuze, 『의미와 논리』, 이정우 역, 한길, pp.62-70

58 "의미는 명제로 표현된 것 또는 표현 가능한 것이며, 동시에 사태의 부대물이다. 의미는 하나는 사물들로 향하고 하나는 명제들로 향한다. 그러나 의미를 그것을 표현하는 명제와 혼동하지 말아야 할 뿐만 아니라 명제가 지시하는 사태나 성질과도 혼동해서는 안된다. 의미는 정확히 명제들과 사물들의 경계선이다. 그것은 이 무엇(aliquid)이며, 열외-존재이자 내속이며, 내속들의 부합하는 이 최소존재이다. **사건을 한 사태에서 시공간적 현실화**(사고)**와 혼동하지 않는 한에서** 의미가 사건이 되는 것은 이런 맥락에서이다. 그래서 우리는 사건이라는 개념의 뜻이 무엇인가는 묻지 않을 것이다. **사건은 곧 의미 자체이다.** 사건을 본질적으로 언어에 속한다. 그것은 언어와 본질적인 관계를 맺는다. 그러나 언어는 사물들에 관련해 언표되는 것이다.", "사건들은 탈 물질적이다. …… 그것은 탈물질적 본성을 지닌 사건과 사태 안에서의 그 시공간적 현실화 사이의 구분이다 그것은 곧 사건과 사고의 구분이기도 하다. 사건은 유일하고 동일한 대사건(이 세상에 존재할 수 있는 모든 탈물질적 사건들의 집합) 안에서 소통하는 탈물질적 특이성들이다.…… 우리는 사건의 본질과 혼동하는 모든 독단적인 생각과 사건을 사고와 혼동하는 모든 경험주의적 생각에 동시에 저항하여야 한다.", Gilles Deleuze, 『의미와 논리』, 이정우 역, 한길, 1999, pp. 78-79, p.124

59 '밥을 먹다'라는 부정법으로 표현되는 것이 순수사건이다. 이 사건의 현실화되어 '먹었

하고 이렇게 존재하는 순수사건은 개체에 잠재적으로 존재하는 것이다. 이때 순수사건은 사라지는 것이 아니라 명제 안에 존속된다.

또한 사건은 계열(série)을 통해 정의되고, 계열화됨으로써 의미를 가진다. 하나의 사고는 그 자체로는 무의미하지만, 이것이 하나의 계열에 편입됨으로써 의미를 가지는 사건이 된다. 계열화를 통해 형성되는 사건의 의미는 그 안에 포함된 어떤 항이나 요소들의 개별적 의미로 환원되지 않으며, 그것과는 다른 차원에 형성된다. 반대로 각각의 요소나 항이 갖는 의미는 그것이 갖는 어떤 지시체나 연관된 논리적 명제들, 혹은 주관적인 의도가 아니라 오히려 계열화를 통해 형성되는 사건을 통해 구성되는[60] 것이며, 계열은 단지 한 두 개로 구성되어 있는 것이 아니다.[61] 수많은 계열들이 모이면 구조를 형성한다. 이 구조란 레비-스트로스처럼 닫힌 구조가 아니라 여러 계열들이 서로 겹쳐 있는 열린 구조[62]이다.

들뢰즈는 사건 하나하나를 특이성[63]이라 불렀다. 들뢰즈는 이러한 특

다', '먹을 것이다', '먹을 수 있다', '먹지 않는다' … 등등으로 표현되는 것이다.

60 이진경, 「들뢰즈 : '사건의 철학'과 역사유물론」, 『탈주의 공간을 위해서』, 사회과학연구소편, 푸른 숲, 2002, pp.19-21

61 "탈물질적(idéal) 사건이란 무엇인가? 그것은 곧 특이성이다. … 우리는 특이성들의 집합은 한 구조의 각 계열에 상응한다고 말했다. 역으로 각각의 특이성은 다른 특이성에 접하기까지 일정한 방향으로 나아가는 한 계열의 원천(요소)이다. 이로부터 한 구조 내에는 발산하는 여러 계열들만 존재하는 것이 아니라는 것, 각각의 계열은 즉 자체 수렴하는 여러 하위계열들로 구성된다는 것을 알 수 있다.", Gilles Deleuze, 『의미와 논리』, 이정우 역, 한길, 1999, pp.121-123

62 레비-스트로스는 미개사회를 연구하면서 구조에 편입될 수 없는 교환의 구조에 편입될 수 없는 것을 발견했다 그것은 선물이었다. 포틀라치라고도 하는 이것을 레비-스트로스는 '떠다니는 기표'(flottant)라고 하여 억지로 꾸겨 넣었다. 이러한 생각을 들뢰즈는 일반화하여 어떤 구조는 구조를 움직이게 하는 우발점을 내포한다고 보는데, 이 개념으로 구조를 역동화시킨다. 이 떠다니는 기표는 '빈 칸'이라고도 한다. Gilles Deleuze, 『의미와 논리』, 이정우 역, 한길, pp.99-120

이성을 르네 톰의 정교한 특이성 이론을 받아들여[64] 이 특이성을 순수사건과 동일시함으로써[65] 존재론을 확립한다. 이런 특이성들의 집합은

63 특이성(singularity)은 '단일한'이라는 의미가 아니라 '보통의' 또는 '규칙적인'의 반대말로 이해해야한다. 이것은 질적으로 다르다는 의미를 함축하고 있다. 특이성이 나타나는 곳이 특이점인데, 이 특이점은 외삽의 개념으로 정의되어 질 수 없는 점이기도 하다. 수학에서 말하는 특이점은 곡선위의 한 점에서 접선이 하나보다 많거나 아예 없거나 접점의 위치에 따라 불연속적으로 변하거나 접선이 접점에서 곡선을 가로지르게 하는 등 모든 성질을 나타내는 곡선상의 이상점(각점, 변곡점, 고립점, 중복점 등)들을 말한다. 특이점이란 일정한 계 내의 다른 점들에서 일어나는 질적 특성이나 임계값들, 즉 변화와 우연성의 지점을 의미하는 것으로 단순한 양적이나 선형적 발전이 갑자기 어떤 임계점에서 질적 양상의 변화, 즉 이질적 형태가 갑자기 나타나고 급변이 일어나는 어떤 연속적 과정 내의 점이다. 예를 들어 열역학계에서 보면 물은 0℃와 100℃에서 그 질적 특성이 고체, 액체, 기체로 변한다. 이러한 변환점을 특이점이라고 하고 물은 두 개의 특이성을 가졌다고 말한다. 이때 H_2O의 기본구조는 그대로지만 질적 특성이 바뀐 것이다. 또한 이 특이성은 존재한다기보다는 존속한다고 말한다. 그리고 이러한 존재방식(특이점들의 존재방식)이 잠재성(virtuality)이다. 잠재성은 아직 현실화되지 않았지만 존속하고 있는, 사물 안에 내재되어 있는 실재하는 것이다. 이것은 가능성과는 다르다. 가능성은 상상의 외연을 가지고 있지만, 잠재성은 어느 정도의 규정성을 가지고 있는, 다른 말로 특이점들을 가지고 있다.

64 "르네 톰의 변화(변형)는 이러한 의미에서 살아 있는 물체의 형태학을 지시하고 기본요소가 되는 일곱 가지 사건을 제공한다.(주름; 구김살; 제비꼬리; 나비; 쌍곡선 돌기, 타원형 돌기, 포물선 돌기)", Gilles Deleuze, 『The Fold, Leibniz and Baroque』, Tom Conely 역, The University of Minnesota Press, 1993, p.16 / 르네 톰은 급변론(Catastrophe Theory)은 형태변이에 대한 학문으로, 형태의 탐구란 공간적 영역의 학문이지만, 형태변이는 시간이라는 요소를 포함하고 있다. 형태변이에서 형태는 어떤 계의 불연속적 점이 분포되어 있는 구조를 말한다. 이정우, 『접힘과 펼침』, 거름, 2000, pp.182-185 / 르네 톰은 모든 형태를 끌개(attractor)로 표현한 수학적 모델을 제시하는데, 형태의 발생을 최초의 형태를 나타내는 끌개가 소멸하여 최종적인 끌개로 재현된 형태들로 교체되는 과정이라고 주장한다. 비에서 눈으로 변하고 올챙이에서 개구리가 되는 과정들이 형태의 발생 혹은 형태변이로 되며 이것들은 모두 계 내에서 불연속을 도입하여 급변하는 상황에서 나타나는 것이다. 즉 형태는 다양한 역동적인 힘들이 작용하는 표면상에서 하나의 계가 급변의 정점에서 예견할 수 없는 방향으로 접히고 휘어짐으로써 나타나는 것으로, 주름, 구김살, 제비꼬리, 나비, 쌍곡선 돌기, 타원형 돌기, 포물선돌기기본적인 유형의 급변들로 분리하고, 이런 일곱 가지 유형의 조합으로 형태의 생성을 설명하는데, 즉 형태의 발생은 불확정적인 비선형과정 속에서 이루어지는 급변속에서 나타나는 것이다.

한 구조의 각 계열에 상응하며, 이 특이성은 잠재성의 상태, 부정법의 양태로 존재한다.[66] 이러한 사건—특이성은 그 자체로는 무의미하지만, 사건이 발생하여 계열화되고 장에 편입되는 순간 의미화 한다. 사건은 물리적 운동의 표면효과이지만, 다른 한편으로는 다른 사건들과 더불어 계열화된다. 사건들을 발생시키는 것은 물질적 원인과 사건들에 의한 비물질적 원인이다.

사건은 순수사건과 인칭사건으로 구분되는데 순수사건은 라이프니츠의 빈위(attribut)[67]로써 우주가 존재하는 법칙이며, 무한히 반복되며, 인칭사건은 순수사건이 특정한 물질 속에서 구현된 것을 의미한다. 라이프니츠에게는 사건이 개체에 우선한다. 즉, 사건들의 계열화를 통해 개체가 성립하는 것이다. 어떤 하나의 개체 안에는 수많은 사건(빈위)들이 그 앞에 펼쳐질 무수한 사건들이 잠재적으로 들어있다. 개체화 이전의 사건들이 존속(subsister)한다면 개체를 구성하고 있는 사건들은 내속한다.(insister)[68]

---

65 "특이성을 개체적이거나 인칭적인 것이 아니라, 개체들과 인칭들의 발생을 주도하는(가능하게 하는) 것이다. 특이성들은 그 차체 내에서 자아도 나도(ni Moi ni Je) 포함하지 않으며, 현실화(s'actualisant)됨으로써, 효과화(s'effectuant)됨으로써 이들을 생산하는 한 '포텐셜' 안에서 분배된다.(그리고 이 현실화의 형상들은 결코 효과화된 포텐셜과 유사하지 않다.) 의식 내에 존재하는(또는 의식 내에서 주어지는) 인칭의 종합과 개체의 분석을 넘어설 수 있는 것은 오로지 특이점들의 이론뿐이다." Gilles Deleuze, 『의미와 논리』, 이정우 역, 한길, 1999, p.194

66 "이 특이성을 한 담론 안에서 자신을 표현하는 인칭적 존재와도, 한 명제에 의해 지시된 사태의 개별성과도, 또 가시적 형태로 기호화된 개념의 일반성 / 보편성과도 혼동해서는 안된다.", Gilles Deleuze, 『의미와 논리』, 이정우 역, 한길, pp.99-120. 그는 카이사르 안에 '루비콘 강을 건너다'라는 특이성이 잠재적 상태로 존속하는 것이며, 현실의 수준에서 '건널 것이다', '건넜다' 등등으로 표현된다는 것이다.

67 라이프니츠에게 빈위는 개체로부터 나오는 것이 아니라 개체에서 사건이 일어나는 것이라고 말한다. 즉 카이자르 안에 '루비콘 강을 건너다'라는 빈위가 있는 것이고 이것이 개체에서 발생하는 것이다. 다른 말로하면 개체가 사건을 만드는 것이 아니라 사건이 개체 안에서 일어나는 것으로 들뢰즈는 해석한다.

68 "물체들이 존재하는 것을 서술하기 위해 'exister' 동사를 사용하며, 이것은 실존으로 번

즉, 사건들은 개체 안에 주름 잡혀 있는 것이다. 개체는 바로 그에게 내속되어 있는 사건들(빈위들)의 집합체이다.[69] 주름 잡힌 모나드 안에서 수많은 특이성—사건들이 주름 잡혀 있다가 라이프니츠 식으로는 신의 호출을 받아, 들뢰즈에 따르면 자발성에 따라 현실화되고 실재화된다.[70]

이것은 들뢰즈의 라이프니츠 해석이다. 무한한 사건들이 존재하고 이중 특정 사건들이 모여서, 즉 계열화함으로써 개체 하나 하나가 성립하는 것이다. 들뢰즈는 특이성—사건이 먼저 존재하고 이 특이성—사건들이 일정하게 계열화함으로써 구조(장)가 완성되고 이 구조 안에서 하나의 개체가 완성된다고 주장한다. 다른 말로 하면 주체가 관점을 성립시키는 것이 아니라 관점이 주체를 성립시키는 것이다.[71] 즉, 카이자르라는 개체

역할 수 있다. 사건들로서 존재하는 것을 서술하기 위해 'subsister' 또는 'insister'라는 단어를 사용하며 각각 존속(存續)하다와 내속(內續)하다라고 번역한다. 'subsister'라는 단어는 그리스어 'hypokeimenon'에 해당하는데, 이는 '아래에 깔려 있다'는 뜻으로 사건은 현실화되지 않을 때에도 존재하지 않는 것이 아니라 아래에 깔려있다는 것을 뜻한다. 'insister'라는 단어는 원래 'subsister'의 상태에 있는 사건이 사물이나 언어 속에 아직 현실화되지 않은 채로 들어 있는 상태를 말한다. 이러한 사유를 극한으로 밀고 가면, 실체는 바로 사건(순수사건)이라는 생각에 이르고, 사건이야말로 본질의 차원이고 이 사건이 현실화된 것이 우리가 보는 세상인 것이다. 존속한다는 것은 곧 잠재적으로 존재하는 것이다. 잠재성(virtuality)은 현실성(actuality)은 아니지만 실재성(reality)이 아닌 것은 아니다. 현실적으로 존재하는 것은 아니지만 분명 없는 것은 아니다. 이것을 잠재적으로 존재한다고 하며, 이렇게 잠재적으로 존재하는 것은 순수 사건이다. 그리고 이 잠재적 사건이 현실 속으로 드러나 명제 속에 담기게 될 때, 그것을 분화(diffêrencier)한다고 한다." 이정우, 『시뮬라크르의 시대』, 거름, 1999, pp.66-67

69 라이프니츠는 개체의 개념에 관해 생각한 것이다. 각각의 개체에 대한 개념을. 인간성의 아니라 철수성, 영희성을 생각한 것이며, 그리고 이 완전 개념들은 공간상에 방치되어 있는 것이 아니고 일정한 순서로 계열화되어 있으며, 개체의 삶이란 이 주름잡힌 계열이 펼쳐지는 과정인 것이다.

70 이정우, 『시뮬라크르의 시대』, 거름, 1999, pp.175-176

71 이것이 라이프니츠가 말하는 관점주의이다. 관점이 주체를 성립시킨다는 것, 사건은 주체 안에서 발생하는 것. "관점은 이론적 판단을 의미하지 않는다. 방식/태도는 삶 자체이다. 라이프니츠는 이미 우리에게 사물들에 대한 관점들은 없었으며 다만, 사물들, 존재

가 있어 "루비콘 강을 건너다", "사랑에 빠지다" … 같은 특이성-사건들이 있는 것이 아니고, 이런 특이성-사건들이 먼저 존재하고 이 특이성-사건들이 물질적 차원이나 문화적 차원에서 일정하게 계열화됨으로써 하나의 개체가 형성되는 것이다.

하나의 세계가 성립하려면 하나의 개체가 성립하려는 사건(개체)들의 연속체가 있으며 이러한 연속체들이 모여서 조직되어야 한다. 즉, 각각의 개체(모나드) 안의 사건(빈위)들이 일정한 지점에서 수렴되어야 한다는 것이다. 개체 이전에 사건들/빈위들이, 이들의 수렴과 발산에 따라 무한에 가까운 조합이 존재하게 되는 것이다. 사건들이 수렴된 지점에서의 하나의 세상이 지금 우리가 살고 있는 세상이다. 이것이 바로 라이프니츠의 공가능성(compossibility)에 대한 들뢰즈의 해석이다.

이러한 사건은 차이를 발생시키며, 동일하지 않으며, 순간적이기에 시·공간 상의 미적분적 한 점이 되어 흔적만이 남는다.[72] 사건은 특수한

들이 관점이었을 뿐임을 가르쳐주었다.", Gilles Deleuze, 『의미와 논리』, 이정우 역, 한길, 1999, p.295 "이것은 미리 정의된 주체에 의존함을 의미하지 않는다. 반대로 주체는 시선의 점에 오는 것, 또는 차라리 시선의 점에 머물러 있다는 것이다. 이러한 이유로, 대상의 변형은 주체의 상관적인 변형을 가리킨다.… 단순히 시선의 다양성에 의거해서 뿐만 아니라, 무엇보다도 우선 모든 시선의 점은 어떤 변동 위에 있는 시선의 점이기 때문이다. 이것은 적어도 일차적으로는, 주체와 함께 변하는 시선의 점이 아니다. 이것은 반재로 우발적인 주체가 변동(변태, métamorphose), 또는 어떤 것 = x(왜상)를 포착하게 되는 조건이다. 관점주의는 라이프니츠에게, 니체에게, 윌리엄과 헨리 제임스에게, 화이트헤드에게 물론 하나의 상대주의이지만, 그러나 그것은 우리가 믿는 상대주의는 아니다. 그것은 **주체에 따른 진리의 변동이 아니라 변동의 진리가 주체에 나타나는 조건이다.**", Gilles Deleuze, 『The Fold, Leibniz and Baroque』, Tom Conely 역, The University of Minnesota Press, 1993, pp.19-20

72 'différenciation'은 미분, 분화를 의미하고, 'différentiation'은 변별화, 차이 등을 의미한다. 거의 비슷한 의미와 철자를 가지고 있다는 점에서 들뢰즈는 미분과 차이를 비슷하게 취급하는 경우들이 있다. 미분과 적분의 계산을 통해 서로 유추해 낼 수 있는 연산을, 마치 사건이 잠재적으로 수면 아래 있다가 현실화되는 과정과 매우 흡사하게 생각해 볼 수 있다. 그래서 미분은 들뢰즈 잠재성/현실화/실재화를 이해하는데 있어 중요한 단어

공간과 특수한 시간에서 펼쳐지는 다른 말로, 이 세상에 존재할 수 있는 모든 탈물질적 사건들의 집합 안에서 펼쳐지는 탈물질적 주름-특이성이다.

:: 사건과 주름

들뢰즈는 자신을 형이상학자라고 말한다. 형이상학이라는 단어는 'meta-physica', 즉 과학과 상보적인 관계를 맺는 학문, 즉 meta라는 단어는 과학적 탐구가 이루어지지 못한 차원, 개연성의 차원, 과학 내에 내재해 있는 한계, 인식론적 전제들을 드러내는 작업을 뜻하는 것으로 지금까지 이루어진 과학적 성과들에 대한 충분한 검토 위에서 이루어지는 것이다. 20세기 들어 학문이 날카롭게 갈라지기 시작하면서 이러한 의미의 형이상학을 찾아보기 쉽지 않다. 주름개념은 17세기 데카르트 철학과 유물론에 반대하고 이 양자를 조화 시키려는, 즉 이원론을 극복하려는 라이프니츠의 모나드론(單子論, monadology)에서 출발하고 있다. 이 주름개념은 모든 학문을 포괄하여 새로운 세계관을 제시하고 있으며, 라이프니츠의 철학을 현대적으로 다시 해석하여 자신의 형이상학을 세우고 있다.

이러한 주름은 어떻게 운동하는가? 이 세계는 살아있는 알처럼 내재적 원인에 따라 잠재성으로부터 현실로 생성되어 나간다. 거기서 이념적 질서는 강도적 에너지를 통해 물질화되고 개체화된다. 그 과정은 세 가지의 층위를 거치게 된다. 첫째, 잠재성의 층위이다. 여기서는 어떤 질료도 미분화된 상태로 남아있다. 그러다 그것이 개체성의 층위로 올라오면서 강도의 차이에 의해 개체로서의 차이들이 분화되고, 이것이 다시 현실의 층위로 올라오면서 구체적인 모양과 질을 가지게 된다. 들뢰즈는 이런

다. 또한 사건은 순간적으로 나타났다가 사라지는 것이기에 흔적으로 밖에 알 수 없으며, 이러한 이유로 수많은 과거의 지속된 흔적이며, 무한한 미래에 영향을 미친다.

과정을 주름이 바깥으로 펼치는 운동(explication)으로 설명하고 있다. 이로써 우리가 현실 속에서 볼 수 있는 다양한 형태와 양상들의 구분이 가능하고, 이런 운동은 내적으로 접혀 있는 강도를 바깥으로 드러내는 것이다. 반대로 안쪽으로 접는 운동(implication)이 있는데, 이것은 깊이를 만들고 밀도를 압축시켜서 강도를 높이는 것으로 철학, 과학, 예술과 같은 인간의 창조적인 행위들이다. 이와 같이 주름들이 접혀서 겹치면서 부딪치면서 새로운 겹주름(replication)을 만들기도 한다. 이것은 각기 다른 힘들이 합쳐서 새로운 지형을 만드는 것이다. 들뢰즈가 생각하는 시·공간은 이러한 다양한 강도들의 힘이 충만한 곳이다. 물질의 운동은 주름의 휘어짐의 효과로서 이해되고 대조적인 공간의 병치와 동일한 공간의 반복은 사라지고 질적인 차이가 계속해서 발생하는 연속적 표면만이 존재한다.[73] 바로 이런 모나드 즉 주름 안에 사건들이 잠재적으로 존재하고 있는 것이다.

주름 안에 사건이 잠재해 있고 이것이 현실화, 실재화되는 과정을 그는 '잠재성(virtual)/현실화(actual)'와 '가능성(possible)/실재화(real)'의 개념 쌍으로 설명하고 있다.

사건들 특히 부정법으로 존속하고 있는 순수사건은 일어나지는 않았지만 주름 안에 잠재적으로 존속하고 있으며 이것이 현실화되어 실질적 사건이 발생할 때 실재화되었다고 말할 수 있다.(가수는 노래를 부르지 않더라도 잠재적으로 가수인 것이다.)

잠재성이 현실화로의 이행에 영향을 미치는 것은 강도(intensive)이다. 존재가 동일성을 유지하는 공간은 외연적(extensive) 공간과 강도적 공간이

---

73 Gilles Deleuze, 『차이와 반복』, 김상환 역, 민음사, 2005, 역자 해제 참조 / 정인하, 『현대건축과 비표상』, 아카넷, 2006, pp.115-116

다. 외연적인 양(부피, 영역, 길이, 에너지 혹은 엔트로피의 양)은 더하고 뺄 수 있는 반면에 강도적인 양은 그렇지 않다.[74] 우리가 어디에서 외연적인 영역을 발견하더라도(예를 들어 우리 몸의 외연적 경계를 규정하는 피부) 항상 그러한 경계를 만들어낸 강도적 차이에 의해 진행되는 과정(예를 들어 다른 것과의 화학적 작용에 의해 진행되는 우리의 몸을 생성하는 생태학적 과정)이 있다. 강도적 차이는 생산적이다. 생산물로서의 외연적 공간에 매우 큰 다양성을 생성하는 과정의 현상으로서의 강도적 공간에 대한 접근, 물질적 존재의 동일성을 외연적인 것들에 의해 규정되는 것으로 특징짓는다면(그것의 공간적 경계에 의해서 뿐만 아니라 그러한 경계 내에 포함된 물질과 에너지의 양에 의해서도), 그러한 존재를 만드는 과정은 강도적인 것들에 의해 규정된다.[75]

강도의 차이가 존재자의 변화를 유발시키며, 이러한 강도의 차이에 의해 잠재성이 현실화된다. 모나드 안에 접혀 있는 순수사건이 '—있다'라는 부정법의 형태로 잠재적으로 존재하고 있다가 강도적 공간에서 내적 원인으로 인하여 '—이다', '—일 것이다' 등으로 현실화되고 그 중에 하나가 연장적 공간에서 실재화되는 것이다.[76] 잠재성의 순수사건(특이성)이 현실화될 때 차이가 발생되고 그것은 순수사건과 차이가 있다는 점에서 분

---

74 "이 강도량 들의 속성은, 자신에게 고유한 질서에 따라 나뉘되 본성을 바꾸지 않고는 절대 나뉘지 않는다는데 있다.", Gilles Deleuze, 『차이와 반복』, 김상환 역, 민음사, 2005, p.582, 예를 들어 45°의 물을 두 개 더하면 90°의 물을 얻는 것이 아니라, 같은 온도의 물을 얻는다. 반대로 1갤론의 90°의 물을 둘로 나눈다하더라도 45°의 물로 나누어지는 것은 아니다. 들뢰즈는 같은 온도의 물을 분할할 수 없는 것(강도)으로 정의한다.

75 Manuel DeLanda, 「Space: Extensive and Intensive, Actual and Virtual」, edit by Ian Buchanon and Gregg Lambert, 『Deleuze and Space』, Edinburgh University press, 2005, pp.80-88

76 "내부와 외부 : 무한한 주름은 물질과 영혼을 나누거나 그 사이에서 움직인다. 잠재성은 그 자체로 나누기를 멈추지 않기 때문에, 변곡의 선은 각각의 편에서 즉, 물질 속에서 실재화되고, 영혼 속에서 현실화된다. 이것이 바로 바로크의 특성이다.: 외부는 언제나 밖에, 내부는 언제나 안에.", Gilles Deleuze, 『The Fold, Leibniz and Baroque』, Tom Conely 역, The University of Minnesota Press, 1993, p.35

기(갈라짐), 차이, 창조의 의미를 지닌다.[77] 사건[78]의 현실화가 무한히 반복되어 발생하지만 결코 같지 않은 차이가 발생하고 그것은 전과 같지 않다는 의미에서 창조적이다.[79](재현이 아닌 표현인 것이다.)

사건이 현실화될 때 나타나는 차이는 양적인 차이를 말하는 것은 아니다. 그것은 시간에 따른 질적 차이를 말한다. 사건의 일련의 행위들만을 모아 놓은 것을 말하는 것이 아니다. 질적이라는 것은 먼 과거로부터 지속되어온 흔적들이며, 또 그것은 앞으로 일어날 미래에 영향을 미친다.[80]

하나의 실재가 된다는 것은 잠재성으로부터 주름운동의 무한한 펼침과 접힘을 통해 생성되는 현실이 구체적 개체로 현실화된 것이다. 들뢰

---

77 "…이와 반대로 **잠재성은 실현이 아니라 현실화되어야 한다.; 그리고 현실화의 규칙은 더 이상 유사나 제한이 아니라 차이나 갈라짐 그리고 창조이다**. … 현실화되기 위해서 잠재성은 제거나 제한에 의해 진행될 수는 없으며 적극적 행위들 속에서 자신의 고유한 현실화 계열들을 창조해야만 하기 때문이다. … 잠재성의 고유함은, 그런 것이 분화되면서 현실화되는 그런 방식으로, 그리고 **현실화되기 위해서는 어쩔 수 없이 분화되어 자기의 분화의 계열들을 창조해야만 하는** 그런 방식으로 실존한다는 점이다", Gilles Deleuze, 『베르그송주의』, 김재인 역, 문학과 지성사, 1996, p.136

78 이제 이것을 잠재성, 빈위, 순수사건, 특이성, 주름, 의미, 창조 등으로 부를 수 있게 되었다.

79 "가능한 것과 잠재적인 것이 서로 구별되는 두 번째 이유가 있다. 즉 가능한 것은 개념 안의 동일성 형식에 의존하는 반면, 잠재적인 것은 어떤 순수한 다양성을 지칭한다. 이 념은 선행조건으로 행세하는 동일자를 근본적으로 배제한다. 끝으로 가능한 것은 스스로 '실재화'를 지칭하는 한에서 그 자체가 실재하는 것의 이미지로 파악되고, 실재하는 것은 가능한 것과 유사한 어떤 것으로 파악된다. 바로 그렇기 때문에 실존이 유사한 것을 통해 유사한 것을 이중화하면서 개념에 덧붙이는 것이 무엇인지 거의 이해되지 못하고 있다. 가능한 것의 결함은 바로 여기에 있다. 이 결함을 통해 볼 때 가능한 것은 사후적으로 생산된 것, 그 자체가 자신과 유사한 것의 이미지에 따라 소급적으로 조작된 것이다. 반면 **잠재적인 것은 언제나 차이, 발산, 또는 분화를 통해 현실화된다.** 현실화는 원리로서 동일성뿐만 아니라 절차로서의 유사성과도 관계를 끊는다. 현실적인 항들은 자신들이 구현하는 미분비들을 닮지 않는다. 이런 의미에서 현실화, 분화는 언제나 진정한 창조이다. 현실화는 어떤 선재하는 가능성의 제한을 통해 이루어지는 것이 아니다.", Gilles Deleuze, 『차이와 반복』, 김상환 역, 민음사, 2005, p.456

80 정인하, 『현대건축과 비표상』, 아카넷, 2006, p.134

즈의 주름 개념은 '잠재성이 현실화 또는 실재화되어 가는 과정'의 형식이라고 말할 수 있으며, 표현된 실재의 내용은 끊임없는 주름운동의 선상에서 발생하는 어떤 것으로, 고정된 존재가 아니라 변화의 순간을 의미하는 사건(simulacre)이다. 모나드에 주름 잡혀 있는 내재적 계기들이 잠재적으로 접혀있고 이것들이 다양하게 현실화되면서 실재적 모습을 이룬다는 것이다.

세계를 주름 접힌 연속된 장으로 보며 모든 주름은 특이성을 갖고 있다는 들뢰즈의 말은 주름이라는 현상이 단지 물질적 존재만을 말하는 것이 아닌 세계의 존재방식을 말하는 것이다.[81] 그리고 주름이 펼쳐지고 접혀지는 것은 단지 물리적 현상을 말하는 것이 아니다. 사건의 접힘과 펼침 그리고 다시 접힘의 연속적인 과정인 것이다.

이러한 사건은 '사건의 폴딩 건축'에 있어 중요한 주제이다. 폴딩 건축에 있어 존재를 포함하는 공간은 영원히 생성을 반복하는 사건들의 지속된 양상이고, 거기서 불연속성은 본질적인 것이다. 이럴 경우 공간의 구성방식은 확연히 달라지는데, 즉 어떤 확정적인 틀이나 전제를 가지고 출발하는 것이 아니라 바로 그 공간, 면에서 일어날 사건을 중심으로 공간과 형태를 구성한다.[82] 건축은 공간, 비례 등에 의해 결정되는 것이 아니고 거기서 일어날 사건들에 의해 결정되고, 그 결과 연속적이고, 흐르는 공간, 미로적 공간이 나타난다. 근대 건축의 공간이 고정된 시간과

---

81 형이상학이란 결국 주름이라는 개념으로 물질과 세계를 설명해야 하는 것이다. 물질적 주름(물질적 차원)은 쉽게 이해할 수 있다. 그렇다면 주름으로 세계를 어떻게 설명할 것인가? 이러한 노력에 대한 한 가지 사례가 있다. 미국 드라마 CSI 시즌 8에서 길 그리썸 반장이 초끈이론을 이야기하는 장면이 나온다. 거기서 그는 초끈이론을 세상의 모든 것은 서로 연결되어 있다는 개념으로 해석하고 있다.

82 정인하, 『현대건축과 비표상』, 아카넷, 2006, p.134

공간을 상정하고, 그리드나 기하학적 패턴으로 된 공간들인데 반해,[83] 사건의 폴딩 건축은 사건에 의한 건축을 한다.

사건의 폴딩건축 또는 사건발생적 폴딩건축

들뢰즈 개념인 'fold'의 사전적 의미는 '접다, 끼다, 안다, 주름' 등의 뜻을 가지고 있으며[84] 건축적으로는 들뢰즈의 사상으로부터 연역된 개념으로 경계를 명확히 구분하지 않고 내부와 외부의 연속적인 공간을 형성하고, 각 부분들을 하나의 장소로 구성하여 패턴을 형성하고, 프로그램을 통합하는 개념으로 새로운 조직과 사회와의 상호교환이 가능하게 하는 것을 의미한다.[85]

---

83 이때 사건들은 공간속으로 환원되고 차이는 사라지며, 그에 따라 의미 역시 사라진다.

84 "1. If you fold something such as a piece of paper or cloth, you bend it so that one part covers another part, often pressing the edge so that it stays in place. 2. A fold in a piece of paper or cloth is a bend that you make in it when you put one part of it over another part and press the edge. 3. The folds in a piece of cloth are the curved shapes which are formed when it is not hanging or lying flat. 4. If a piece of furniture or equipment folds or if you can fold it, you can make it smaller by bending or closing parts of it. 5. If you fold your arms or hands, you bring them together and cross or link them, for example over your chest. 6. If a business or organization folds, it is unsuccessful and has to close.[mainly BRIT, BUSINESS] 7. When someone joins an organization or group, you can say that they have come into the fold. When they leave the organization or group, you can say that they leave the fold" 『Collins Cobuild Dictionary』, Harper Collins Publishers, 1995

85 "The mental image we have when speaking of the fold, guaranteed by the imaginative world and deduced from the reflections of G. Deleuze and F. Guatarri-a few of whose books share the same name-is strongly suggestive. One of its most interesting implications is the difficulty in distinguishing and situating ourselves clearly in space. Spaces pass from inside to outside, putting in crisis the concept of precinct, and of course of, permanence. Composition (putting each part in its place)

일반적으로 '폴딩' 건축이라 함은 시기적으로는 1990년대 이후의 건축 중에서 대지의 중심과 주변, 건물의 내부와 외부, 층의 구분, 형상(figure)/배경(ground)과 같은 구분이 없어지면서 건물의 내부와 외부의 구분 없이 하나의 연속적인 면 위에 통합된 공간을 형성하고, 연속된 면과 면 사이에서 공간을 형성하는 건축을 말한다. 이러한 건축은 해체주의 건축처럼 파편화되거나 대립적이지 않으며,[86] 연속적인 표면위에 이질적이고 다양한 차이를 반영하면서도 '지속적으로 변화가 가능한 체계(Continuous flexible system)'[87]를 의미한다. 그러나 이러한 정의에 의한 폴딩 건축은 들뢰즈의 '주름'에서 주름이라는 형태적 특성만을 강하게 부각시켜 주름 잡힌 건축 형태를 생성하거나 주름이라는 개념과 형태를 동일시하고 주름 접는 방법을 설계방법론으로 하는 건축을 의미한다. 이러한 건축은 들뢰즈의 주름이 가지고 있는 존재론적 형이상학을 제대로 이해하지 못하고 주름의 이미지만을 피상적인 형태로 재현해내고 있다. 이러한 건축을 '형태발생적 폴딩 건축'이라 부를 수 있을 것이라 생각되며 앞에서 분석한 프로젝트들이 그러하다.

들뢰즈의 폴딩(주름)은 단지 물질적 차원의 존재론만을 논하는 것은 아

---

makes patterns, forming the unlikely union of programs (statistical) and a new concept of support. These tricks of space propose new mechanisms with projects. However, most interesting of the fold is the discovery of spaces of relation and interchange at the level of new organizations and social interchange." Manuel Gausa 외 5인 『the metapolis dictionary of advanced architecture』, actar, 2003. p.232

86 Jeffrey Kipnis, 「Towars a New Architecture」, 『Folding in Architecture』, AD no.102, 1993

87 Greg Lynn, 『folds, bodies & blobs』, La lettre volée, p.114 또한 그렉 린은 『Folding in Architecture』에서 해체건축에서 충돌과 모순의 해체주의 논리에서 탈피하여 유연한 연결의 논리를 위한 탁월한 개념도구로 인식하고 있다. 그렉 린은 기존의 주어진 건축 형태와 컨텍스트 사이의 차이를 단순히 재현하는 해체주의 건축과는 달리 폴딩 건축은 단순한 재현이 아닌 형태와 컨텍스트 사이의 차이들을 연계하는 동시에 일관된(coherent) 주름의 형태가 디자인 전략의 특징이라고 주장한다.

니다. 그것은 사건의 형이상학으로서 계속해서 질적 차이를 생산하는 개념이다. "모든 주름은 특이하다"는 들뢰즈의 말은 주름이라는 현상이 단지 물질적 존재만을 말하는 것이 아닌 세계의 존재방식을 말하는 것이다. 특이점은 앞에서 살펴보았듯이 무엇인가 일어나는 시공간상의 한 점 즉, 사건이다. 그것은 모나드 안에 내속되어 있는 사건이 현실화되고 실재화 되는 바로 그 지점이다. 이제 과거의 시공간은 사건이라는 차원으로 통합된다. 미래를 향해 수많은 다양성을 가지고 불확실하게 열려 있는 것이다. 세계는 사건의 발산이다.[88] 사건은 무한한 반복과 함께 질적 차이를 생산하는데 이러한 사건을 구현하려는 건축을 '사건발생적 폴딩 건축'이라고 부르려 한다.

:: 사건의 건축

건축에서 이러한 사건의 접히고 펼침을 어떻게 설명할 수 있는가? 과연 건축에 들뢰즈의 철학을 적용할 수 있는 것인가?

『주름, 라이프니츠와 바르크』의 첫 문장은 "**바로크는 본질을 지시하기보다는 어떤 작동하는 function이나 trait[89]를 지시한다.**"[90]고 시작한다.

---

88 "우리는 일련의 변곡들 또는 사건들처럼 세계를 시작한다: 세계는 특이성들의 순수한 발산(emit)이다.", Gilles Deleuze, 『The Fold, Leibniz and Baroque』, Tom Conely 역, The University of Minnesota Press, 1993, p.60

89 트레(triat)는 영어로는 특징, 일필(一筆), 생김새, 미세한 분위기나 기운, 유전형질 등을 의미한다. 이 단어의 본래 프랑스어의 어의 중 하나가 바로 '가볍게 긋는 선'이다. '트레'에는 또한 시위를 떠난 화살이나 날아가는 창과 같이 길게 뻗어 가는 선, 투사된 물체의 궤적이라는 뜻도 있다. 이 어휘는 두 가지 경우에 있어서 특히 중요한데, 하나는 볼트(vault)와 같은 복잡한 형태의 구조체를 형성할 정교한 석재를 커다란 돌덩어리로부터 잘라내기 위한 설계도를 지칭하는 것으로 대상을 묘사하는 그림이 아니었을 뿐만 아니라 직교체계를 따르는 투상도이면서 지극히 예외적인 작업의 환경에서 3차원의 형태를 재단하는 데 소용되었던 문자그대로의 밑그림이었다, 다른 하나는 '윤곽만 갖는 기능'이라는 들뢰즈와 가타리의 다이어그램적인 추상기계에 관한 설명에 있다. 봉일범, 『프로그램/다이어그램』, 시공문화사, 2005, pp.132-133

더 나아가 바로크의 특질은 무한히 나아가는 주름이며, 모든 주름은 특이성을 가지고 있다고 설명하였다. 앞에서 설명하였듯이 특이점은 사건이 일어나는 시공간상의 한 점이다. 또한 특이점은 과학, 수학, 기술 분야 등에서 널리 사용되는데 그것은 명확하게 정의하기는 힘들지만 수렴점은 사건이라는 차원이다. 이 특이점은 예측 불가능한 점이면서, 잠재성이 현실화되는 지점이고, 미래를 향해 열려 있는 점이다.

들뢰즈는 그의 저서 『의미의 논리』에서 '사건은 추구하거나 해방시켜야 할 이성(sense)[91] 같은 그 무엇으로 이해해서는 안 된다'고 경고하지만, 건축가들은 반복된 사건이 생산한 표면효과가 표현의 차원에서 물질적 형태로 창조될 수 있는가에 관심을 가지고 있다.[92] 개념적 메타포나 은유가 직접적으로 형태로 환원될 가능성의 여지가 폴딩 건축에는 충분히

---

90 Gilles Deleuze, 『The Fold, Leibniz and Baroque』, Tom Conely 역, The University of Minnesota Press, 1993, p.3 문제는 이 function을 어떻게 해석할 것인가 하는 문제이다. 철학자는 함수로, 건축가는 기능으로 번역하는 경우가 있다. 이 책의 전체적인 문맥과 시각에 따라 둘 다 크게 의미가 벗어난 해석은 아닌 것으로 보인다. 함수로 번역할 경우 라이프니츠의 미적분학에서 비롯되었으며, 변동, 떨림, 곡률 등을 의미하는 바로크 수학을 염두에 둔 번역이었을 것이며, 기능이라는 번역은 트레의 의미처럼 작동하는 그 무언가라는 의미에 비중을 둔 번역이었을 것이다.

91 『의미와 논리』의 원제는 'Logique de Sens'로 불어 sens는 단지 감각만을 뜻하지는 않는다. 거기에는 의미, 인식, 감각능력에 더하여 어떤 방향성의 의미도 같이 가지고 있다. 특이성의 세계, 잠재성의 공간은 바로 일정한 방향이 아닌 양방향이, 즉 'sens'가 아닌 'non-sens'가 지배하는 세계이다. 이 세계로부터 일정한 방향성이 잠재성으로부터 현실화되는 것이다. 양방향이라는 의미는 고려할 때 들뢰즈가 미적분을 사용하는 것을 생각해 보면 더 잘 이해할 수 있다.

92 Hélène, 「Stealing into Gilles Deleuze,s Baroque House」, edit by Ian Buchanan and Gregg Lambert, 『Deleuze and Space』, University of Toronto Press, 2005, p.66. 사건이란 무엇인가? 라고 건축가들은 묻지만 들뢰즈에 있어서는 사건의 개념보다는 사건이 발생하는 접면, 내재성의 면과 경계는 무엇이며 그것은 어떻게 조직화되어 있느냐가 중요하다.

존재한다. 들뢰즈는 다이어그램(디아그램, diagram)을 물질이 형식을 갖추기 전 오직 윤곽만을 갖는 그 무엇으로 설명한다. 그는 다이어그램과 같은 기계는 심지어 실재하는 것이라도 그것을 재현하기 위해 존재하지 않으며, 다가오는 현실, 새로운 유형의 현실을 건설하며, 창조를 위한 점들 또는 잠재성의 점을 구성할 때 마다, 그것은 역사로부터 비켜서 있는 것이 아니라 언제나 역사에 선행하고 있는 것[93]이라고 설명한다. 역사에 선행하고 재현이 아닌 건설에 다이어그램이 의미가 있다는 말은 건축가에 흥미를 유발시키지만, 실체도 아니고 형식도 아니며 내용도 아니고 표현도 아닌[94] 윤곽만을 갖는 기능으로 설명된 들뢰즈의 추상기계-다이어그램을 건축의 최종 형태, 즉 건물의 형태로 재현하거나 건축 프로그램의 밑그림에 직접적으로 적용할 수 있는가는 여전히 문제로 남는다.

추상기계의 개념 역시 그 안에 표현과 내용사이의 구분을 갖지 않으며 그 자체의 형식도 실체도 갖지 않는 것이다. 따라서 추상기계는 물리적으로 뚜렷하게 형식화되어 있는 것이 아니라 다이어그램 같은 것이다. 즉, 이것은 형식이 아니라 기능에 의해 작동하는 순수 물질-기능(matter-function)으로서 여기서 물질은 '물리적으로' 형식을 갖기 이전의 것, 기능은 '의미론적으로' 형식을 갖기 이전의 것을 말하는 것이다.[95] 즉, 형태와 본질, 표현과 내용에서 완전히 독립적인 것이다. 다이어그램-추상기계는 재현을 위한 기능체도 아니며 재현 이상의 물리적 실재를 구현하기 위한 도구도 아니다. 다이어그램-추상기계는 아직 현실화되지 않은 실재를 구축하거나 새로운 종류의 실재를 창조하는 것이다.

그러나 '형태의 폴딩 건축'에서는 들뢰즈적 다이어그램의 개념을 건축

---

93 Gilles Deleuze, 『천개의 고원』, 김재인 역, 새물결, 2003, p.273

94 Gilles Deleuze, 『천개의 고원』, 김재인 역, 새물결, 2003, p.271

95 봉일범, 『프로그램/다이어그램』, 시공문화사, 2005, p.83

형태에 그대로 사용하는 예들을 흔히 발견할 수 있다. 이것들은 들뢰즈의 '주름'과 '다이어그램'의 개념을 직접적으로 형태적인 해석에 초점을 맞추고 있는 것이다. 시각적 형태를 추구하는 건축가가 이러한 면, 주름, 다이어그램 등의 철학적 개념을 그대로 형태로 재현한 것이다.

건축가들이 사용하는 다이어그램을 보면 대부분 형태생성인자라는 것을 알 수 있다. 즉 형태를 생성하는 과정이라든가 그 이전에 형태를 충분이 예측할 수 있는 다이어그램이 대분이다.[96] 그러나 들뢰즈의 다이어그램은 추상기계로서 절대 형태를 예견할 수 없는 다이어그램이며, 이것은 무한한 창조 속에 열려 있는 것으로 형태와는 전혀 상관이 없다. 렘 콜하스의 다이어그램을 보면 그의 다이어그램으로는 절대 형태를 유추할 수 없다. 그것은 형태를 생성하기 위한 다이어그램이 아니라 사건과 관계되는 다이어그램이기 때문이다.

건축에서 사건(event)을 언급하는 건축가가 몇 명 있다. 츄미, 렘 콜하스 등이 그들인데 각각 차이가 조금은 있다. 킵니스는 현대 건축을 인폼(In-fomation)과 디폼(De-formation)[97]으로 분류하면서 인폼의 작가로 렘 콜하

96 들뢰즈는 이것을 가능성의 실재화라고 할 것이다. "……실재는 그것이 실현시키는 가능성의 이미지 및 유사성에 의존하는 반면, 현실성은 그것이 구체화시키는 잠재성과 유사하지 않다. …… **가능성은 거짓된 개념이고 거짓 문제의 원천이다**. 실재는 가능성을 닮았다고 상정된다. 이 말은, 이미 만들어져 있고 미리 형성되어 있고, 그 자신보다 앞서 존재하고, 그리고 연이은 제한들의 질서에 따라 실존하게 되는 실재가 우리에게 주어져 있다는 것을 의미한다. 우리에겐 이미 모든 것이 주어져있으며, 실재의 전부는 이미지 속에, 가능성이라는 사이비-현실성 속에 주어져 있다. …… **사실 가능성을 닮은 것은 실재가 아니며, 실재를 닮은 것이 바로 가능성이다**. 그런데 우리는 일단 만들어진 실재로부터 가능성을 추상해냈기 때문에, 이 가능성은 실재로부터 자의적으로 추출해낸 쓸데없는 부본 같은 것인 셈이다.", Gilles Deleuze, 『베르그송주의』, 김재인 역, 문학과 지성사, 1996, pp.136-137

97 인-폼은 새로운 제도적 형태, 프로그램과 이벤트를 강조하며, 디-폼은 새로운 미적 형태의 법칙을 강조하여 새로운 공간의 발생에서 시각적인 것을 강조한다. 디-폼은 새로운

스와 츄미, 디폼의 작가로는 게리와 아이젠만을 언급하고 있다. 그러나 츄미와 렘 콜하스는 다이어그램에 있어서 차이를 보인다. 츄미의 이벤트 시티에 나오는 다이어그램을 보면 사람의 움직이는 동선이 직접적으로 형태와 연결되는 것을 볼 수 있다. 그의 다이어그램은 순수하게 형태를 생성하기 위한 다이어그램이다. 피터 아이젠만의 렙스톡파크에서의 주름진 다이어그램, 그렉 린의 다이어그램 모두 형태를 생성하기 위한 다이어그램이다.

그럼 형태를 보여주는 다이어그램이 아닌 다이어그램이 건축에 있는가?

무엇보다도 렘 콜하스의 다이어그램을 보면 그 다이어그램으로는 도저히 형태를 찾아 낼 수 없다. 형태에 넣은 것은 프로그램이지 프로그램에 형태를 넣은 것은 아니다.(착각하지 말자.) 또한 그의 모형 사진들 속에는 수많은 미니어쳐들이 있다. 그러나 그것은 단지 스케일을 보여주기 위한 것은 아니다. 다들 무언가 하고 있다. 무엇인가를……. 모든 미니어처가 그냥 서 있는 것이 아니다.

들뢰즈의 주름은 물질의 주름과 영혼의 주름으로 나누어 설명하는데 앞 장에서 분석한 형태의 폴딩 건축은 물질의 주름에 치중하여 분석한 결과 형태적 주름 형상만을 모방한 결과를 초래하고 말았다. 그러나 들뢰즈의 주름은 물질의 주름뿐만 아니라 영혼의 주름을 설명하고 있으며 이 둘을 하나의 모나드로 간주하여 설명하고 있다. 이 세상의 모든 사건들을 독립적인 모나드들이 자기 속성을 능동적으로 실현한 결과로 보고

기하학적인 공간을 지향하는 반면, 인-폼은 새로운 기술의 공간을 강조하는 경향을 지칭한다. Jeffrey Kipnis, 「Towars a New Architecture」, 『Folding in Architecture』, AD no.102, 1993

있다. 영혼안의 주름을 들뢰즈는 라이프니츠의 미적분과 함께 시작한 바로크 수학으로 설명하는데, 바로크 수학에서는 대상이 가변적 크기를 가졌으며, 가변적이라는 것은 각 항이 특정한 값을 갖는 것이 아니라 미분계수와 미적분학에서처럼 변동을 의미하는 것이다. 변화하는 곡률이 수학에서의 주름이며, 수학이 변동을 대상으로 삼을 때, 이로부터 도출되는 것은 함수의 관념이며, 대상의 관념 또한 변하면서 함수적인 것이 된다. 대상은 이제 본질적 형상을 통해 정의 되지 않고 순수한 함수성에 이르게 된다.[98] 대상이 어떤 변동 내에 놓이게 된다는 것은 질료―형상의 관계를 넘어서 형상의 연속적인 전개를 함축하는 시간적 변조와 연관된다.[99] 대상(객체)의 상태가 근본적으로 변화한다면 주체 또한 마찬가지다.

들뢰즈는 수학에서 변화하는 곡률을 대표하는 점, 변곡의 초점을 '시선의 점'[100]이라 하는데, 이는 관점주의(perspectivism)의 토대이다. 이것은 미리 정의된 주체에 의존함을 의미하지 않는다. 즉, 관점주의는 주체가 관점을 결정하는 것이 아니라 관점이 주체를 결정하는 것이다. 관점주의는

98 Gilles Deleuze, 『The Fold, Leibniz and Baroque』, Tom Conely 역, The University of Minnesota Press, 1993, pp.17-18

99 "이는 주조하는 것은 한정된 방식으로 변조하는 것이며, 변조하는 것은 영원히 변화하면서 연속적인 방식으로 주조하는 것이다. 이것은 시간과 더불어 질적으로 대상을 개념화한 것으로 대상들의 소리, 색깔이 가변적이고 변조 안에서 붙잡히는 한에서 그리하다. 이것은 더 이상 본질주의적 대상이 아니다. 이것은 사건이 된다.", Gilles Deleuze, 『The Fold, Leibniz and Baroque』, Tom Conely 역, The University of Minnesota Press, 1993, p.19

100 "변동 위에 놓인 시선의 점은 어떤 형태, 또는 형태 배치의 중심을 대신한다. 가장 유명한 예는 원뿔곡선의 예인데, 여기서 원뿔의 꼭짓점은 원 , 타원, 포물선, 쌍곡선 그리고 심지어 직선과 점에 까지 연관되는 점이며 이것은 단면의 경사도에 따라 다양하게 나타난다." 즉 원뿔은 그것을 어떻게 자르는가에 따라 다양한 도형이 나오며 원뿔이라는 형태는 이러한 도형들이 내재적으로 접혀 있는 것이며, 도형들이 만들어지는 것은 주름들이 펼쳐지는 것으로 볼 수 있다. 이 원뿔의 꼭짓점이 바로 시선의 점이다. Gilles Deleuze, 『The Fold, Leibniz and Baroque』, Tom Conely 역, The University of Minnesota Press, 1993, p.20

일종의 상대주의지만, 주체에 따라 진리가 변하는 것이 아니라 변동하는 진리가 주체에게 나타나는 것이다. 변하는 곡률의 무한한 계열에 수렴하는 초점이 중심이 되는 것처럼, 세계(사건)는 바로 이러한 시선의 점으로서 변곡을 포함하는 영혼 안에 있다.[101]

관점에 의해 주체가 형성된다는 것은, 주체가 사건을 발생시키는 것이 아니고 사건이 주체를 형성하는 것이다. 무한한 사건들이 존재하고 이중 특정 사건들이 모여서, 즉 계열화함으로써 개체 하나 하나가 성립하는 것이다. 수많은 관점들(사건들)이 있고 그 관점들(사건들)에 의해 주체는 형성되는 것이다. **건축의 관점에서 보면 건축이 사건을 발생시키는 것이 아니고 사건이 건축을 발생시키는 것이다.**[102]

사건은 무한히 반복적이면서도 연속적인 질적 차이를 생성한다. 들뢰즈의 주름은 새로운 형이상학이며 이에 따른 새로운 표상체계, 동일성으로 포섭되지 않는, 차이를 생산하는 표상체계이다. 동일성이 아닌 차이와 사건이 기본 전제라면 공간은 영원히 질적 차이를 생산하는 사건들의 지속된 양상으로 나타날 것이며, 공간의 본질적 특성은 연장적으로는 연속적이지만 질적으로는 불연속적인 특징을 나타낼 것이다. 사태가 이렇다면 건축의 구성방식도 달라져야 한다. 즉, 어떤 확정적인 틀이나 전제를 가지고 공간을 구성하는 것이 아닌 바로 그 공간이나 면에서 벌어질 사건을 중심으로 공간과 형태를 재구성해야 한다.[103] 건축이 공간, 형태, 비례에 의해 결정되는 것이 아니라 거기서 일어날 사건에 의해 결정되어

---

101 Gilles Deleuze, 『The Fold, Leibniz and Baroque』, Tom Conely 역, The University of Minnesota Press, 1993, pp.20-26

102 이것은 라이프니츠의 관점주의가 상대주의와 다른 것처럼, '형태가 기능을 따른다.'는 기능주의하고는 다른 것이다.

103 정인하, 『현대건축과 비표상』, 아카넷, 2006, p.134

야 한다.

우리는 주름 진 형상의 건축(folded architectural form)과 다양한 건축 방법론에 의한 건축(the form of folded architectural practice)[104]을 구분하여야 한다. '사건발생적 폴딩건축'은 주름 잡힌 형태보다는 사건을 중심으로 하는 건축을 말한다. 이러한 사건발생적 건축으로서 렘 콜하스(Rem Koolhaas)의 작품을 분석하려고 한다. 그는 직접적으로 들뢰즈의 철학을 언급하고 있지는 않지만, 사건의 철학이 가진 형식과 내용에 어느 정도의 접점을 제공해주고 있기 때문이다.

:: 렘 콜하스(Rem Koolhass)의 사건발생적 폴딩건축

렘 콜하스의 건축은 현대 대도시를 바라보는 시각을 배경으로 작업하고 있다. 따라서 그의 현대 대도시에 대한 입장을 먼저 살펴보는 것이 선행되어야 한다.

'밀집의 문화'라고 규정한 맨해튼과 같은 현대 메트로폴리스에서는 유럽의 역사도시와는 달리 중심이 없으며, 수평 수직 그리드만이 존재하며, 인구집중의 고밀도와 초고층 건물이 경제논리와 함께 공존한다. 이러한 현대 대도시에서 렘 쿨하스는 새로운 가능성을 탐색한다. 현대의 도시계획과 건축은 기존의 것과는 다른 것이어야 한다는 것이다. 그는 이러한 혼잡하고 복잡한 대도시에 대하여 20세기의 새로운 아름다움을 말하고 있다.[105] 렘 콜하스는 『라스베거스의 교훈』에서 로버트 벤츄리처

---

104 Bernard Cache, 『Earth Moves』, The MIT Press, 1995, XIV

105 "유럽에서의 아름다움은 언제나 국제적 유형의 것이었어요. 언제나 미학적인 의도와 장기적인 설계가 있었어요. 그러한 설계에 따라 수십 년 동안 고딕 성당이나 르네상스 양식의 도시가 건립되었던 거요. 뉴욕의 아름다움은 전혀 다른 근원을 지니고 있어요. 그것은 비국제적 아름다움이거든요. 그것은 종유석 동굴처럼 인간의 의도 없이 생성된 거요. 자체만으로 바라보면 흉측한 형태들이 우연히 아무런 계획 없이, 전혀 예기치 못한 유사형태로 변질되어 갑자기 신비스러운 시(詩)로 빛을 발하는 것이오." Milan

럼 기존의 도시에서 좋은 것을 더 좋게 만들기 보다는 환경을 바꾸기를 선호하는 다른 계획가나 건축가들과는 달리 있는 것에서 시작하는 있는 것을 받아들이기 위한 사고방식의 도시론을 그 출발점으로 하고 있다.[106] 맨해튼을 있는 그대로 바라보며 쓴 『정신착란증의 뉴욕』에서, 밀집의 문화로 대변되는 현대 대도시에서 발생하는 모든 인간들의 행위가 건축가나 도시계획가의 단일한 프로그램에 의해 결정되는 것을 막기 위해 "프로그램의 불안정성"을 내세웠다. 렘 콜하스에 의하면 모든 도시계획에서 하나의 장소에 유일하고 고정된 운명을 부여할 수 없으므로, 현재의 주

Kundera, 『참을 수 없는 존재의 가벼움』, 송동준 역, 민음사, 1984. p.125 유럽의 역사도시와 다른 뉴욕의 아름다움에 대한 이러한 대화로 볼 때, 유럽에서 넘어간 렘 콜하스는 맨해튼을 보고 어떤 느낌이 들었을까?

106 현대대도시를 1970년대에는 현대대도시에 비판적인 1960년대와 다르게 보는 관점이 나타나기 시작한다. '제이콥스의 따분한 현대 대도시와는 다르게 조나단 레이번(J. Raban)이 1970년대 초 런던생활에 대한 개인적인 경험을 담고 있으며, 1974년에 출간된 『부드러운 도시(Soft City)』는 1960년대 도시 생활에 대해 비판적, 저항적 저작들과 달리 앞선 저자들이 만성적 결핍이라고 느꼈던 것을 약동하면서 눈앞에 펼쳐진 것으로 바꾸어 묘사한다. 그때까지 합리적인 도시계획에 대항하여 레이번은 갖가지 양식들의 '백과사전' 또는 '백화점'이라는 도시 이미지를 말한다. 이 속에서는 모든 위계질서, 나아가 동질화된 가치들조차도 분해되어 버리는 과정에 놓인다는 것이다. 그는 주장하기를, 도시 주민이 많은 사회학자들이 가정하듯 산술적 합리성에 굴복할 수밖에 없는 인물들은 아니라고 주장한다. 도시는 오히려 '극장'에 가깝다고 여겨진다. 도시는 개개인들이 다양한 역할을 수행하면서도 자신 고유의 특징을 담은 마술을 펼치는 일련의 무대가 된다. 도시는 상실된 공동체, 회복을 염원하는 공동체라는 이데올로기에 대해서도 레이번은 도시는 '미로'라는 견해로 맞선다. 이 미로는 다양한 사회적 연계의 네트워크들이 각기 다른 목표를 두고서 서로 벌집처럼 얽혀 있다. 따라서 도시라는 백과사전은 어느 편집광의 스크랩북과 같은 것이며 현란한 조각들이 서로 아무런 관계없이, 아무런 결정적·합리적·경제적 틀들이 없이 그저 가득 들어차 있다는 것이다. 레이번에게 있어 미로이자 백과사전이며, 극장인 도시는 사실과 상상이 단지 결합되어져야만 하는 그 어떤 곳이다. 지도나 통계수치 속에, 도시사회학이나 인구학, 건축학 연구 논문 속에 자리 잡은 딱딱한 도시(hard city)보다 우리가 상상하고 있는 도시, 즉 환상과 신화, 열망과 악몽이 교차하는 부드러운 도시이다.' D. Harvey, 『포스트모더니티의 조건』, 구동회·박영민 옮김, 한울, 1994, pp.19-22

어진 자료들만 가지고 일시적인 프로그램을 도시에 부여할 수밖에 없다는 것이다. 즉, 하나의 특수한 대지가 더 이상 하나의 미리 예정된 목적과 결합이 될 수 없고 이제부터는 단지 제한적인 예견의 행위를 계획하도록 만들 수밖에 없다는 것이다.[107] 고정된 프로그램에 의해 완전히 결정되어지는 건축을 거부하는 것이다.

또한 렘 콜하스는 변화하는 도시와 완결된 단일체로서의 건축과 모순된 측면이 있다고 말한다. 이것은 도시를 모두 획일적으로 계획하려는 근대 건축가의 도시 계획에 대하여 비판하며 도시 속의 건축은 지어지고 다시 파괴되고 재건설되어지는 자생성이 있다는 것이다

대도시에서 한 개인이 하나의 장소에 프로그램을 확정하고 그 운명을 결정하는 것이 불가능하다는 것이다. 따라서 일시적인 프로그램을 부여할 수밖에 없는 도시에서는 도시(The City)가 없어지고 도시에 대한 새로운 1001가지 개념이 필요하다고 주장하며[108] '원형(prototype)'이 존재할 수 없다고 주장한다. 바로 변화 가능성에 대한 인정이다. 총체적이고 완전한 질서보다는 이러한 변화 가능성에 대한 인정, 즉 프로그램의 불안정성을 도시와 건축 속에 수용하고자하는 태도를 '개방적 프로그래밍'이라 부르려 한다.[109]

---

107 Rem Koolhaas, 『Delirious New York』, 1994, p.71

108 Rem Koolhass, 『S.M.L.XL.』, 1996, p.971

109 이준혁, 임동연, 「렘 콜하스 작품에 나타난 개방적 프로그램의 특성 고찰」, 『대한건축학회논문집』, 155호, 2001, p.146 프로그램이라는 용어는 기능이 함축하는 근대적 연상을 제거하기 위해 현대 건축가들이 기능을 대신하여 전략적으로 쓰는 용어이다. 사전적 의미에서 기능은 인간의 행위, 목적이 강조된 것이라면, 프로그램은 항목이나 정보, 목록 등이다. 그러나 현대건축에서의 프로그램의 의미는 그와는 사뭇 다른데, 고안된 그 무엇이 현실화되고, 서로 섞이고, 제안되고, 발명되고 구성될 수 있는 것이다. 여기서의 프로그램 개념은 일반적인 사건의 목록이라기보다는 사건들의 고안이라는 전략적 개념에 더 가깝다. 또한 기능의 의미뿐만 아니라 건축이 담고 있는 인간의 행위, 사람들과 관련된 이용의 의미 또한 포함하는 것이다.

렘 콜하스는 『정신착란증의 뉴욕』에서 이야기한 프로그램의 불확정성을, 「기준층」과 「거대함」이라는 에세이에서 다시 확인한다. 그는 밀집의 문화, 그로인한 프로그램의 불안정성, 탈중심성[110], 자생성, 작동성 등을 현대도시의 특징이라 보며 이러한 도시관을 바탕으로 콜하스는 총체적 질서를 가진 건축은 환상에 지나지 않는다고 주장하며, 동시에 현대건축의 패러다임으로 무질서만을 지향하는 건축가들 역시 비판한다.[111] 그가 지향하는 것은 최소한의 질서만을 부여하고 혼돈의 측면을 수용함으로써 현대인의 동적이고 다양한 삶을 담아낼 수 있는 용기로서의 융통성 있는 공간의 구축과 개방화된 프로그래밍(open programing)[112]의 방법론이다. 그리고 거기서 자율적 질서와 정확한 작동성(operative exactness)을 찾고자 노력한다. 이러한 사고는 특이성과 차이로 이루어진 변화와 다양한 현상을 있는 그대로 받아들이면서 불확실성과 무질서, 차이를 받아들이면서 거기에 맞추어 조직해나가는 열린 구조로서의 철학과 닮아 있다. 또한 '바로크(주름)는 본질이 아니라 작동하는 기능이며 트레'라는 『주름, 라이프니츠와 바로크』의 첫 문장처럼 들뢰즈 역시 작동성을 강조한다. 이것은 석화처럼 굳은 구조가 아니라 언제나 역동하는 구조를 상정하듯이 렘 콜하스도 도시와 건축에서의 역동성과 작동성을 강조하고 있다.

---

110 탈중심성(de-centrality)이란 중심이 없는 것이 아니라 상대적인 중심이 많다는 의미이다. 즉 절대적 위계가 아니 상대적 위계만이 존재한다. 이것은 들뢰즈의 무의미(non-sens)와 같은 의미로 볼 수 있다.

111 Alejandro Zaera, 「Conversation with Rem koolhass」, 『El Croquis 53』, 1994, pp.10-17

112 저자가 논문(Rem Koolhass 작품에 나타난 개방적 프로그램의 구현특성에 대한 연구)에서 렘 콜하스의 프로그램 구현 특성을 '개방적 프로그램(open program)'이라 명명하였다, 그러나 권태일의 논문('텍스트의 개방성과 실천성' 측면에서 본 해체주의 건축)에서는 이것을 '개방적 프로그래밍'이라는 말로 표현했다. 권태일의 단어가 렘 콜하스의 작업을 표현하기에 더 적합함으로 개방적 프로그래밍이라 바꿔 불렀다.

렘 콜하스는 라빌레트 공원 현상설계에서 근대 건축가들이 사용하는 그리드(grid) 대신에 프로그램 띠(band)라는 요소를 사용한다.

이 띠라는 요소는 맨해튼의 고층 건물(Downtown Athletic Club)에서 유추한 것으로, 프로그램의 혼성 및 비움을 수직, 수평의 전환을 통해 나온 것이다. 이러한 띠들은 건축가가 철저히 따라야하는 중성적 그리드와 달리 자의적으로 가정할 수 있으며, 또 대지 자체의 특성에 따라 다양한 변화가 가능하다. 이러한 프로그램의 띠들을 사용하면서 렘 콜하스는 프로그램 구성요소들의 최대 길이를 설정하고 이를 바탕으로 여러 개의 띠들을 만들어서 이들을 하나에 중첩시켜서 띠들의 투과성과 간섭으로 인해 가능한 한 많은 프로그램적 충돌을 발생시켜 다양한 행위의 겹침과 공존을 생성하려고 하였다. 이러한 작업이 바로 콜하스의 개방적 프로그래밍의 방법론이다. 이러한 프로그램의 중첩, 겹침으로 인해 그 안에 잠재해 있던 사건들이 수면 위로 올라 올 수 있게 하는 것, 수정될 가능성을 고려하는 것, 그것은 전체기능을 확실하게 디자인하지 않고 건축적 특수성과 프로그램적인 불안정성을 동시에 조화시킬 수 있는 방법을 제시하는 것이다. 이것은 프로젝트를 하나의 디자인보다는 건축적 작동성의 전략으로 인식한다는 것이다. 이러한 개방적 프로그래밍은 초기의 가정을 해치지 않고서도 모든 형태의 교환과 변화 그리고 수정과 대체를 가능하게 한다.[113] 이러한 프로그램의 띠 사용은 물렁 세나르(Melan-Sénart)계획안, 서울국제공항 등 여러 도시 계획안에 나타난다.

사건이 계열화되어 이 계열들이 겹쳐 하나의 구조(장)를 만들듯 콜하스의 프로그램 띠는 사건들의 계열화된 형태이며 이것이 모여 공원을 만든다. 사건들의 다발(계열)로 된 띠들은 비록 지금 그것이 직선적이고 일정한 두께를 가진 띠로 되어 있지만, 뚜렷한 경계가 있는 것이 아니며

---

113 Jacques Lucan, 『OMA-Rem Koolhaas』, Prinston Architectural Press, 1991, p.86

밴드와 밴드 사이에 강도적 차이만이 존재한다. 이 구조가 사건들에 의해 변화할 수 있는 것처럼, 밴드들의 변화로 공원의 질적 특성이 바뀌며, 질적 차이가 발생하는 것이다.

쿤스트할 미술관(Kunsthal Museum)은 두개의 공공도로에 인접해 있으며, 하나는 동-서로 달리는 기존의 도로에 접해 있고 다른 하나는 레벨이 낮은 남-북으로 달리는 공공램프이자 건물의 입구와 Museum Park와 연결되는 도로이다. 이러한 조건에 의해 건물이 사등분될 것이라는 점을 염두에 두고, 어떻게 하면 박물관을 네 개의 독립적인 프로젝트, 연속적인 나선을 형성하면서 모순적인 경험의 연속으로 설계하는가가 문제였다는 렘 콜하스의 설명처럼 건물의 기본개념은 "흐르는 연속 동선(continuous circuit)"이다. 이 연속하여 흐르는 동선으로 관람객은 어디에 머무르지 않고 다니면서 보도록 되어 있으며 시각적으로 보다는 육체적으로 더 잘 이해될 수 있다고 설명하고 있다.[114]

쿤스트할은 단순한 볼륨과는 대조적으로 연속적인 하나의 판으로 이루어져 있으며 복잡한 동선체계를 보여주고 있다. 그는 네 개의 분절된 볼륨을 동선의 시퀀스로서 하나로 통합하고자 하는 의도를 보여준다. 또한 이 미술관에서는 명확한 경계로 하나의 공간을 형성하려고 하지 않으며 각 실을 구획하지도 않는다. 입구에서 바로 들어가면 보이는 오디토리움은 구획되지 않고 통로와 접해 있으며 이러한 디자인은 그의 건축에

114 여기서 현대 철학의 중요한 주제인 '몸'을 건축과 연관시켜 생각해 볼 수 있다. 들뢰즈의 표면효과를 인간이 맨 처음 인지할 수 있는 곳은 어디인가? 최전방에 있는 그곳은 바로 우리의 몸, 즉 스킨(skin)이다. 그렇다면 건축에서 이러한 역할을 하고 있는 것은 무엇인가? 바로 외피(skin)이다. 이것이 현대 건축에서 외피가 주요한 주제로 떠오른 이유 중에 하나이다. 물론 텍토닉(tectonic)과, 젬퍼(G. Semper), 프램프톤(K. Pampton) 등의 이론적인 연구가 있었다.

서 계속해서 볼 수 있는 주요 주제이고, 복잡한 동선 체계 역시 그의 건축에서 계속해서 볼 수 있다.[115]

입체적 램프동선은 전체공간이 어떤 특정한 중심공간에 의해 통제되는 체계가 아니라, 분리된 4개의 공간이 대등한 입장의 관계로서 엮어진 '탈 중심의 공간' 구성을 이루게 하며, 특정한 프로그램의 요구에 의한 부분을 제외하고는 건물전체가 비워진 공간으로 상호 연계되므로 하나의 중심 없는 공간을 형성하게 된다. 그리하여 궁극적으로 이러한 공간이 가지는 융통성은 갤러리의 확장 혹은 변형, 사용자의 패턴 변화 등과 같은 불확정적 요인과 고정프로그램에 따른 확정성을 동시에 긍정적으로 수용하면서, 되고자 하는 어떤 것도 될 수 있는 '개방적 프로그래밍'이 작동하도록 한다.

쿤스트할의 개방성의 공간에서 나타나는 공간적 차이들은 어떤 기준이나 틀에 지배되거나 종속되는 차이가 아니다. 또한 근대의 공간구성처럼 고정된 한계점을 가지고 있지도 않으며, 공간들 상호간의 대등한 차이만이 펼쳐져 하나의 장(場)을 형성하고 있으며, 이것은 들뢰즈식의 표현으로 순수사건이 현실화되고 실재화되는 면(surface)을 형성하고 있다.

연속적으로 연결된 공간은 사건에 따라 즉시 다른 규모의 공간을 형성한다. 다양한 내부 공간은 서로 맞물려 있다. 그러나 형태는 정해지지 않았다. 여기서 동선은 각기 다른 프로그램을 연결해 주는 잠재적 요소이다.

오디토리움과 복도는 벽으로 구획되어 있지 않을 뿐만 아니라 강연하는 무대 뒤로는 기존의 건축과는 다르게 창문이 위치해 있다. 또한 오디

---

115 이러한 디자인 방법은 다른 계획안인 쥐시에 대학 도서관(2 Bibliotheque Jussieu), 칼스루에 ZKM 센터, 파리 국립 도서관 계획안(Tres Grande Bibliotheque) 등에서도 볼 수 있다.

토리움의 측면은 전창으로 되어 있어 내부에서 보면, 복도, 오디토리움, 외부로 연속해서 이어지는 시선이 발생하고, 이것은 사건의 발생을 부추긴다.[116] 또한 오디토리움에서 발생되는 프로그램에 따라 경계는 비물질적이지만 어느 정도의 한계를 가지고 있다. 이와 같은 프로그램의 병치와 그에 따른 시선의 교차, 연속적인 흐름의 동선은 사건을 유발시키기 위한 기계이다.(기계적인 것이 아니다) 여기서의 공간은 연장적 차이로 구분될 수 있는 공간은 아니다. 공간은 연속되어 있지만 각각의 프로그램에 따라 아니 강도적 차이에 따라 공간이 한정되고 그 접점에서 사건이 발생한다. 강도적 차이에서 생성되는 공간은 프로그램(사건)에 따라 달라진다(변한다). 오디토리움에서 일어나는 수많은 사건들의 계열화가 있을 것이고 그 옆을 지나가는 램프 위에 수많은 사건들의 계열화가 있을 것이다. 이러한 계열들이 모여 공간(구조)을 형성하는 것이며 공간의 경계는 계열화의 양상에 따라 다르게 나타날 것이다.[117]

연속적인 동선의 특성을 보이는 건축으로 FOA의 요코하마 국제 여객선 터미널의 경우 그들의 개념인 'no return diagram'[118]이 의미하듯 루프 형상의 연속적인 동선과 유연한 공간적 특성을 보인다. 그러나 거기서 일어나는 사건은 미약하다. 'no return'이라는 단어가 의미하듯 동선은

---

116 들뢰즈는 사건을 동적 발생과 정적 발생으로 구분하였다. 동적 발생이란 물질적 운동의 효과로 사건이 발생하는 것이고 정적 발생이란 사건이 다른 사건의 원인이 되어 발생하는 것을 말한다. 오디토리움의 강연에 따라 오디토리움의 크기가 달라질 수 있다. 오디토리움을 넘어 복도까지 또는 오디토리움의 반만 사용하고 뒷부분은 다른 용도로 사용되어 오디토리움의 공간적 크기는 연장적 크기로 고정되는 것이 아니라 강도의 차이에 따라 달라지는 것이다. 이것은 계속해서 질적 특성이 바뀌는 공간을 말한다고 할 수 있다.

117 예를 들어 오디토리움에서 강연을 하는 사건이 동적 발생할 때, 복도를 지나가는 사람들이 떠드는 동적 발생이 동시 발생할 때, 사람들의 시선이 교차하는 사건의 정적발생이 생길 것이며, 그 후에 여러 가지 사건들이 발생할 것이다.

118 FOA, 『Phylogenesis』, Actar, 2005

일방향 동선이다. 여기서 사건이 서로 겹치거나 중첩되어 있지 않으며 동선에 의한 프로그램의 병치나 충돌은 발생하지 않는다. 단지 뫼비우스의 띠처럼 무한한 동선의 일방통행적 흐름만이 발견될 뿐, 사건과는 관련이 없다.

이렇게 사건이 강조 된다면 건축은 기존과는 다른 정의가 필요하다. 들뢰즈가 그의 책 『주름, 라이프니츠와 바로크』에서 영향을 받고 준 건축가로 언급했던 베르나르 카쉬는 건축은 틀을 잡는 작업(architects design frames)[119]이라고 하였다. 이는 안과 밖의 경계 설정을 어떻게 하는가 하는 방법으로 환원할 수 있다. 이러한 틀을 잡는 작업을 경계 설정이라는 개념으로 치환하여 부르려고 한다. 또한 나는 이 틀이라는 개념을 형상이나 형태보다는 경계[120]라는 의미로 해석하려고 한다. 만약 형태를 만드는 작업으로 생각한다면 들뢰즈가 제일 싫어하는 고정점이나 기준 더 나아가 동일성이 될 수 있기 때문이다. 이는 단지 물리적 경계만을 말하지는 않으며, 심리적이고 현상적인 경계 또한 포함한다. 렘 콜하스의 경계는 형태가 아닌 사건이 발생할 때 마다 생성되고 바뀌는 비가시적(invisible), 유동적(unstable), 잠재적(virtual) 경계설정을 그 특징으로 한다.

그런 경계를 설정하는 방법은, 렘 콜하스의 건축에서는 프로그램의 겹침, 유연한 흐름(smooth flow), 관통(drive-thru) 등으로 나타난다. 이렇게 연속적

119 Henry Van de Velde가 틀 모양의 역사적 발전과 건축형태의 역사적 발전이 같이 이루어졌다는 주장을 말하면서, 캬슈는 이러한 방법으로 벽에 의한 분리와 창문에 의한 선택을 제시하는데 그는 창문이야말로 안과 밖을 연결하는 중요한 틀이라고 말한다. Bernard Cache, 『Earth Moves』, MIT Press, 1995, p.22

120 모든 일이 사물들과 물체들의 경계에서 발생하듯, 의미가 명제와 사물에 동시에 접하고 양자의 경계에 있듯이, 사건과 의미가 발생하는 자연과 문화의 경계면, 형이상학적 표면이며, 사건과 의미의 발생 지점으로서의 경계라는 의미이며, 물체적인 것에서 비물체적인 것이 진행하는 경계이며, 이는 외연적인(extensive) 의미가 아닌 강도적(intensive) 의미의 경계이다.

인 동선과 공간의 흐름을 형성하여 자연스럽게 시선과 응시가 이루어지도록 한다. 이러한 실현의 결과는 "내부는 선택된 외부이고 외부는 투사된 내부"라는 들뢰즈의 생각처럼 내부와 외부의 구분이 없는 연속적인 면의 형태로 나타난다. 이런 생각은 자연과 문화의 접면에 사건이 발생된다는 들뢰즈의 사고가 건축에서 건물의 외피(자연과 문화의 접면), 외부와 내부 사이의 구분이 없는 연속적인 공간/면[121], 비가시적 경계설정에서 나타난다.

이러한 연속적인 면을 사용하는 또 다른 예는 쥐시에 대학 도서관(Bibliotheque de Jussie) 설계이다. 최소 비용으로 거대한 도서관을 생산하여야 한다는 압력에 그는 겹침이라는 디자인 방법을 사용하였다. 콜하스는 종이의 면들을 자르고 겹쳤다. 이것에 의하면 도서관은 연속적인 항로이며 동시에 일련의 거의 수평적인 평면들이라는, 새로운 이동체계이다. 너무 기울어진 그래서 책들이 굴러다니는 것이 아니라, 단지 층에서 층으로 충분히 이동할 만큼만 기울어진, 그래서 건물은 루트를 따라 겹쳐진 다양한 놀라운 이벤트를 가진 거대한 램프이다. 이 도서관은 건물이 아니라, 3차원의 네트워크이다. 무한한 연결이 모든 흐름을 흡수하고, 여기에 거주하려는 모든 시도를 사전에 심리적으로 지치게 만든다. 그는 대학의 신뢰성을 다시 회복하기 위해 이 표면을 융통성 있는 사회적 요술 카펫으로 상상했다. 밀도 있게 접으면 플랫폼의 층을 형성하고, 건물은 최소한의 외피로 쥐시에 도서관의 정점이 되었다. 바닥을 단순히 쌓아 올리기보다는 각 층의 단면이 위아래에서 서로 닿을 수 있게 했다.[122]

---

121 "발레리의 심오한 말처럼 가장 심오한 것은 피부이다(le profond, c'est la peau)", Gelles Deleuze, 『의미의 논리』, 이정우 역, 한길사, 2007, pp.206-207

122 "…단순히 다른 층위에 다른 층을 쌓아올리는 대신에, 각각의 단면들은 이것의 위 그리고 아래와 연결되도록 교묘하게 처리되고—랜드스케이프를 강화하는 수직성을 창출하

연속된 판들을 수직적으로 쌓아서 건물내부를 구성했으며 단순히 바닥판을 구획하는 대신 연속적인 판들을 서로 닿거나 분리시켜서, 모든 평면은 모든 프로그램적인 요인을 노출시키고 표현하는 굴곡 있는 실내 통로 같은 단일한 궤도로 연결되었다.

방문객은 보들레르의 산보객[123]이 되어 책과 정보의 세계를 탐색하고 매혹된다. 그것은 단 한가지의 유일한 동선이 아니며, 경제적으로 직선의 최단 코스로 계획하는 기능적 건축의 일반적 동선 개념 역시 아니다. 보들레르의 산보객은 정해진 경로를 따라 이동하거나 움직이는 것이 아니라 자유로이 즐기기 위해 임의로 무작위적 경로를 취한다. 휘어진 램프, 에스컬레이터, 계단, 이동식 복도 등의 다양한 경로의 방식을 선택할 수 있으며, 따라서 동선은 복수의 경로를 따르게 된다. 이것은 르 꼬르뷔지에의 '건축적 산책로(promenade)'와는 전혀 다른 방법이다. 건축적 산책로가 정해진 경로를 따라 외부에서 내부로 건물을 산책하도록 강요하였다면 콜하스의 방식은 이용자가 무작위적 다중 경로를 선택해 건물을 배회하도록 만든다.

여기서도 쿤스트할 미술관 분석에서 나타난 것처럼, 비가시적 경계설정이 그 특징으로 나타나며, 내부 속에 외부, 외부 속에 내부라는 이중의 켜, 즉 내부이자 외부인 공간을 형성한다. 또한 자유로운 산보객이 되어 무작위적 사건의 발생을 촉진하는 연속적인 동선의 흐름 역시 보여준다.

이러한 콜하스의 작업은 주름의 형태와는 아무 연관이 없어 보인다.

고-거의 하나의 도시처럼 '도시화(urbanized)'된다; 도서관의 필수 요소들은 도시 속의 건물들처럼 이러한 새로운 공공 영역 속에 재인식된다." 『AA files 26』, 1993. pp.37-43

123 벤야민이 파리의 아케이드에서 근대도시의 경험과 근대성을 발견한 것처럼 보들레르는 그 아케이드에서 어슬렁거리는 산보객을 보고 근대도시의 경험과 근대성을 발견했다. 산보객, 그들은 그냥 할 일 없이 어슬렁거릴 뿐이다. 그들은 부랑자나 노숙자가 아니다. 또한 그들은 일정한 직업이 있는 사람들도 아니다. 그들은 어디에도 속하지 않는다.

그러나 개방적인 프로그램들의 병치, 그리고 작동성을 고려한 연속적인 동선체계, 그 사이에서, 경계면에서 발생하는 강도적 차이, 그리고 예기치 못하는 사건. 이것은 모나드에 주름 잡혀 있던 내속된 사건을 현실화시키는 하나의 방법이다. 미래를 향해 불확실하게 열려있는 사건을 펼칠 수 있는 장(field)을 마련하고 있는 것이다.

콜하스는 프로그램이 서로 충돌하고 사건이 발생할 수 있도록 하기 위해 일정한 볼륨에, 구조적으로 정비된 모든 가능성을 이용하여, 밀도를 극대화하여 건물 안에 가능한 한 많은 사건을 집어넣는다. 사건을 중심으로 한 공간 형태의 구성 측면의 극단적인 예가 쿤스트할 미술관에서 보이는데 오디토리움에 수직으로 경사진 기둥들(지면과는 비스듬히 설치된 기둥들)이 그것이다.[124] 사건이 일어나는 경사로와 오디토리움을 중심적인 공간으로 생각을 한다는 것과, 모든 기둥은 바닥에 수직이라는 생각의 협상결과이다. 이것은 형태를 우선하여 프로그램을 넣는 것이 아니라 사건을 먼저 생각하고 형태를 구성하는 극단적인 사례라고 볼 수는 없을까?

쥐시에 도서관의 개념이 부분적으로 실현된 프로젝트가 시애틀 공공도서관(Seattle Public Library)이다. 시애틀 공공 도서관은 5개의 플랫폼 사이로 4개의 빈 공간들은 확정적인 프로그램이 아닌 개방적 프로그램으로 구성되어 있다. 이 4개의 빈 공간들은 5개의 플랫폼의 밖에 있는 외부이자 내부인 공간이다. 6층에서 9층까지의 완만한 경사로는 도서관의 특수성에 가변성(flexibility)을 준다. 전통적인 도서관의 평평한 바닥과 층의 분리는 도서관의 확장 및 변형에 어려움을 준다는 것이다. 늘어나는 서고

---

124 "쿤스트할에 담긴 모든 것들은 쿤스트할을 계속 진행 중인 실험이 되도록 만드는 다양한 이벤트들을 생산해 내며 건축과 구조의 대화를 이끌어 낸다." Cecil Balmond, 『건축의 비형식을 향한 선언』, 홍인표·유승호 옮김, 시공문화사, 2008, p.105

나 섹션을 감당하지 못하는 것이다. 이러한 나선형의 서고는 주제들 사이의 유기적 공존을 가능하게 해준다. 현대의 도서관은 포괄적인 층을 만들어 하나의 프로그램에 고정된 장소를 만들지 않는다. 프로그램들로 분리되어 있지 않으며 각 실들과 개인 공간들로 고유한 기능이나 특징을 가지고 있지 않다. 이것은 마치 눈에 보이지 않는 변화를 수용하기 위한 작업으로 마치 대지 밑의 지층이 끝임 없이 움직여 대지를 조작하듯, 프로그램의 변화에 따른 공간의 가변을 가능하게 하는 것이다.

연속적인 면(공간)이 아닌 불연속적인 공간으로 사건을 발생시키는 용기는 보르도 주택(Maison à Bordeaux)이다. 보르도 주택의 경우 사건이 발생하는 곳은 보이드 된 공간이다. 이 공간은 단순히 비어 있는 공간, 부정적인 공간이 아니다. 기하학적 형태를 가지지 않는 불안정한 깊이로 이루어졌다고 할 수 있다. 3층으로 구성된 이 주택에서 위 아래로 떠다니는 벽이 없는 공간, 어느 정도 규정성은 있지만, 공간은 유동적이어서 고정되어 있지 않으며, 사건은 예측 불가능하다.

:: 동일성과 차이

들뢰즈의 철학은 사건을 중심으로 한 철학이며 주름 개념은 무한히 접혀있는 물질과 영혼이 서로 영향을 주고받으며, 내재적 원인에 의해 펼치고 접고 다시 펼치는 과정 속에서 모나드 안의 순수사건이 현실화되고 실재화되는 과정에 대한 형이상학적 존재론으로 무한한 차이를 생성한다.

폴딩건축을 있어 '형태발생적 폴딩건축'은 피터 아이젠만이나 그렉 린처럼 주름 건축을 지향하는 건축가들이 들뢰즈의 주름개념을 전체적으로 파악하지 못하고 부분적이며, 피상적으로 이해하고, 물질적 특성만을 강조하여 주름의 '생성논리'를 '위상기하학적이며 불확정적인 모호한 수단'으로 이용함으로써 나타난 경향이다. 이러한 형태발생적 폴딩건축은 '사건발생적 폴딩건축'을 기반으로 한 이해와 보완이 필요하다. 들뢰즈의 주름 개념을 건축에 구현하기 위해서는, 형태라는 부분적인 것에 국한된 것이 아닌, 어떤 확정적인 틀이나 전제를 가지고 출발하는 것이 아니라 바로 그 공간, 면에서 일어날 사건을 중심으로 공간과 형태를 구성하는 사건발생적 폴딩건축에 초점을 두어야 하겠다.

그러나 두 가지의 폴딩건축이 양극단의 대척점에 서 있는 것은 아니기에 한쪽으로 편향되는 것 역시 또 다른 동일성의 발현일 것이다. 따라서 서로 보완하여 조화시키는 것이 진정한 의미의 폴딩건축이며, 동시에 복잡한 현대인의 다양한 삶을 담을 수 있는 새로운 현대건축의 가능성을 보여줄 수 있지 않을까?

05

Program

건축이 진실하게 되는 두 가지 필연적인 방법이 있다.
프로그램에 진실되어야 하고 시공방법에 진실되어야 한다.
프로그램에 진실되기 위해서는 요구로부터 부과되는 조건들을
정확하게 그리고 단순하게 성취시키는 일이다.

__비올레 르 뒤크(Viollet-le-Duc)

나는 프로그램을 주어진 대로 읽지 않습니다.
먼저 해야 할 일은 프로그램을 다시 쓰는 일입니다.
이 일에는 프로그램을 해석하는 일이 따라야 합니다.

__루이스 칸(Louis I. Kahn)

프로그램으로 다가서기 전에

미스 반 데 로에의 판스워스 주택(Parnsworth house), 루이스 칸의 예일 화랑(Yale Art Gallery), 알바 알토의 이마트라 교회(Imatra Church), 안토니오 코데치(Antonio Cordech)의 유갈데 주택(Ugalde house), 이그나치오 가르델라(Ignazio Gardella)의 보살리노(Bosalino) 아파트 등은 어떤 특정 조건들에 의해 결정지워진 반응에 다름 아닌 것으로서, 어떤 종류의 보편성이나 어떤 공유된 단일한 지식체, 이론, 혹은 언어 목록의 적용도 없다. 1950년대 지어진 이 다섯 작품 모두에 나타나는 특징은, 형태를 확실히 규정된 프로그램에 적합하게 할 뿐 아니라, 기능적 프로그램을 건물 형태의 토대로 삼은 것이다. 1950년대 후반에 발행된, 드 저코(Edward de Zurko)의 『기능주의 이론의 원천』은, 건축에서 기능주의가 건축 그 자체만큼이나 오래된 것이라는 점을 정확히 한다. 드 저코의 일차적 관심이 그 당시 기능주의자의 입장의 특정한 특징을 폐기시키는데 있다고 하더라도, 이론가로서의 그의 실제적 관심은 어떤 특정한 경향을 역사적으로 정당화하는 것이다. 그에게 있어 기능적이라는 것은 유용한, 실용적인, 또는 효율적인 것과 정확한 동의어가 아니다. 그가 주장하기로, 건물의 기능적 특질은 명시되어야 하며, 소통 가능해야 하며, 그리고 쉽게 인식될 수 있어야 한다. 건축의 첨가된 가치는 새로운 용도나 복합적인 용도들로 도출해야 하고, 따라서 건축은 그 기능들의 프로그램적 질서에 기초해서 시각적으로 정돈되어야 한다. 판스워스주택의 기술 코어와 투명한 공간, 칸의 봉사하고 봉사 받는 공간, 이마트라 교회의 볼륨들의 정착(anchoring), 유갈드 주택의 형태적 파열 또는 보르살리노 아파트의 가벼운 몸짓 운동은 모두 상이한 용도를 위해 상이한 공간들을 명확히 그리고 지각할 수 있도록 나타낸다. 이것들이 다 함께 구성하는 것은, 특정한 개개의 프로그램에서 형태적 정당성의 근거를 모색한 추상으로부터 탄생한 건축이다. 조닝되고, 유기적이며, 구축적인 이 건물들의 기능적 자원들은, 건축형태와 표현을 명료하게 한다.[1] 그러나 우리는 이 건물들을 기능주의 건물들로 평가하지는 않는다.

팔라디오(Andrea Palladio)의 빌라 에모(Villa Emo)의 중앙 파빌리언은 지주와 소작농의 관계를 나타내며, 공적 접근이 가능하고 사적 영역과의 차이가 없는 모든 공간이 접대공간으로서, 15세기 베네치아 귀족들의 수입이 무역에서 농경으로 변화하는 상황에 따른 소유자의 사회적 지위를 반영한 것이다.[2] 또한 각 실들은 각각의 대표적 기능을 가진 다른 용도로 사용한다.[3] 빌라 로톤다(Villa Rotonda)와 같은 주택에서 팔라디오는 건물에서 땅과 만나는 부분과 하늘과 만나는 부분을 구분하는 삼분법에 따라서, 기단부에는 부속공간이 위치하고, 주요 층에는 주요 실들을, 주로 맨 꼭대기 부분에는 침실을 배치하였다. 기능과 형태가 일관성 있는 하나의 개념으로 통합된 것이다.[4] 고대 로마의 도시주택이 공적 공간과 사적공간을 강조한 형식적 이분법과 점진적 전이를 보여주는 배치와는 다르게 팔라디오는 프로그램을 표현적으로 구성한 것으로, 뒤따르는 다른 건물

---

1 Ignasi De Sola-Morales, 『차이들』, 이종건 역, 시공문화사, 2004, pp.46-48

2 "팔라디오는 그들의 사회적 성취로서의 기능과 유형(breeding)을 바로 알아차릴 수 있는 새로운 건축을 발명하였다. 이는 이탈리아 어디에서도 찾아볼 수 없는 빌라였다. 예를 들어 알베르티에 의하면, 이익을 위한 농경과 즐거움을 위한 빌라, 비여가(negotium)와 여가(otium) 사이에는 차이가 없었다." Spirio Kostof, 『A History of Architecture』, Oxford University Press, 1995, pp.479-480

3 16세기 도시에 있어서의 기능에 따른 배치는 종교적 행진이라는 오래된 풍습을 여정으로 재해석하여 오벨리스크를 중심으로 구성한 교황 식스투스 5세(Sixtus V)의 로마 도시계획안, 모든 곳으로 확장 가능한 상업중심의 사이먼(Simon Stevin)의 도시계획안 등이 있다.

4 Pierre von Meiss, 『형태로부터 장소로』, 정인하·여동진 옮김, 시공사, p.97

들에 큰 영향을 주었다.

17세기 영국에서는 복도와 기능에 따른 실의 구분이 명확히 구분된 평면이 나온다.(Roger Pratt, Coleshill House, 1650) 복도를 이용하는 사람들에 방해받지 않고 소요실을 보호하고자 복도 끝을 연결하거나, 소유자와 하인의 공간을 구분하였으며, 하인들의 작업이 주택의 다른 부분에서보이지 않도록 배치하였다. 이러한 실들은 아직까지는 강하게 연결되어 있다. 복도와 소요실로 명확히 구분하여 각 실을 각각의 특정 행위에 맞도록 계획함과 동시에 복도를 통해서만 진입하게 되어 독립성을 확보한 전원주택이 18세기 영국에서 나타났다.

18세기 영국식 연립주택은 개인이 아닌 주택업자에 의해 개발되었으며, 불특정 다수의 수요자를 위한다는 이우로, 규격화와 표준화의 길로 접어들면서, 대부분 이전 주택의 평면도가 기능의 지침 없이 실이 구성되는 것과 대조적으로 각 실은 외형적으로 명명되어질 뿐만 아니라 규정에 의해 정해진 치수가 제공되었다. 그리고 급격한 산업의 발달로 짧은 시간에 많은 노동자들에 대한 수용이 이루어져야했으며, 산업노동자가 주택을 갖는 것이 제한되자 필수적이고 기능적인 것에 초점을 맞춘, 노동자들의 주택에 대한 연구가 이루어지기 시작하였다. 또한 산업과 교통의 발달, 토지비용의 상승 등으로 직주가 분리되기 시작하면서 단일기능 영역의 주거단지가 시작되었다.

설리반(Louis Sullivan)의 '형태는 기능을 따른다'[5]를 표어로 내건 1920년대의 기능주의자들은 과학적 방법의 영향과 최대한의 객관성을 확보하기 위해 평면분할을 연구하기 시작하였으며, 기능의 구성만이 아닌 최소한

---

5 오해하기 쉬운 이 문장은 기능주의자들이 사용하는 바와는 다르게, 다윈, 니체 등의 영향을 받은 설리반이 형태와 적합한 구조의 관련성, 환경이나 기능적 특성을 표출하는 건축을 설명하려고 사용한 문장이다. Kenneth Frampton, 『modern architecture ; a critical history』, Thames and Hudson, 1992, p.56

의 필요크기를 결정하기 시작하였다. 이들에게 형태와 기능은 동일한 것이고 기능이 형태를 만들어 내는 것으로 이전의 원리들은 더 이상 적용할 수 없는 것이라고 여겼으며, 프랑크푸르트 주방(1926)과 같은 연구가 이루어 졌다. 1930년대 클라인(Alexander Klein)의 일련의 주택 사용에 대한 다이어그램이라든가 브록(J. H. van den Broek)의 최저 비용 노동자 주거 현상설계 계획안 같은 것은 움직임과 행위, 이용시간대별로 기능을 최대한 객관적으로 연구하려고 한 것이다. 그러나 이러한 계획이나 연구의 문제점은 사람이 디자이너가 의도한 대로 공간을 거주자가 이용해야 한다는 것이었다. 이러한 기능에 대한 연구는 설비코어나 노이페르트(Ernst Neufert)의 설계자료집성으로 이어졌다.

전후 재건축에 참여한 기능주의자들은 사람들의 최소한의 요구에 대한 별다른 고려 없이 사회의 발전을 위해 조절 가능한 기계로 공간을 축소하였다. 기능과 형태의 문제에 있어 전후 디자이너들은 원래의 기능적 질서로 인한 경직성에 균형을 잡기 위해 가변성에 기대거나 문화적 컨텍스트에 따른 행동을 연구 하여 기능적 프로그램을 재해석하고, 재작업하여 새로운 영역을 개척하였다. 하나는 칸의 서비스 받는 공간(served space)과 서비스 하는 공간(servant space)이다. 이는 세련된 기능주의로 보이지만 칸의 작업은 그 반대로 작업한 결과이다.[6] 다른 하나는 알도 반 아이크(Aldo van Eyck)의 고아원(Orphanage, 1959)으로 여기서 그는 각 단위가 자율적으로 기능하고, 각 단위가 각 단위를 포함하는 전체의 일부로 기능하도록 하였다. 요소, 행위, 건축형태 사이의 관계를 강조함으로써 하나의 의미를 가지는 장소를 만들려고 하였으며, 각각의 공간요소가 동시에 지각될 수 있는 두 개 또는 그 이상의 의미를 전달하려고 하였다.

---

[6] 칸에게는 재료의 의지와 건물의 의지가 건물을 형성하는 것으로 해석하였지만, 기능주의자들에게는 기능이 정수(essence)인 것이다.

건물의 수명과 일시적으로 유형화된 인간의 행동 사이의 근본적인 모순으로 인한 프로그램의 예측불가능성에 대응하여 가변성이 대두되었다. 주택의 고정된 분할과 확실한 대조를 이루는 슈뢰더 주택(Schroder House)에서 볼 수 있는 가변성이나 전후에 네덜란드 SAR에서 연구되었던 하브라켄(N. J. Habraken)의 고정요소(supports)와 가변요소(detachable units)의 적용 등은 내력구조와 비내력 부재 및 표준화사이의 구별을 가져왔다.

렘 콜하스나 츄미는 반 아이크가 주목한 보편적 행위보다는 주어진 기능을 맹목적으로 받아들이는데 의심을 가지고, 일상의 행위를 고립되고 과장되며 극화된 다른 행위에 몽타주로 연결한다. 즉 일상생활에서 발췌한 것이 처음에는 전혀 상관없는 것으로 보이나 몽타주 효과는 이것에 새롭고 극적인 의미를 부여한다.[7]

프로그램, 기능 그리고 사건

건축계획에서 프로그램이 주요하게 등장하기 시작한 것은 새로운 건물의 유형이 등장하기 시작한 18세기 중반이다.[8] 프로그램은 처음에는 단지 사전적 용어로서 건축물의 용도를 위해 요구된 공간들의 목록과 건축주의 희망을 표현하는 것으로 간주되었고, 계획은 이러한 요구와 공간들의 상호 연관성과 외관에 따라 적절한 형태와 배치를 결정하였다. 18세기 산업의 발달에 따라 새로운 시설의 요구에 의해 건축 실무에서 새로

7 Bernard Leupen 외 4인, 『건축디자인과 분석』, 김영애·문은미 옮김, 도서출판 국제, pp.93-140

8 1799년 로마대상(Prix de Rome)에서 프로그램이라는 용어가 처음을 사용하기 시작하였으며, 이 시기의 프로그램은 크기나 구성과 같은 내용도 포함하고 있다. 봉일범, 『프로그램/다이어그램』, 시공사, 2005, pp.44-47

운 건물 유형을 나타나면서 이전의 건물들이 원형을 기반으로 건물을 계획하였던 것과는 대조적으로 건축의 프로그램이 중요하게 다루어지기 시작하였다.[9] 이제 프로그램은 단순히 필요 요소의 단순한 목록을 넘어서 크기 및 전체적인 구성을 포함하는 포괄적인 의미를 가지게 되었다. 새로운 건물 유형의 등장, 그것은 새로운 프로그램의 등장을 의미하게 되었고 도시화와 산업화는 그자체로 새로운 프로그램을 생성하였다.

20세기에 와서 프로그램은 기능이라는 용어로 바뀌었지만, 두 용어가 본질적으로 의미하는 바는 미학적인 개념들에 비해 중요하게 논의되지 않았다. 국제주의양식의 건축 이후, 극단적인 기능주의의 강화가 인간의 삶을 일련의 연결되지 않는 이벤트로 축소시켰다는 기능주의에 대한 비판적 해석이 등장하였다. 이것은 건축뿐만 아니라 도시를 주거, 직장, 여가, 교통의 네 가지 범주로 나누려는 시도에서 보여 지는 기능주의에 대한 과도한 강조에 대한 반발로서, 형태적 이미지와 의미에 집중하는 포스트모던적 경향을 불러 일으켰다. 기능주의에 대한 반발은 형태나 이미지, 테크놀로지에 집중하던 경향이 나타나고 다른 하나는 기능주의를 재해석하여 인간의 요구에 집중하는 경향이 '프로그램'이나 또 다른 기능주의 이론을 중심으로 하는 경향으로 나타났다.

건축과 도시에 사용되는 용어 중에 기능과 프로그램은 비슷하게 사용되고는 있으나, 모더니즘(Modernism) 이후 사용되는 프로그램이란, 기능과는 차별된 내용을 포함하고 있다는 것과 비결정론적인 개념이라는 것을 보여주기 위한 용어로 사용된다. 기능과 프로그램의 의미를 살펴보면 기능(function)은 사람이나 사물의 특별한 행위나 목적, 공적인 의식이나 이

---

[9] 그 이전 17~18세기 초의 몇몇 비평가들은 계획과정이 시각적인 건축 특성을 형성하는데 중요하다는 것을 인식다고 하더라도 실제 건축 계획의 일반원리에 관계된 것으로는 18세기 중반까지 크게 궁전건축과 종교건축의 두 종류만이 있었다.

벤트, 함수 등이며 프로그램(program)은 항목이나 이벤트 등의 목록, 행해져야 할 것들의 계획, 정보, 데이터 등의 기호화된 수집물[10], 계획요소들의 느린 현실화[11], 발명되거나 제안되고 구성되는 기능 이상의 무엇[12] 등의 의미로 해석되고 있다.

기능주의로 대변되는 근대건축은 많은 문제점을 발생시켰고 이에 따른 비판으로 기능이라는 단어 대신에 프로그램이라는 단어가 부각되기 시작하였다. 프로그램이라는 용어는 기능이 함축하는 근대적 연상을 제거하기 위해 현대 건축가들이 기능을 대신하여 전략적으로 쓰는 용어이다. 기능주의에 대한 반동으로서 포스트모더니즘 등의 고전적 형상, 의미로의 회귀를 비판하며, 기능주의에서 문제를 기능과 형태와의 관계였음을 지적하면서 그것을 토대로 건축을 시작하는 렘 쿨하스, 베르나르 츄미, 피터 아이젠만 등에게 프로그램의 분석 작업은 프로젝트의 진행에 있어 중요한 시작점이다. 따라서 여기서 정의하고 있는 프로그램의 개념은 일반적인 사건의 목록이라기보다는 사건들의 고안이라는 전략적 개념에 더 가깝다. 또한 기능의 의미뿐만 아니라 건축이 담고 있는 인간의 행위, 사람들과 관련된 이용의 의미 또한 포함하는 것이다.[13] 그렇다면 프로그램(사건)은 어떻게 건축적으로 구현되는가? 건축에 있어 그 안에 담겨질 내용인 프로그램에 대한 연구는 형태에 대한 연구보다 많은 연구가 이루어지지 않았다. 건축은 형태적이고 물질적인 측면만을 강조하는 경우가 많은데, 비물질적인 프로그램을 건축적으로 표현하기가 쉽지 않아서 일 것이다. 프로그램은 모든 건축이 담고 있는 필수조건이다.[14] 현대

---

10 『Collins Cobuild Dictionary』, Harper Collins Publishers, 1995

11 Rem Koolhaas, 『S.M.L.XL.』, 1996, p.1058

12 Manuel Gausa외 5인, 『the metapolis dictionary of advanced architecture』, actar, 2003, p.499

13 김태영, 『건축체계와 운동개념에 관한 연구』, 서울대 석론, 1996, pp.6-30

건축에서 프로그램의 다양한 해석으로 생산된 건축은 복잡한 현대 도시 상황에 대한 건축가의 대답인 것이다.

프로그램(사건)을 재해석하여 잠재성을 갖춘 장소를 구성하는 방법을 여러 위험을 무릅쓰고 크게 2가지로 일반해 보려고 한다. 하나는 공간–평면(Space-plan) 또는 라움 프로그래밍(Raum Programing)과 개방–평면(Open-plan) 또는 개방적 프로그래밍(Open Programing)이다. 공간–평면은 하나의 공간에 하나의 프로그램을 중점적으로 다루는 방법이며, 개방–평면은 커다란 하나의 공간에 다양한 프로그램을 다루는 방법으로 간단히 나누어 볼 수 있다.

공간–평면(Space-plan) 또는 라움 프로그래밍(Raum Programing)

:: Adolf Loos

20세기 초 클라우스(Karl Klaus)는 잡지 '횃불(Die Fackel)'에서 이전 시대의 이야기 하는 것(story-telling)과 다른 저널리즘의 가면에 대해 반대하였다. 그는 무엇인가 일어난 것을 드러내기 보다는 감춘다고 생각했다. 그는 지금 말할 수 있는 것은 단지 사실들(facts)뿐이며, 뉴스는 그 차체로 사건(the event), 사실(a fact)과 동떨어져 있다는 것을 알고 있었다.[15]

14 반대로 타푸리는 알도 로시의 세그라테(Segrate)의 파르티잔(Partisan) 기념비를 비평하면서 "건축을 통한 이념의 진술이 자본주의 체제하에서 불가능하다면, 건축은 승화된 무용(無用)의 상태, 순순한 기하학적 형태로 환원되어야 한다."고 말하기도 하였다.

15 Breatriz Colomina, 「On Adolf Loos and Josef Hoffman: Architecture in the Age of Mechanical Reproduction」, Max Risselada ed. 『Raumplan versus Plan Libre』, 1988, Rizzoli, p.66

로스(Adolf Loos)는 자신의 작품이 사진이나 도면으로 출판되는 것을 원하지 않았다. 그의 작품이 미디어에 의해 왜곡된다고 확신했기 때문이다. 그는 3차원적 경험은 결코 뉴스 같은 것으로 전달될 수 없으며, 단지 형태와 재료에 의해 구체화되는 것이라고 주장했다.[16] "인테리어가 사진으로는 아무런 효과를 나타내지 않는다는 것과 사진의 이미지로는 나의 주택을 이해할 수 없다는 것에 자부심을 느낀다."고[17] 말한 로스는 사진으로 찍혔을 때에는 단순한 정보나 뉴스로 건축이 환원되어, 실제 건물에서 느껴지는 생생함은 사라진다고 생각했다. 즉 그에게 사진은 3차원의 건축을 2차원으로 소개하여 건축의 실체를 올바르게 해석하지 못한다는 것이다. 여기서 그가 라움플란(Raumplan)으로 건축을 한다는 것의 의미를 해석할 수 있다.; 재생산되지 않는 개인의 창조성의 표현; 공간 평면으로서의 라움플란(Raumplan as space plan)

라움플란의 공간구성방식으로 구성되어 있는 몰러(Moller)주택이나 뮬러(Müller)주택의 내부는 여러 레벨에 복잡하고 상호관입하는 공간볼륨들이 산재해 있어 마치 미로처럼 굴절된 좁은 계단과 통로로 연결되어 있다.[18] 그는 내부공간을 평면상에서만 결정하는 것이 아니라 단면상에서의 미묘한 변화를 고려하는 3차원적인 계획에 의해 각 방은 특정한 높이를 가지고 있다. 그는 건축을 라움플란을 "공간에서의 평면해결(resolution

---

16 Max Risselada ed. 「Documentation of 16 houses」, 『Raumplan versus Plan Libre』, 1988, Rizzoli, p.78

17 Max Risselada ed. 『Raumplan versus Plan Libre』, 1988, Rizzoli, p.8에서 재인용

18 전쟁 전의 로스의 주택은 하나의 방에서 다음 방으로 이동할 경우 방들을 통과해야 했지만, 전쟁 후의 주택들은 개방된 계단이나 특히 높이가 다른 홀을 통해 split-level된 방으로 이동하였으며, 그 높이는 이동패턴에 따라 극적인 대조를 이룬다. 파리로 이주한 후 살롱이라 불리는 방의 역할을 이해한 로스는 홀보다는 살롱의 역할에 더 중점을 둔 계획을 한다. Johan va de Beek, 「Adolf Loos-patterns of town houses」, Max Risselada ed. 『Raumplan versus Plan Libre』, 1988, Rizzoli, pp.27-45

of the plan in space)"로 말하고 "나의 작업은 1층, 2층, 지하층을 실제로 가지지 않는다. 단지 연결된 방들, 테라스들, 부속시설들을 가질 뿐이다. 각 방은 특정한 높이를 요구한다. 주방(dining room)은 식료품실과는 다른 높이를 요구한다. 이것은 방의 레벨이 다른 이유를 설명해 준다. 미세한 변화를 만들고, 자연적이고 효과적인 방법으로 미세한 변화를 가져오기 위해 방들은 이와 같은 방법으로 연결되어야 한다."[19]라고 설명하고 있다. 즉 3차원의 공간(space)에서 2차원의 평면(plan)을 해결하는 것이다. 그런데 왜 'resolution'일까? solution과 resolution 모두 해결이라는 의미를 가지고 있다. 그런데 왜? 공간구성방식에 있어 각 공간을 필요한 요소로 나누고 공간을 형성하고 다시 전체 볼륨(공간)에서 평면을 해결해야하기 때문은 아닐까? 다시 해결해야 하는 그 무엇(re+solution), 결국 라움플란은 평면적 공간이 가질 수 없는 다양한 해석, 공간의 풍부함과 복합성, 동시성 등을 구축하려는 시도였던 것이다.

생활에 필요한 방들은 슬래브와 슬래브 사이에 평면적으로 배치되는 것이 아니라, 레벨 차가 있는 공간에서 서로 상호관입 하도록 설계하였다. 그는 평면, 입면, 단면이 아닌, 각 층별 구분이 아닌 조합된 방들로 이루어진 공간을 설계하려고 하였으며 각 방은 각각의 특정 층고를 요구하므로 이에 천정은 각각 다른 높이로 구성되어야 하며, 기능적으로 구성되어져야 한다는[20] 라움플란의 간단한 정의에서 보듯이 각각의 실마다 필요한 프로그램이 있고 거기에 따른 공간의 크기가 정해지며, 높이 역시 프로그램에 따라 정해진다. 방의 천정높이, 거실의 천정높이가 같을 필요가 없다는 것이다. 이렇게 공간을 구성하다보면 다층의 경우 하나의

[19] Max Risselada ed. 「Documentation of 16 houses」, 『Raumplan versus Plan Libre』, 1988, Rizzoli, p.78에서 재인용

[20] David Leatherbarrow, 『The Roots of Architectural Invention』, Cambridge University Press, 1993, pp.134-136

레벨에 여러 실이 들어가지 못하기 때문에 계단에 의한 공간을 연결하게 된다. 라움플란은 평면에 의한 공간구성이 아닌 공간에서 일어날 프로그램(사건)을 중심으로 공간을 구성하고 그 후에 평면을 해결하는 방법이었다. 여기서 과연 형태는 기능을 따르는가? 여기서 형태와 기능은 별개의 것으로 작동한다. 로스가 하려는 것은 사진에서 포착되지 않는 프로그램(사건)의 생생함을 그려 내려고 한 것은 아닐까?

:: Louis I. Kahn

칸의 건축은 보통 서비스 하는 공간(servant space)과 서비스 받는 공간(served space)에서 시작하여, Form-Order-Design, 룸(Room), 보자르 교육과의 연관성, 침묵과 빛(Silence and Light)의 존재론적인 해석 등으로 이어져, 결국 철학적, 시학적 결과로 이어지고 있다.

그러나 타푸리는 칸의 작품을 미국 건축사의 맥락에서 있어 그의 작품의 선례가 도시미화운동이며, 건축의 모호함이라는 방식을 통해 나름대로 현대 미국 건축운동의 전통이 해결하지 못한 딜레마를 고발하지만, 그 문제를 냉혹하게 드러내다가도 즉시 암시적인 이론의 논리로 덮어버리기에 칸의 작품이 지니는 비평적 가치는 역사적 소재보다는 근대건축운동 중 비교적 온건한 경향이 이미 성취한, 형태의 조작을 대상으로 삼고 있다고 비평한다. 이를 통해서 실제로 건축형태에 접근하는 방법 면에서는 칸이 르 꼬르뷔제를 앞서기보다는 뒤쳐져 있음을 알 수 는 반면, 검증 가능성에 대한 오늘날의 절실한 요구에 대응하는 구성 소재의 결합과 관련된 분석 면에서는 칸이 더 진보적일지 모른다고 해석한다.[21] 하이데거의 말년처럼 칸의 말년의 이론들은 논리적이기보다는 시학적이어서 해석의 어려움이 있다. 나는 타푸리의 이러한 입장에 동조하면서, 칸의

---

21 Manfredo Tafuri, 『건축의 이론과 역사』, 김일현 역, 동녘, 2009, pp.104-105

건축을 프로그램과의 연관시켜 해석하려고 한다. 물론 프로그램을 배경으로 루이스 칸의 건축을 분석한다는 것에 대하여 일부는 이견을 가질 수 있겠다. 칸은 기능에 의해 형태가 결정되는 것을 반대하는 입장이었으니 말이다. 그러나 내가 말고 싶은 것은 프로그램(사건)이다. 기계론적인 기능이 아니다.

1970년대 초 칸은 추상적인 내용의 Order이나 Form과는 다른 구체적 내용의 룸(Room)을 제시하였다. 칸의 스케치에서 룸에 대한 정의를 살펴볼 수 있는데, 처음에 그는 "건축은 공간을 사려 깊게 만드는 것이다.", "건축은 공간을 다루는 것이다"라는 정의에서 점차, "건축은 룸을 만드는 것이다.", "룸은 건축의 시작이다"라는 정의로 움직였다.[22] 즉 건축을 공간의 관계에서 룸의 관계로 이해하려는 변화가 일어나고 있는 것이다. 룸은 칸의 건축에서 고유한 특성을 갖는 완결된 요소로서 더 이상 나눌 수 없는 공간의 단위이다. "평면은 방들(rooms)의 사회다."[23], "룸들은 고유의 독특한 본성을 강화하기 위해 상호관련을 맺고 있어야 한다."라고 정의에서 보듯이, 완결된 단위 공간인 각각의 룸이 위계를 가지고 상호 연결되어 전체를 형성한다. 완결성을 가진 룸을 연결할 때 사용하는 통로(gateway)나 회랑(ambulatory) 역시 단순히 룸을 연결시키기 위한 통로가 아니라 자신의 빛과 구조를 가진 룸의 특성을 가지고 있다. 즉 복도나 계단이 단순히 지나가는 곳으로서의 장소나 통과라는 기능을 넘어서는 다른 무엇이 있다는 것은 무슨 의미 인가? 빛과 구조 외에 다른 것이 있지는

---

22 "Architecture is the thoughtful making of space(1957), Architecture deals with space, the thoughtful and meaningful making of space(1962), Architecture comes from the making of a Room(1971), Architecture ia the making of a Room(1971), The Room is the beginning of architecture(1971)", David B. Brownlee/David G. De Long, 『Louis Kahn: In the Realm of Architecture』, Rizzoli, 1992

23 Spiro Kostof, 『A History of Architecture』, Oxford University Press, 1995, p.740

않을까?

룸의 어원적 의미를 살펴보면, 독일어 동의어인 'Raum'은 개간 혹은 이주의 목적으로 울창한 숲에서 일정한 부분을 벌목하여 생긴 텅 빈 부분을 만드는 행위와 그로 인해 생긴 공간을 말하는 것이다. 즉 라움은 이미 우리 주위에 주어진 것이 아닌 어떤 목적을 가지고 행한 구체적 행동에 의해 얻어진 것이다. 또한 울창한 숲에서 개간한 그 자리만이 오직 빛이 들어오는 곳이다.

이러한 Room은 두 가지 의미를 가지고 있는데 첫째는 그 곳에서 일어나는 구체적인 행위의 의미까지 포함한 '장소'의 개념이며, 둘째는 하늘로부터의 빛이라는 형태적 특성이다.[24] 룸은 빛, 장소(공간) 그리고 구체적인 행위(사건)를 동시에 포함하고 있다.[25] 룸이 구체적 행위를 포함한 장소라는 것은 결국 거기서 일어날 사건(프로그램)을 중심으로 한다는 것이다. 그렇다면 룸이 빛과 구조로 만들어 진다는 형태 중심의 건축개념에서 벗어나 프로그램을 중심으로 하는 룸으로 해석할 수 있다.

주요한 프로그램과 그 프로그램을 둘러싸는 방식, 프로그램과 프로그램을 연결하는 방식으로 나타나는 형태적 특징은 하나의 단위 공간이 서로 연결되어 있다는 것이다.

평면에서 나타나는 룸의 연결방법은 프로그램을 각각의 단위로 구성하여 직접적으로 연결하거나(트랜트 탈의장, 라차드 의학 연구소, 브린모어 기숙사, 도미니크 수녀원, 킴벨 미술관), 프로그램의 켜를 사용하여 중앙에 중요 룸을 두고 동심원 형태로 배치하거나(제일 유대 교회, 솔크 연구센터, 필립엑스터 아카데미 도서관,

---

24 Christian Norberg-Shulz, 『근대건축의 근원』, 조희철 역, 태창출판사, 1991, p.36

25 룸이 장소가 되기 위해 필요한 빛을 처리한 방식을 살펴보면 다음과 같다. 유테리언 교회, 킴벨 미술관, 다카 의사당은 룸에 직접적으로 빛을 유입하였고, 브린모어 기숙사, 필립엑스터 아카데미 도서관, 예일 영국미술센터 등은 천창을 통해 빛을 유입하고 그 주변에 배치된 룸에 전달하는 방식을 사용하였다.

방글라데시 국회의사당), 중성적 프로그램(중앙홀, 중정)을 두어(예일대학 영국미술센터, 예일 아트갤러리) 공간을 구성한다. 칸의 건축은 형태로 보면 보자르식의 중앙집중식 평면과 다양한 공간의 켜 즉, 룸으로 이루어진 건축이지만, 프로그램으로 해석하면 다양한 프로그램의 중앙 집중이나 프로그램의 켜, 프로그램의 직접적인 연결로 이루어진 건축인 것이다.

결국 각각의 프로그램에 따른 장소를 만들기 위해 하나의 완결된 구조를 가진 룸을 만들고 프로그램의 훌륭한 실행을 위해 빛을 도입하여 하나의 공간을 만드는 그의 작업은 로스의 라움플란과 닮은 듯 다른 방법이다.

:: Frank Gehry

게리는 주택과 관련된 초기 작업에서 건물을 프로그램에 따라 매스를 여러 볼륨으로 분해하는 작업을 했다.[26] 또한 일련의 개구부들은 시각적 틀을 형성하는데 중요한 위치를 차지한다. 이런 작업은 단순히 미학적 차원을 넘어 건물 프로그램에 대한 자유로운 분석을 가능하게 한다. 또한 이렇게 하는 작업은 건축주가 설계에 더 많이 참여하게 되며 건축주가 요구하는 프로그램에 충실하게 접근할 수 있다.[27] 프로그램이 주어지면 게리는 그것을 더 작은 단위로 분할하는데, 이런 과정을 통해 건축언

26 렘 콜하스는 프로그램에 따라 매스를 분리하지 않는다. 하나의 매스에 최대한의 프로그램을 집중시켜 사건의 발생을 유도한다. 주택에 있어 프로그램에 따른 매스의 분리가 보이기는 하지만 미약하다. 그것은 프로그램에 따라 분리한 것이 아니라 사건의 조작을 위한 것으로 보인다. 달라바 주택(Villa Dall'Ava)의 경우 매스에 직각으로 놓인 두 개의 침실은 그것이 프로그램에 의한 볼륨의 분리라기보다는 시각적 틀의 설정에 따른 것으로 보인다.

27 "내가 제일 좋아하는 방식은 하나의 프로젝트를 가능한 한 여러 개로 나누는 것이다.… 그렇게 함으로써 하나의 집은 한 덩어리가 아니고 열 개의 덩어리가 된다. 그것은 건축주들이 좀 더 적극적으로 설계에 참여하게 된다.", Frank Gehry, 『GA10』, Rizzoli, 1993, p.257

어가 반영되며 분절과 분열을 넘어서는 컨셉이 형성된다. 초기 주택에서 그는 프로그램의 해체로 설계를 시작하는데 주택의 경우 부엌, 작업실, 침실 등은 정육면체, 피라미드, 반구, 등과 같은 형태가 부여되고 이들이 모여 전체 건물을 형성한다. 이러한 건물은 매우 추상적인 형태를 띤다. 이렇게 주어진 프로그램을 만족시키는 다양하고 적절한 조각들이 정해지면 그 후 모델 작업을 통해 설계를 진행시킨다. 로스앤젤레스의 건축 환경에서 살아남을 수 있는 경우는 이처럼 건축이 조각처럼 진행되어 예술이 될 때뿐이다.[28]

주택 작품에서 게리는 프로그램의 완전한 변위와 재배치는 움직임을 구조화하고 상호작용하는 하나의 공간으로 이루어진 볼륨을 발생시킨다. 프로그램에 따라 나누어진 볼륨들은 하나로 통합함에 있어 조각적인 방법으로 움직임이 구성된다. 윈톤 게스트 하우스(Winton Guest House)의 경우 각각의 용도가 정해진 자율적인 볼륨을 배치하고 피라미드의 중심공간을 형성하여 전체적인 질서를 형성한다. 이 중심공간에 모든 행위가 발생하고 이 집에 들어서면 무차별적으로 나 있는 창문들이 중심을 더욱 각인시켜 준다. 건축적 기준들(비례, 척도, 재료)을 어긋난 낯선 방식으로 사용함으로써 사용된 건축적 언어들과 프로그램에 따른 기대 사이에는 분열이 일어난다. 이러한 분열 사이로 기대하지 않던 사건들이 발생한다.

윈톤 게스트 하우스의 초기 모델은 서로 다른 크기와 모양을 가진 볼륨이 십자가 모양으로 배치되었다. 운동성이라고는 적층되어 있는 사각볼륨과 서로 다른 재료의 사용 외에는 없었다. 모델 스터디가 진행되면서, 피라미드 형태의 중심에 서로 다른 볼륨들의 붙기 시작했고 비스듬하게 붙어 있는 차고에 의해 전체적인 균형감은 회전하기 시작했다. 일

28 Rafael Moneo, 『Theoretical Anxiety and Design Strategies』, The MIT Press, 2004, p.258

정한 박자를 지닌 선형적인 건축과는 다르게 두 볼륨사이에서 발생한 틈, 차이에서 박자가 발생한다.

"이 집에서 나를 관통하는 것은 건물들 사이의 갈라짐에 대한 생각이다. 쐐기 모양의 틈들은 순수한 형태들의 부분들과 이것의 분열을 구별하게 한다." 게리의 목적은 각각의 볼륨들이 내부에서 연결되어지지만 자율적인 매스로서 확실히 인식되게 하는 것이다. 서로 방해하지 않으면서 각각의 볼륨들은 중앙의 피라미드 형태의 볼륨에서 내부로 연결되어 있다. 매스들을 그 자체로 인식할수록, 비록 연결은 되어 있지만, 틈의 현전은 볼륨들의 분리를 강화한다. 직각보다는 다른 각도로 인식되면서 차고와 중앙 피라미드의 사이의 충돌은 사건을 발생시킨다. 이것이 바로 회전을 가능하게 하는 충돌의 충격이다. 관찰자가 중앙 피라미드에 서 있을 때 다른 볼륨들이 연결되어 있음을 알 수 있으며, 피라미드의 창문은 측면보다는 하늘에 대해 수직으로 나 있음을 알게 된다. 외부 관찰자는 박자의 리듬에 빠지게 된다. 이것은 집과 관찰자의 대화이며, 이것은 조각과 감상자의 사이의 긴장과 유사하다. 랜드스케이프는 사건에 대해 일반적인 배경으로 작동한다.[29] 이 주택의 경우 프로그램의 경계는 명확히 구분되었다. 이 구분이 형태를 형성하는 배경이 되고, 이 형태와 볼륨으로 게리는 외부에서 관찰자가 건물을 돌면서 느끼는 리듬감을 증폭시키려 하였다. 그렇게 함으로써 건물과 관찰자 사이에서 발생하는 긴장감을 더욱 크게 증폭시켜 더욱 더 복잡한 리듬감을 형성한다. 또한 중앙 피라미드에서 내부와 관찰자와 하늘에 대해 수직으로, 사건에 대해 수직으로 위치한 시각적 틀은 중앙 피라미드의 프로그램을 더욱 증폭시킨다.

윈튼 게스트 하우스가 프로그램에 따라 볼륨을 형성하여 배치한 것과

---

29 헬렌 주현 박, 『Unde the Gaze of Surreal Aperture』, 서울대 박사논문, 1995, pp.156-158

는 다르게 게리주택(Gehry House)은 기존의 주택에 프로그램에 따라 볼륨들을 덧붙이는 방식으로 계획되었다. 각각의 볼륨들의 중첩 내지 켜의 중첩과 개구부에 따른 시각적 틀을 형성하는 모호한 경계들을 만들어 냈다. 이 두 건물에서 게리는 자율성을 드러내기 위해 각 프로그램마다 다른 모양의 볼륨, 켜, 형상을 부여하였다. 하지만 프로그램과 형태와의 개연성은 찾아볼 수 없다.

:: SANAA

"일반적으로 투명함과 가벼움이 부피의 측면에서 궁극적인 목표가 아닙니다. 우리가 하고자 하는 것은 구성 요소들을 분명한 방식으로 정리하는 것입니다."

"우리는 항상 위계질서가 없는 계획을 짜고자 합니다. 우리의 계획은 항상 자유로운 움직임을 보이는데…. 전 지역을 통해 퍼지는 빛 또한 형태를 위계질서로부터 벗어나도록 해줍니다."[30]

SANAA 건축에서 쉽게 드러나는 특징은 평면에서의 가는 선, 즉 아무런 두께를 가지지 않는 다이어그램과 같은 평면이다. 여기서 선은 깊이가 없다. 또한 시간이나 공간의 흐름과는 아무관련이 없는 즉각적인 연결을 보여준다. 이러한 SANAA 건축은 일반적으로 다이어그램 건축(토요 이토)이나 위계 없는 건축으로 알려져 있다.

세지마는 건물이 지녀야 할 기능적 조건들을 공간의 다이어그램 속에 배열한 다음, 이 같은 계획을 즉각 현실로 전환한다. 이 때문에 그녀의 작업에는 계획이라는 습관적인 과정이 존재하지 않는다.[31] 다이어그램

---

30 SANAA. Lars. Cultura y ciudad. Vol.1, no. 1, May 2005, p.18/ SANAA, 『El Croquis 139』, Juan Antonio Cortés, 「Architectural Topology」, 2008, p.33, 35에서 재인용

31 SANAA, 『El Croquis 77+99』, Toyo Ito, 「Diagram Architecture」, 2002, p.18

모양의 평면대로 건축이 이루어지는 이러한 다이어그램은 형태를 위한 다이어그램인가? SANAA의 건축을 이해하기 위해서는 형태보다는 프로그램을 위한 다이어그램으로 이해하는 것이 더 빠를 것이다.

사이순칸 기숙사(Saishunkan Seiyaku Women's Dormitory)에서 완전히 똑같은 방들은 완벽하게 일렬로 배치되어 있다. 하지만 문 하나를 열어 둠으로써, 돌연 도시의 거리를 닮은 일상적인 공간과 비슷하게 변형된다. 주택이나 공동주거공간에서 일반적으로 발견되는 위계는 완전히 사라졌다.[32] 사이순칸 기숙사에서 보여주는 공간, 동선 등은 기존의 기숙사 유형과는 다른, 프로그램의 독창적인 해석의 결과이다.

가나자와 미술관(Kanazawa Museum)은 수많은 행위들이 발생하는 장소에 새로운 상호유형의 교환을 발생시킨다. 이 건물 역시 프로그램의 다이어그램이 그대로 건물로 구현되는 경우이다. 각각의 프로그램의 크기에 할당하는 건물로 구현되고 내부는 다양한 가로로 연결되는 방식으로 이러한 배치방식은 라움플랑의 배치방식과 유사하다. 차이점은 일정한 입방체 안에 쌓아 올린 것(로스)과 한계 없는 펼침만(SANAA)이 다를 뿐이다. 방향성이 없는 원형의 영역을 설정하고, 각 프로그램이 요구하는 기능과 면적에 맞춰 추상적 단위 볼륨을 구성한 후, 분산, 단절, 인접의 중성적인 즉 일반적 의미와 관계를 제거한 후 감각적, 직관적으로 건축적 구성방식으로 재조합하는 과정을 통해 관습적인 위계와 공간구성을 벗어나고자 하였다.[33] 여기서 각각의 프로그램을 돌아다닐 수 있는 복도는 도시

---

32 SANAA, 『El Croquis 77+99』, Toyo Ito, 「Diagram Architecture」, 2002, p.19

33 "원의 형태를 이루는 건물의 외관은 어떤 방향에서나 똑같이 건물에 접근할 수 있음을 의미한다. 전면과 후면이 따로 없으므로 경계는 주변의 환경을 향해 동등하게 개방된다. … 공원의 보행로와 같이 우리는 내부와 외부에 다양한 종류와 크기, 효율을 갖는 통로들을 만들었다. 사람들은 자유롭게 그들 자신만의 경험을 선택하고 즐길 수 있다. 동시에 서로 다른 종류의 사람들이 자유롭게 이 미술관을 즐길 수 있다.… 하나의 장소에 서로 다른 수많은 기능들이 함께 모일 때, 궁극적으로 새로운 유형의 상호교환이 일어

의 거리이며 각각의 프로그램(단위 볼륨) 등을 강하게 분리한다. 탈 중심적인 공간을 통해 건축가에 의해 강요된 경험이 아닌, 사용자 스스로 공간과 기능간의 다양한 관계를 형성하여 사용자만의 새로운 경험의 가능성을 제공한다는 것이다.

기존의 기숙사 평면에서 벗어나 복도 없이 바로 연결되는 공용공간과 개인 공간의 기숙사(사이순칸 기숙사), 프로그램을 가지거나 프로그램을 연결하거나 그 목적에 상관없이, 큰 틀안에서 프로그램에 따라 다양한 직사각형으로 일관되게 분할한 평면의 극장(Stadstheater), 각각의 프로그램을 가진 사각형의 방을 불규칙하게 배열하고 분리한 후 하나의 원으로 통합한 미술관(가나자와 미술관), 각 방법은 다르나 저변에 흐르는 것은 프로그램에 대한 해석이다.[34]

SANAA는 로스처럼 1개의 입방체 안에 라움플란을 넣으려 하지도 않았고, 칸처럼 집중화된 룸을 특성을 부각시키려 하지도 않았으며, 게리처럼 각각의 프로그램마다 특정한 형태를 부여하려고 하지도 않았다. 프로그램을 즉각적인 형태로 나타내는 이러한 작업 속에서도 형태와 프로그램의 개연성은 보이지는 않는다.

난다. 이와 같은 교류는 단일하고 경직된 기능들을 갖고 있는 건물에서는 일어날 수 없다. … 건물의 경계를 원형으로 정하면서 모든 행위사이의 관계, 건물의 모든 측면들 사이의 상호작용이 가능하게 되었다. 마찬가지로 주변의 경관은 건물의 주변부를 거닐면서 모든 방향에서 경험될 수 있다. 이와 같이 여유있는 공간을 통해서, 느려지는 시간의 흐름을 경험하는 것이 가능한 동시에 직접적이고 합리적인 지름길과 같은 움직임 또한 가능하다. …" SANAA 『El Croquis 77+79』, 2004, pp.208-212

34 "이런 모든 메커니즘은 – 연속적인 방의 반복, 단순히 연결된 정사각형 또는 직사각형으로 이루어진 쪽모이세공으로서의 평면, 방의 분리와 그들의 임의적인 배열, '임의적으로' 쌓인 층과 하나 또는 그 이상의 격자로 구획화한 플랜 – 은 모두 건물을 만드는 다른 방식이지만 이들은 모두 위계질서가 없다는 점과 고정적이지 않은 구성이라는 측면에서 동일하다" SANNA 『El Croquis 139』, Juan Antonio Cortés, 「Architectural Topology」, 2008, p.39

위에서 보듯이 각각의 공간구성에서는 차이가 있지만 프로그램을 다루는 방법과 해당 프로그램에 따른 각각의 장소를 구성하는 방법에는 공통점이 있다. 일반적으로 이러한 라움플란적인 방법에 대해 자유로운 평면(plan libre)을 대비시키고는 있으나 이것은 사건(프로그램)보다는 공간으로 건축을 접근했을 때 타당하다고 볼 수 있으나, 아니 오히려 타당한 것으로 보인다가 정확한 표현인 것 같다. 왜냐하면 자유로운 평면은 평면이 자유롭다기보다는 평면을 계획하기 자유롭다는 의미로 더 강하게 다가오기 때문이다.

개방-평면(Open-Plan) 또는 개방적 프로그래밍(Open Programing)

프로그램에 따라 일정한 볼륨을 설정하는 공간-평면 또는 라움 프로그래밍과는 다르게 개방-평면(Open-Plan) 또는 개방적 프로그래밍(Open Programming)은 일정한 입방체 안에 최대한의 프로그램을 넣으려는 계획이다.

:: Mies van der Rohe

미스는 아버지의 석재 공장에서의 체험으로 얻은 석재가 지닌 정밀성과 한계와 쉰켈(Karl Friedrich Schinkel)의 신고전주의 영향이 컸던 베렌스(Peter Behrens)에게서는 조형보다는 건물의 구축질서와 각 부분의 상세한 마감기법의 풍부함 경험, 1910년에 유럽에 소개되었던 라이트의 건축 작품에서 나타난 단순한 사각형의 입방체가 아닌 건축평면이나 건축공간의 전개방법, 1912년 헤이그에 체류하면서 틀에 박힌 기존 양식에서 벗어나 새로운 건축을 추구하면서 벽돌을 완벽하게 소화해 내는 베를라헤

(H. P. Berlage)의 방법 등에 영향을 받았다.[35] 이러한 영향으로 콘크리트 주택과 벽돌주택에서 전통적인 입방체를 해체하여 과거의 어떤 평면과도 관계가 없는, 조직체로서의 실은 사라지고 중심은 폐기된 공간을 구성한다. 그러나 초기의 유동적 공간과 비대칭적 벽으로 구성된 평면은, 고정되고 축을 이룬 평면으로 이동하게 된다. 후에 미스가 건물의 프로그램을 해결하는 방법은 단일한 입방체의 고층 건물이나 아무것도 방해 받지 않는 스팬을 가진 단일한 볼륨의 파빌리언이었다.[36]

단일한 볼륨의 파빌리언의 발전과정을 살펴보면, 미스는 자신이 주관한 1927년 바이센호프(Stuttgart Weissenhof)의 국제주택전에서 이동식 칸막이벽이라는 개념을 고안한 이후 유니버설 스페이스(Universal Space)라고 불리는 모호한 개념의 융통성 있는 공간을 만들기 시작하였다.

미스는 "건물이 만족시켜야 하는 목적이 항상 변하고 있고" 그 까닭에 "어떤 기능에도 적응시킬수 있는 실용적이고 경제적인 공간이 필요하다"라고 인식하면서 무개성적이고 중성적인 보편적인 원형(유니버설 스페이스)에 경제질서의 변화, 과학 기술적 전진, 대중사회라는 시대적 정신을 수용하려고 하였다. 미스는 이 유니버설 스페이스를 건축구조체의 제한 없는 확장방법의 고안으로 자유를 얻어내려고 하였다. 그리고 개성을 소멸시킨 비개성적인 건축언어를 제시하였다.[37]

'소도시를 위한 미술관(1942)'과 '음악당 구상안(1943)'에서 통하여 유니버설 스페이스의 개념을 추구하기 시작하였으며, 이 두 건물들은 모두 완전히 융통성이 있는 공간으로 필요에 따라 전환할 수 있는 큰 면적과 제한에서 해방되어 의도와 필요에 따라서 다시 구성될 수 있는 공간성을

35 이해성, 『근대건축의 흐름』, 세진사, 2002, p.435

36 Spiro Kostof, 『A History of Architecture』, Oxford University Press, 1995, p.727

37 이해성, 『근대건축의 흐름』, 세진사, 2002, p.539

가진 건물이다. 전체건물의 면적을 크기가 서로 다른 여러 가지 미술품의 전시가 가능할 뿐만 아니라 도시의 문화적 기능을 수용할 수 있도록 융통성을 마련한 계획이었다.[38] 판스워스 하우스(Farnsworth House, 1951)와 50f × 50f House(1950)를 통하여 기둥이 없는 공간의 건축적 처리에 집념하기 시작하였다. 크라운 홀(Crown Hall, 1956)은 판스워스 하우스의 8.4m의 스팬이 36m로 확장된 무주공간을 형성하였고, 1953년의 만하임 국립극장(Manheim National Theater) 현상 안에서는 미스는 12m의 높이에 무려 80m×160m의 무주 공간 내에 2개의 극장을 배치하는 안을 제시하였다. 같은 해의 시카고 회의장(Chicago Convention Hall)의 경우 216m × 216m의 무주공간은 이방향 트러스(2-way truss)의 한 변까지 24m로 솟는 거대한 건축으로 79,000명을 수용할 수 있다. 이러한 주제는 바카디 사무소 건물(Bacardi Office Building, 1957), 게오르 샤퍼 미술관(Georg Schäfer Museum, 1960) 계획안을 거쳐 베를린 국립미술관(New National Gallery, 1968)에 이르게 된다. 베를린 국립미술관은 약 65m의 정방형 지붕이 한 변에 2개씩 배치된 기둥에 의해 지지되는 구조물이다.[39] 이러한 건물들은 근대건축의 '형태는 기능을 따른다(form follows function).'이라는 경구와는 대조적으로 형태와 기능을 연결할 아무런 근거도 없어 보인다. 흔히 이런 건물과 잘 비교되는 쉰켈의 알테스 뮤지엄(Altes Museum)처럼 기능에 관련 없는 형태를 이루고 있다.

베를린 국립 미술관의 경우 비평가들은 스케일에 있어서 거대하여 회화와 조각을 작게 보이게 하는, 설치 미술을 위한 벽도 없이, 완전히 개방된 균질적 그리드가 있는 천정을 가진, 유리로 둘러싸인 거대한 홀에 예술품 전시의 기능적 문제를 지적하였다. "그곳에 전시를 하는 것은

---

38 이해성, 『근대건축의 흐름』, 세진사, 2002, p.441

39 Kenneth Frampton, 『Studies in Tectonic Culture』, The MIT Press, 1995, pp.195–207

매우 어려운 일이다. 의심의 여지가 없다. 그러나 새로운 방법으로 전시할 가능성이 있다."라는 미스의 말로 미루어 보아 그는 정원에 조각이 전시되는 보존 미술관이 아닌 상설 미술관으로서 새로운 전시 방법 및 새로운 경험예술(experiencing art)을 예상하고 있었다. 새로운 공간의 제시가 새로운 예술과 전시 방법을 바꾸어 놓은 것이다.[40] 이러한 유니버설 스페이스는 하중의 한계를 벗어나 단일공간으로 된 평면은 수시로 변할 수 있으며, 기능(프로그램)의 다양성을 수용할 수 있는 공간성을 펼치고 있다.

미스는 기능이나 기능의 개별적 공급에는 관심이 없다고 평가되지만, 그는 그가 좋아하는 방법으로 이것을 적극적으로 넣으려고 하는 경우에, 커다란 개방공간은 극단적인 기능적 자유를 보장하는 것이었다.[41]

미스의 형태는 "less is more"에 나타나고 있는 것처럼 놀라운 추상화의 결과이고, 미스의 공간이 일반적으로 균질한 보편 공간, 추상적인 열린 공간, 무한히 흐르는 유동공간으로 평가됨에도 불구하고, 무한한 공간 속에서 길을 잃지 않도록 만든 다는 것은 형태보다는 프로그램을 우선으로 하는 작업 방식이기에 가능한 것이었다.

:: Robert Ventury

역사적으로 건물을 화려하게 짓기 위해 마감을 체계적으로 이용한 로마인들과는 다르게 르네상스건축가들은 구축상의 현실보다 건물의 이미

---

40 『Gray Room 20』, Detlaf Mertins, 「Mies's Event Space」, MIT Press, 2005, pp.61-73

41 "유니버설 스페이스(universal space)는 드라마틱한 트러스 구조로 되어 있는 칸(Alpert Kahn)의 1939년의 폭격기 조립식 공장에서 직접적으로 기인한 것처럼 보인다. 이 '유리 상자'는 인간의 기능에 대한 일반적인 견해를 암시하는 것 같다 : 모든 것이 적합한 공간, 거기에는 장소성이라든가 개인의 사건에 대한 아무런 응답이 없다", J. R. Curtis, 『modern architecture since 1900』, Phidon Press, 1996, p.402 / Spiro Kostof, 『A History of Architecture』, Oxford University Press, 1995, p.727

지와 개념을 더욱 강조하였다. 알베르티의 산 안드레아 성당(Sant'Andrea Cathedral)과 같은 종교건물의 경우 주된 파사드에 극적인 역할을 부여하였지만 측면들과 후면은 평범한 창고처럼 처리한 것을 볼 수 있다.[42] 로버트 벤츄리의 미식축구 명예의 전당 현상설계(The Football Hall of Fame, 1967), 과학정보협회(Institute for Scientific Information, 1979), 바스코 전시관(BASCO Showroom, 1976), 세비야 엑스포 미국관 현상설계(1989), 화이트 홀 페리 터미널(The Whitehall Ferry Terminal, 1996) 등은 이와 비슷한 공통점이 있다. 그것은 창고형 건물에 정면을 이미지나 그래픽, 캘리그라피(calligraphy) 등으로 강조한 점이다.

로버트 벤츄리(Robert Ventury)는 『Complexity and Contradiction in Architecture』에서 르 꼬르뷔지에의 '외부는 내부의 결과'라는 원칙을 부정한다. 비잔틴, 바로크, 고딕 건축과 르 꼬르부지에, 루이스 칸 등의 작품을 사례로 내부와 무관한 파사드의 조형의 정당성을 주장한다. 그는 건축의 대립성은 건축 내·외부 간 대조를 명확히 나타낼 수 있다고 주장하며, 내·외부 공간의 연속성을 통해 건축의 실질적 토대로 만들었던 근대건축의 원리를 와해 시켰다. 다양한 켜로 되어 있는 풍부한 위요감과 여분의 공간이 복잡하고 모호한 환경을 구성한다는 것이다.[43] 『Learning from Las Vegas』에서 극히 미국적인 도시 풍경에서 출발하여 '오리(Duck)'와 '장식된 헛간(Decorated Shed)'[44]이라는 건축미학이나 형식면에서 가장 극단적이라고 할 수 있는 형태의 자의성에 관한 두 가지 개념을 내

---

42 Pierre von Meiss, 『형태로부터 장소로』, 정인하·여동진 옮김, 시공사, p.204

43 Robert Ventury, 『Complexity and Contradiction in Architecture』, The Museum of Modern Art, 1966

44 '오리'는 기능이 그대로 형태로 표현된 것이고 '장식된 헛간'은 더 이상 내용과 형식사이에 직접적인 관계를 요구하지 않는다는 것을 의미한다. Robert Ventury & Dennis Scott Brown, 『라스베가스의 교훈』, 김정수 외 1인 옮김, 태림문화사, 1995

세운다. '오리'는 롱아일랜드에 위치한 식당을 모델로 한 것으로 실제 건물 형태가 오리모양으로 지어져서 식당에서 무엇을 파는 지 알 수 있는 것으로 1960년대 조각 같은 콘크리트 건굴을 비유한 것이다. 그러나 라스베이거스의 카지노 건물들은 웅장한 규모의 평면형식을 띠면서, 소위 '창고'로 분류될 수 있는 건물로 외부에는 차를 타고 다니는 사람들의 시선을 끌려고 화려한 조명과 간판으로 장식된 건물이다. '장식된 헛간'은 더 이상 내용과 형식이 일치하지 않음을 보여주는 사례이며, 형태와 기능은 독립적이라는 것을 보여주는 사례이다. 기능을 넓은 의미의 프로그램의 부분집합으로 본다면 프로그램과 형태사이에 아무런 관계가 없다는 것이다.

최근의 저서 『Architecture as Signs and Systems: For a Mannerist Time』에서 근대적 기능주의자들은 값비싼 방법으로 건물을 지으며 건물의 목적을 알리는데 주력하였는데, 이것은 때때로 불필요하고 부적절한 형태를 초래하였다고 주장한다. 이와는 대조적으로 앞의 역사적 사례에서처럼, 베니스의 두칼레 궁전(Palazzo Ducale), 알베르티의 루첼라이 궁전(Palazzo Rucellai) 등을 예로 들면서 대다수의 전통건물은 건물의 정면만을 화려하게 장식해 놓은 경우가 많았다고 주장한다. 근대의 창고건물 역시 같은 맥락에 서 있다고 주장한다.

이러한 그의 생각은 더욱 발전되어 하나의 다이어그램으로 설명하고 있는데 이것이 바로 손가락장갑(glove)와 벙어리장갑(mitten)의 예이다. 여기서 그는 일반적이고/토속적인 창고로서의 건축은 내부의 넓은 범위의 가변적인 프로그램을 수용하는 뛰어나면서 오랜 전통이 있다고 한다. 그러면서 역동적인 현대사회에 적합한 건축은 기능을 따르는 형태(form follows function)가 아닌 기능을 수용하는 형태(form accommodates function)라는 것이다. 이것은 손가락장갑보다는 벙어리장갑으로서 기능을 수용하는 건축을 말한다. 벙어리장갑은 내부에서 다양하게 움직이는(wiggle) 손가락을 위한 공간을 가능하게 한다는 것이다.[45]

:: Norman Forster

노만 포스터(Norman Forster)는 능숙한 숙련공이 없는 시공업자들, 수공예 전통의 쇠퇴, 전통적인 건설방법에 대한 불만족 그리고 품질관리를 할 수 없다는 이유에서 현대기술에 대한 관심이 증대되었다고 설명한다. 르 꼬르뷔제의 시트로앙 주택(Maison Citrohan)이 자동차 산업에 대한 영향을 받아 만들어졌다면 포스터는 특히 우주여행과 항공산업에 흥미를 가졌다. 부문들의 기술과 방법을 적용하는 것이 만족스럽지 못했기 때문에 디자인의 형태도 역시 주로 항공기나 우주선에서 빌려왔다. 노만 포스터의 사무실은 기술적 발전을 명확히 추구하는 사무실이며 이곳의 디자인은 모듈과 건물생산시스템의 가능성을 실험하였다. 더불어 1970년대 초 수많은 프로젝트를 풀러(Buckminster Fuller)와 함께 하며 기후를 조절하고자 하는 기술에 대한 일념이 작품으로 나타나기도 하였다.

기후조절과 예술적 시공 및 산업적으로 생산된 모듈러 시스템을 통합시킨 포스터의 작품 중 하나가 1977년에 완성된 세인즈베리 시각예술센터(Sainsbury Center for Visual Art)이다. 세인즈베리 센터는 예측 불가능한 용도에 놀랄만한 형태를 부여해야 한다는 디자인 지침에 따라 그리스 신전처럼 보이는 특특한 구조를 만들었다. 건물의 구조는 전체 폭의 내·외부 모두를 둘러싸는 37개의 똑같은 격자모양의 트러스로 구성된다. 구조체 안의 공간에 모든 서비스를 집어넣어 루이스 칸의 서비스 받는 공간과 서비스 하는 공간의 원칙을 완벽하게 보여주었다. 거대하고 자유롭게 분

45 Robert Ventury, 『Architecture as Signs and Systems: For a Mannerist Time』, The Belknap Press of Havard University Press, 2004

할된 넓은 내부의 주요 공간은 서비스 공간과 뚜렷하게 구별된다. 지붕 구조(난방, 외기 도입구, 조명설치, 전기 등)와 거대한 벽체 안에 설비시설(화장실)을 삽입시켜 설비 시스템의 방해 없이 주요 공간을 최적으로 사용할 수 있도록 해준다.

이 예술센터는 장대한 격납고에 방대한 세인즈베리 예술수집품을 위한 전시실, 특별전시를 위한 공간, 지방 대학의 미술학교, 회의실과 식당을 두고 있다. 112.4m×29m 넓이의 개방공간은 철제 현관에 의해 지지된다. 이 공간의 구조는 모든 설비, 화장실 및 계단이 들어간 특정 구역을 형성하고 있다. 그 표피 안에 동일한 실내 기후를 제공함으로써, 홀은 상당히 쉽게 분할된다. 또한 미술대학의 강의실도 주요 구조와 독립적으로 배치된다. 강의실을 확장할 수 있고 심지어 필요 없다면 제거하여 변경할 수도 있다. 이 공간은 식당에서 주방을 분리하는 데에도 적용된다. 프로그램의 모든 다른 요소들은 주 공간을 차지하고 있다. 일반적인 창고형의 형태와 높은 층고로 인해 그 안에서 발생하는 행위들이 서로 방해하지 않는다. 전체는 단지 비어 있는 것처럼 보이지만 다양한 행위를 꼴라주하기 위한 인조 환경을 제공하는 정교하게 조합된 격납고이다.

포스터는 설비가 장착된 창고(served shed)로서 강철, 알루미늄, 유리로 이루어진 일체식 컨테이너 박스를 디자인하면서 프로그램의 가변성을 실현시켰다. 프로그램의 특성이 불분명하게 주어진 세인스베리 센터는 텅 빈 바닥의 용기, 건물이 작동하기 위해 필요로 하는 모든 설비를 집어넣은 벽과 천장을 가진 편리한 창고로 생각될 수 있다.[46] ; 칸의 서비스하는 설비공간(servant space)와 미스의 유니버설 스페이스, 그리고 현대기술의 절묘한 조합의 결과이다.

[46] Bernard Leupen 외 4인, 『건축디자인과 분석』, 김영애·문은미 옮김, 도서출판 국제, pp.139-173

:: Rem Koolhaas

앞에서 나는 렘 콜 하스의 건축적 특징을 현대 대도시 특히 맨해튼을 배경으로 하는 프로그램의 불안정성과 밀집의 문화를 배경으로 하는 개방적 프로그래밍(open programing)으로 정의하였다. 그리고 그가 본 맨해튼의 또 다른 건축적 특징이 바로 기준층(typical floor)이다.

『정신착란증의 뉴욕』에서 시작된 기준층은 1994년의 에세이 「기준층」으로 이어지는데, 기준층은 미국의 순수 발명품이며 0°의 건축이자 특이성과 고유한 특성이 남기는 모든 흔적을 박탈당한, 철저하게 신세계에 속하는 것으로, 전혀 아무런 특징도 없는 기준층은 사실상 뚜렷한 사무(business)라는 프로그램의 요구와 깊은 관련이 있다. 사무에 관련된 추상적 프로그램이 이런 전형을 낳게 한 것이며, 사무는 '어떤 특별한 종류의 건축을 요구하지도 안으며, 단지 사용자들이 존재하도록 놓아두는 것뿐이다.' 따라서, 이 기능은 그 어떤 건축 안으로도 침투가 가능하고 유연하고 확산적이며, 이와 같은 프로그램의 미결정 상태로부터 기준층 평면의 특징이 나온다.

기준층 평면의 특징 중 몇 가지만 적어보면 우선 직사각형의 건축이고, 대중을 위한 미리멀리즘이며, 외피로부터 중심까지의 깊이가 있다. 필수조건은 에어컨이며, 그리드체계를 따르지만 절대적이지 않으며 불행을 야기하는 유럽식의 도덕적체계가 아니라 절충적이고 느슨한 반이데올로기적 장치이다. 또한 기준층은 추상적이고 중립적이지만 익명적이지는 않으며 실용주의적이다. 기준층은 마치 수학적인 곡선의 바탕이 되는 그래프용지처럼 그 중립성은 행동, 사건, 흐름, 변화, 축적, 감소, 사라짐, 파동, 실패, 진동, 변형을 기록한다. 기준층은 매우 합법적, 고상한 배경이다. 기준층은 반복과 불확정성(indeterminacy)을 의미한다. 기준층 ×n은 그 자체로 하나의 건물이 되고 엘리베이터에 의해 정렬된다. 기준층은 최소한의 것을 제외하고는 제거하고, 축소하고, 소거하여 최대한 비워져 있다. 건축은 모든 선택(either/or)이 가능성의 축소를 의미한다는 것에서 끔직하고, 다른 모든 건축은 미래를 독점하지만 전형적인 평면은 선택을 하지 않음으로써 그것을 지연시키고, 영원히 열려 있는 상태로 유지한다. 이러한 비어 있음의 누적 효과는 고밀도라는 역설로 나타난다.

콜하스는 이러한 그 자체로 개념화할 수 있는 특수한 속성들을 많이 내포하고 있는 기준층의 중립적인 미결정적인 속성을 그래프가 그래프 용지가 개성이 없다는 이유로 비난하듯 몰개성의 원흉처럼 비난하기에 이른 1990년대 초반의 과도한 형식주의에 일침을 가한다.[47]

이러한 기준층은 맨해튼의 마천루를 보고 건축의 자율성에 입각해 추론해 낸 결과이다. 여기서 몇 가지 특징적인 것을 발견할 수 있는데, 사무라는 거의 형태가 없는 프로그램의 미결정 상태에서 나온 기준층이 프로그램(사건)의 배경으로 작용하며, 반복되는 기준층은 불확정성을 의미하며, 이것은 많은 다른 것들의 출현을 가정하지만, 동시에 그들의 정확한 수가 중요하지는 않다는 것이다. 사건의 배경으로 작용하는 기준층은 역설적이지만 비워져있음으로 더 많이 담을 수 있고, 펼쳐져 있다는 것이다. 축적되어 건물이 되는 기준층은 층마다 같거나 다른 프로그램이 연관성 없이 적층되어 나타난다.

『정신착란증의 뉴욕』, 「기준층」, 「거대함(Bigness)」로 이어지는 그의 건축에 대한 생각을 추적하여 보면, 그의 관점이 추상적인 건물의 형식이 아니라 그것이 담고 있는 구체적인 내용을 중시하고 있는 것을 알 수 있다. 지속적으로 명백한 존재감을 주장하는 공고한 형태가 아니라 외부의 제반 조건들과 영향관계를 주고받음으로써 보다 넓은 영역의 맥락들

---

47 Rem Koolhaas and Bruce Mau, 『S.M.L.XL』. 010 Publishers 1995, pp.335-346

에 적응하여 조직의 일부로써 융화되는 종류의 '형태가 뚜렷이 드러나지 않는' 건축을 향하고 있다.[48]

렘 콜하스는 건축의 형식적, 미학적, 시각적 측면을 중요시하는 디포메이션(Deformation) 그룹이 아니라 중성적인 형식 속에 다중적인 프로그램과 이벤트를 도입함으로써 건축을 작동하도록 만드는 인포메이션(Information) 그룹에 속해있다는 제프리 킵니스의 시각에서[49] 보더라도 그는 형태보다는 프로그램에 집중한다.

1996년[50] 이전의 건축에서 렘 콜하스는 일정한 입방체 안에 많은 프로그램을 집적하는 방법을 사용하였다. 더 많은 사건(event)을 발생시키기 위해 그는 서로 다른 프로그램을 중첩, 인접, 병렬 하였다. 마치 맨해튼의 마천루에서 서로 다른 사건들이 수직적으로 중첩되어 있는 것처럼. (누구는 조닝이라고도 하는) 프로그램 밴드, 중성적 그리드, 거대한 하부구조와 드라이브-스루(drive-thru), 유연한 공간(smooth space), 3차원적 공간 구성, 막힘없는 동선과 흐름(flows) 등을 기반으로 작업하여 나타나는 공통적인 특징은 비가시적 경계설정, 프로그램의 중첩, 사건을 중심으로 하는 구조 등이다.

개방-평면의 경우 일반적으로 프로그램의 가변성을 염두에 둔 공간구성이 우선이었다. 그러나 해체주의 건축 이후 프로그램을 기능과 다른 의미로 사용하기 시작하면서 가변성을 만족시키는 공간구성보다는

---

48 봉일범, 「렘 콜하스의 미스반데로에 해석에 대한 연구」, 『대한 건축학회 논문집』, 통권 제225호, 2007, p.218

49 Jeffrey Kipnis, 「Towars a New Architecture」, 『Folding in Architecture』, AD, no.102, 1993

50 여기를 기점으로 잡은 것은 1996년까지의 작품들에서 보이는 실험성이 이후에는 퇴색되기 때문이다.

프로그램의 불안정성에 따른 프로그램의 변화를 고려한 그리고 다양한 프로그램과 사건을 발생시키려는 그래서 장소성을 부여하는 방향으로 작업방식이 전환되었다. 앞선 건축가들은 많은 프로그램을 넣으려고 하다 보니 그들이 선택한 것은 사각의 입방체였으며, 공간 역시 균질한 공간이 그 배경이 되었다. 그러나 렘 콜하스의 경우는 좀 다르게 나타나는데 사각의 입방체에 다양한 프로그램을 넣으려는 목적이 다르기 때문이다. 그의 목적은 밀집의 프로그램 속에서 다양한 사건의 발생과 그로 인한 경험적인 장소성의 구현이었다.

기능을 넘어서(beyond function)

중세의 교회와 봉건제도에 대한 반항으로 나타난 르네상스 이래로 서구의 합리주의는 산업혁명을 등에 업고 20세기 초까지 미술과 건축을 지배하는 사상이었다. 근대건축에 있어 합리주의는 크게 기능주의 형태로, 직선적이고 추상적인 형상으로 나타났다. 모든 건축은 그 원하는 목적을 수행하는 한 기능적이지만, 19세기와 20세기 초기의 기능주의는 특정한 의미를 띠고 있다. 즉, 공리주의적 목적을 직접 수행하는 건축은 기능주의 건축이었던 것이다. 이러한 정의는 과거의 역사적 양식에 대한 장식이나 참조물의 적법성을 부정하는 데 이용되었다. 비장식적인 건물은 물론, 장식적인 건물도 공리적인 목적에 사용될 수 있었지만, 역사적 양식의 제거는 근대건축가들의 논의 사항의 일부였고, 기능주의는 이러한 논의 사항에 도덕적인 적법성을 부여하는 데 이용되었다. 기능주의는 하나의 프로그램에 의해 근대건물들을 디자인하는 방식으로 발전되었다. 이전의 건물들은 원형으로부터 디자인되어 왔다. 특정한 환경에 적합한 원형이 선택되고 적용되었다. 그러나 하나의 프로그램으로부터 디자인할 때, 건축가들은 원형을 가지고 시작하는 것이 아니라, 행위목록과 그 행위에 필요한 공간적 요구 사항, 그리고 각 행위들 사이의 관계 등을 가지고 시작한다. 이러한 목록은 공간들과 관계들에 관한 도표로 발전되었고, 그 다음에 건물 형상으로 발전되었다. 기능주의 이론가들은 프로그램과 대지 조건, 건물의 축조에 사용되는 재료의 성질 이외에는, 어떤 것도 건물 디자인에 영향을 미치지 말아야 한다고 주장했다. 이러한 접근방법은 인간정신과 같은 만질 수 없는 것들—요구 목록에 결코 나타날 수 없는 것—을 고려하지 않는다. 이 이론에 따를 것 같으면, 적절한 방법을 따를 경우, 기계로 만든 건물과 유사한 아름다움을 가진 건물이 나올 수 있다. 프로그램에 기록되어 있는 분명한 물리적인 인간의 요구에 부합되는 건축을 따르면 인간 사회의 가장 좋은 상태가 탄생되는 것이다. 물론, 건축가들은 기능주의에 전적으로 매달리지 않는다.[51] 이러한 시각에서 유추해 볼 수 있는 것은 기능에서 형태를 유추하려고 하였다는 것과 기능과 프로그램(사건)을 동일한 것으로 취급하였다는 것이다. 사건이 단지 프로그램의 목록으로 해결할 수 있는 문제 인가? 위에서 말 한 대로 사건은 목록에 담겨진 것인가? 무형의 것(사건, 행위)을 유형의 것(행위목록)으로 묶으려고 하는 것은 아닌가? (기계론적인) 기능과 프로그램은 동일한 것이 아니다.

오늘날 널리 퍼져 있는 생각과는 달리 근대건축은 기술이나 기능적 표현에서 영감의 근원을 찾지 않았다. 아방가르드 건축가들의 대부분에게 기술은 예술적 표현의 도구였다. 리트벨트의 슈뢰더 주택, 리시츠키의 구성주의적 프로젝트, 테라니의 프리제리오 주택, 르 꼬르부지의 롱샹성당, 그리고 그 외의 괄목할 만한 다른 작품들에서 알 수 있듯이 건축 그

---

51 John Lobell, 『침묵과 빛』, 김경준 역, 미건사, 1992, pp.61-62

자체가 조각품이 되어 버렸다.[52] 이러한 것들을 '오리'라고 비판한 벤츄리. 미학적, 형식적 측면이 아닌 프로그램을 가지고 작업한다는 것은 형태와 프로그램은 아무런 상관이 없다는 결론에 이를 수 도 있다. 아니면 유형학처럼 형태가 프로그램에 우선하는 것인가?

렘 콜하스가 카디프 오페라 하우스(Cardif Opera House)와 룩소 극장(Luxor Theatre)에서 비슷한 프로그램에 비슷한 형태를 계획한 것이나, 2000년 주택(Y2K House)과 포르투 음악당(Casa da Musica)에서 다른 프로그램임에도 불구하고 같은 형태를 제안한 것은 극단적인 예일 것이다.[53]

프로그램(사건)을 건축 형태로 구현하는 방법은 공간−평면과 개방−평면으로 크게 나누어 볼 수 있다. 물론 여기서 행한 분류와 사례가 프로그램을 다루는 전부는 아니다.[54] 공간−평면의 경우 하나의 프로그램에 공간적으로나 형태적으로 차별을 두려는 계획이라면, 개방평면의 경우 각각의 프로그램에 따른 공간이나 형태의 특성보다는 다수의 프로그램에 따른 공간의 가변성을 염두에 둔 계획이라고 볼 수 있다.

공간−평면의 방법에 있어 건축공간만을 가지고 분석한다면 각각의 작가들의 건물들은 분명 설계방법론 측면에서 차이가 있다. 그러나 공간구성 측면에서 벗어나 프로그램(사건)의 구성측면에서 본다면 차이가 나는 것은 그것을 어떻게 배치 아니 배열하는 방법이다. 너무 간단히 설명하자면, 하나의 입방체 안에 공간−평면을 넣을 것인가 아니면 대지에 펼칠 것인가가 문제인 것이다. 각 프로그램에 따른 특성을 공간이나 형태로 부여하려는 작업인 공간−평면에서서 공간(형태)과 프로그램의 연계

---

52 Pierre von Meiss, 『형태로부터 장소로』, 정인하·여동진 옮김, 시공사, p.188

53 렘 콜하스는 2000년 즈음 서울 강연에서 건축주가 먼저 제작된 Y2K House를 보고 좋아해서 Casa da Musica를 제작하게 되었음을 고백하였다.

54 대표적으로 알바 알토의 건축은 공간−평면으로 분류해 볼 수 있는 작품이 많다.

성은 건축가의 자의적 해석에 따른다.

반면에 개방-평면은 하나의 입방체를 먼저 산정한 후 거기에 공간을 분할하거나 공간의 연결 또는 첨가하는 것이 아니고 프로그램(사건)을 최대한 밀집시켜 넣음과 동시에 프로그램의 융통성을 수용한다. 여기서 건물의 형태, 공간에 관한 물음들은 사건의 뒷전으로 밀려 난다. 결국 프로그램과 형태사이에는 아무 관련이 없으며, 따라서 프로그램의 부분집합인 기능과 형태사이에도 아무 관련이 없다는 것이다. 여기서 행위의 목록과 그 한계(양)를 결정할 수 있을까?

아리스토텔레스는 물건을 담는 용기로 공간을 정의하였다. 물건대신 프로그램(사건)을 넣어보면 어떨까? 아직도 기능주의가 떠오르는가? 사건을 담는 공간은 효율성, 기계론적 사고, 합리성 등의 근대적 사고와는 별 상관이 없다. 기능적이라는 것. 들뢰즈는 근대건축이 실패한 것이 덜 기능적이어서 그렇다고 한다. 우리가 경계할 것은 기능적인 건축이 아니라 결과론적인, 기계론적인 건축은 아닐까? 앞의 사례에서 보듯이 건축은 프로그램과 형태, 구조, 기술, 그 밖의 문화적, 사회적인 요구들과 타협으로 이루어지는 것은 아닐까? 그렇다면 건축가는 예술가가 아닌 협의하는 사람(negotiator), 레비스트로스(C. Lévi-Strauss)의 손재주꾼(bricoleur), 또는 로우(C. Rowe)의 여우가 되어야 하는 것인가?[55]

---

55 "몬드리안에게 예술은 일시적 현상으로, 문화에 남겨진 모든 자연 요소를 총체적으로 변형하는 것을 목적으로 삼아야 한다는 것이다.…건축도 결국은 대도시로 흡수되어야 하기 때문이다.… 따라서 예술은 결국 대도시로, 모든 예술(건축)이 궁극적 스타일로 규범화되는 대도시의 질서로 흡수되어야 한다.… 예술성을 생활의 세계로 확산시키는 것은 어쩌면 근대 디자인이 기반하는 이론적 원리가 아닐까? 이제 고전적 의미에서의 공간이 아니라, 변화하는 지형 조건에서의 열린 계획을 통한 건축의 극복은, 여전히 디자인 자체를 궁극적인 신념으로 계속 추구하려는 슬로건이 아닐까? 그 대가가 명백히 건축의 죽음을 의미함에도 불구하고 말이다." Manfredo Tafuri, 『건축의 이론과 역사』, 김일현 역, 동녘, 2009, pp.74-76

06

Place

… 의식이 지성화되면 될수록 물질은 점점 공간화 된다.

__베르그송(Henri Bergson), ≪창조적 진화≫

공간과 시간이 어떤 의미를 가지든,
'장소와 사건'이 이들보다 더 중요하다.
공간은 장소를 시간은 순간을 제공하지 못한다.

__알도 반 아이크(Aldo van Eyck)

이 세상에는 단지 하나의 문화 대신 여러 개의 문화가 존재하고 있음을 발견하게 되고, 따라서 일종의 문화적 독점(착각이건 실제이건)의 종말을 인정하게 될 때, 우리는 우리 고유의 발견이 파괴되는 위기에 직면한다. 갑자기, 타인들이 생기면서, 우리 자신도 이러한 타인들 가운데 단지 하나의 '타인'으로 되어 버린다. 모든 의미와 목표가 사라지면서, 문명 속을 배회하는 것이 마치 폐허와 자취를 더듬는 것처럼 되어 버린다. 인류 세계 전체가 하나의 가상적인 박물관으로 변한다.; 우리는 이번 주말 어디로 갈 것인가? – 앙코르 유적지를 방문할 것인가? 또는 코펜하겐의 타볼리 거리를 산책할 것인가?

__폴 리쾨르(Paul Ricoeur), 「Civilization and National Cultures」, ≪역사와 진실(History and Truth)≫

공간에서 장소로

그리스 철학에서 나타나는 공간개념을 살펴보면, 유클리드적인 공간개념과 그 이전의 공간개념이 상반되는 것을 알 수 있다. 유클리드 이전의 사람들은 일반적으로 공간을 원형이며 이질적인 것으로 생각하였다. 아리스토텔레스에 의하면 우주의 가장 바깥에 있는 구는 어떠한 장소 안에도 존재하지 않는다. 그것은 다른 것에 포함되지 않으면서 모든 것을 포함하는 것이다. 아리스토텔레스의 공간은 유한하고 이질적이며 계층적 질서의 자연적 장소들로 이루어져 있다. 자연의 모든 사물에는 자신이 위치해야 할 각각의 자연적 장소가 미리 정해져 있는 것이고 따라서 만물은 자신의 고유한 장소를 향해 가고 있다는 생각이다.[1] 아리스토텔레스에게 공간이란 방향과 정적인 특성을 갖춘 동적인 장으로서의 장소였다. 이러한 아리스토텔레스의 장소 개념은 유클리드 이전의 유한한 공간 개념이 보다 정교한 모습으로 다시 나타난 것이라고 할 수 있다.

데카르트가 신에게서 인간을 독립시킨 후 데카르트가 할 일은 인간이 충분한 능력이 있다는 것을 보여주는 것이었다. 따라서 르네상스 이후의 과학혁명을 배경으로 특히 갈릴레오의 자연의 수학화와 더불어 자연은 이제 인간에게 인식대상이며 계산될 수 있는 대상이 되어야 했다. 그러기 위해 데카르트는 정량적인 접근을 시도하며, 데카르트좌표계, 대수학에 집중하였다. 근대 과학혁명은 공간과 시간으로부터 이질적인 모든 성격을 제거하고 순순히 등질적이고 양적인 것으로만 취급하게 되었다. 뉴튼 물리학을 배경으로, 칸트는 경험에 선행하며 경험을 가능하게 해주

---

1 중세 시대에 아리스토텔레스의 목적론적 형이상학이 전통적 권위를 차지한 이유는 바로 여기에 있다. 지상 세계의 봉건적 질서는 신에 의하여 부여된 절대적인 것이라는 주장을 스콜라 철학은 아리스토텔레스의 형이상학에 의해 합리화되었던 것이다.

는 선험적 감성형식으로 절대적 시간과 공간을 상정하였다. 고대의 질적 특성이 가득한 공간 개념이 추상적인 수학적 공간개념으로 환원된 것이다.

과거의 건축이론들은 직접적으로 공간을 언급하는 경우가 드물었다. 그들의 이론은 건물의 물질적 요소와 형태적 동기들을 더욱 강조하였다. 그것으로 인해 발생되는 공간은 별로 주목하지 않았다. 공간에 대한 담론은 19세기 초에야 독일철학자 셸링(F. W. J. Schelling)의 저서 『예술철학(Philosophie der Kunst)』으로부터 발전되었다. 그리고 19세기 말에 리글(Alois Riegl), 뵐플린(Heinrich Wölfflin), 쉬마르소(August Schmarsow)와 같은 역사가들에 의해 그것은 더욱 확대되었다. 쉬마르소는 그 저서 『바로크와 로코코(Barock und Rokoko)』에서 건축에서 공간이 보다 중요하다고 주장하였다. "사람들은 상징적 의미를 발현시키는 물질적 오브제를 먼저 이해하지 않고, 그들을 둘러싸고 있는 공간을 먼저 이해한다. 모든 역학적, 기계적 장치들과 공간을 감싸는 물질들은 단지 건축 창조 속에서 막연하게 느껴지는 어떤 생각을 실현시키는 수단에 불과하다. 건축은 공간이 오브제보다 중요시 될 때 예술이 된다. 공간의지는 건축창조의 살아 있는 영혼이다." 비구상 예술로서 건축을 가장 발전시킨 때는 20세기이다. 공간개념이 거기서 중요한 역할을 했다. 새로운 시공기술들은 공간사이로 흘러들어가는 건축적 공간을 가능하게 했다.[2]

20세기 들어 상대성이론, 장이론, 양자역학, 비유클리드기하학 등이 나오면서 이전의 공간과 시간개념은 바뀌기 시작하였다. 그럼에도 불구하고 근대건축은 여전히 유클리드기하학의 공간개념 특히 추상공간에 몰두하고 있었다는 것은 흥미로운 점이다.

---

2 Pierre von Meiss, 『형태로부터 장소로』, 정인하·여동진 옮김, 시공사, p.113

건축의 디자인은 공간적 요소와 물질적인 요소로 분해될 수 있다. 공간의 특성은 형태, 장소 및 물질의 특성에 의해 나타난다.[3] 건축공간은 건물과 여러 경계면 사이에서 생겨난다. 사람들은 자신이 방문하거나 살고 있는 공간전체의 개념을 갖기 위해 존재하는 모든 단편들을 선형적으로 기억하지 않는다. 우리는 시지각 외에도 다른 감각(청각, 후각)을 사용한다. 그 결과로 만들어지는 전체 개념을 있는 그대로의 공간, 즉 객관적인 사실이 아니다. 지각이라는 주관적인 필터를 통과한 살아 있는 공간이다.[4] 이러한 이유로 근대건축공간의 추상성을 넘어서기 위해 현대건축에서는 장소라는 단어를 사용하기 시작하였다. 장소(성)에 대한 담론은 존재론적 접근(하이데거), 장소의 형성(슐츠), 비판적 지역주의와 텍토닉(프램프톤) 등 다양한 담론들이 있으나 현상학적이거나 재료, 구조 등의 물질적 방법에 편중되어 있다. 장소성을 구성하는 요소 중에 시적이지 않으며, 비물질적 요소는 없는 것일까? ; 사건(프로그램)과 그 구현방법.

장소(성)이란?

공간으로 대표되는 근대건축의 추상성을 넘어서려는 이러한 태도의 변화를 어떻게 이해하여야 하는가? 이러한 변화를 장소성으로 일반화시킨다면 너무 거친 표현일까? 장소성이 있는 건축은 의미 있는 건축이나 좋은 건축으로 분류된다. 그렇다면 장소(성)이란 무엇일까?

---

3 Bernard Leupen외 4인, 『건축디자인과 분석』, 김영애·문은미 옮김, 도서출판국제, 2001, pp.28-29

4 Pierre von Meiss, 『형태로부터 장소로』, 정인하·여동진 옮김, 시공사, p.113

건축에서 대지를 장소로 보는 담론은 현상학적이거나 시적인 방식으로 이루어진다.[5]

엘리아데(M. Eliade)는 신성한 공간의 경험과 세속적 공간의 경험을 구분하며, 신성한 공간을 중심으로 방향을 설정하고 세계를 창조는 것이 삶을 가능하게 하는 것이라고 한다. 세속적 경험의 공간은 균질적이고 중성적인 성격을 띠어, 다양한 부분들을 질적으로 상호 구별하는 어떤 단절도 없다고 한다. 더불어 거룩한 공간은 고정점을 획득하고, 따라서 균질성의 카오스속에서 방향성을 확보하며, 세계를 창건하고, 참다운 의미에서 그 속에 거주하는 것을 가능하게 한다는 것이다. 반대로 세속적인 경험은 공간의 균질성을 따라서 그것의 상대성을 유지시킨다. 이때에는 고정점이라는 것이 더 이상 유일한 존재론적 지위를 향유하지 못하기 때문에 진정한 방향성이란 불가능해지고 만다. 그것은 나날의 필요성에 따라서 나타났다가 사라졌다 하는 것이다. 정확히 말하자면 여기에는 더 이상 어떤 세계도 존재하지 않으며, 단지 부서진 우주의 단편들, 많건 적건 중성적인 무수한 장소들을 구성하는 무정형의 더미만이 있게 된다. 이 속에서 인간은 산업사회에 편입된 존재로서의 의무에 의해 움직이고, 그것에 지배당하며 조종 받게 될 것이라고 한다. 기하학적 공간은 어떤 방향으로나 절단되고 한정될 수 있다. 하지만 그것에 고유한 구조로부터 어떤 질적 차이도, 따라서 어떤 방향성도 부여할 수 없고, 균질적이고 중성적인 기하학적 공간의 개념과 세속적인 공간의 경험을 구분할 필요는 있다고 한다. 또한 그에게 있어 건축 행위는 우주의 창조행위를 반복하는 것을 의미한다. 무수한 형태가 건축에서 만들어 지는 우주창조에 기초하기 때문이며, 건축이란 세계를 탄생시킨 원초적 만드는 기쁨에 대한

5 Pierre von Meiss, 『형태로부터 장소로』, 정인하·여동진 옮김, 시공사, p.155

하나의 모방, 종종 상징적 모방이기 때문인 것이다.[6]

양식에 대한 담론을 폐기시킨 근대 건축이 기술에 대한 유토피아적 전망을 한 축으로 발전하게 되었다. 더불어 기술에 대한 반감 역시 양차대전 사이에 점점 커지기 시작하였다.[7] 이러한 불안정한 사회 속에서 발견하도록 요청된, 개인과 집단의 성장을 위한 도구로서, 그것은 바로 기술(technik)에 대한 하이데거의 표현이다. 즉 무엇을 하기와 존재하기, 테크네(techne)와 포에시스(poiesis)간의 역사적인 분열은 하이데거가 보기에 현대 인간과 사회의 어떤 본질적인 질병의 표현이다. 그 질병의 치유가 바로 예술 곧 짓기, 거주하기, 그리고 사유하기인 것이다.[8]

하이데거(M. Heidegger)에게 짓는(building) 것은 곧 거주하는(dwelling) 것이다. 거주하는 것은 존재의 본질이며, 사람이 존재하는 방식이다. 이것은 사방이라 불리는 땅과 하늘, 신성한 것과 죽을 자들이 하나로 포개지면서 보살핌으로서 존재하는 방식이다. 거주함이란 이런 사방안에 사물(ding)을 가져와 보살피는 것이다. 사물을 통해 허락된 터전으로부터 자리, 장소(Platz)들과 길(Weg)들이 규정되며, 이것들을 통해 공간(Raum)이 마련된다. 사물은 자기 안에 사방이 결집되는 장소를 수립하고 사방이 머무르는 터전을 허용함으로써 인간이 거주할 근원적 공간을 열어놓는 것이다. 그런 공간이 결국 지배하려거나 사용하려 하지 않는 관대하게 포용하는 특성을 가진, 염려와 관심이 되는 장소인 것이다. 더불어 그는 공간은 그 존재를 장소로부터 받은 것이지, 소위 공간으로부터 받은 것이 아니다. 인간과 장소와의 관계, 장소와 공간과의 관계는 주거에 존재

6 Mircea Eliade, 『성과 속』, 이동하 역, 학민사, 1983

7 허버트 죠지 웰스(Herbert George Wells), 조지 오웰(George Owell), 찰리 채플린(Charlie Chaplin) 등의 미래에 대한 묵시론적 전망들이 그것이다.

8 Ignasi De Sola-Moralres, 『차이들』, 이종건 역, 시공문화사, 2004, p.182

한다. 주거란 실존의 본질적 특질이다.[9] 하이데거에게 거주는 하나의 과업으로서 죽을 수밖에 없는 인간이 거주하는 법을 배워야 하는데, 그들은 그들의 뿌리 없는 상황을 인식할 때 즉시 거주할 수 있다. 인간은 자기 스스로를 불러내어 거주하기를 요구해야 할 방식이, 과정이 있다는 것이다. 그런데 그 과정은 구축에 다름 아니다. 이러한 까닭으로 거주는 구축을 수반하는데, 구축이란 그로써 다른 사람들과 집합한 인간이 사물들이나 대상들을 끌어모으는 과정이다. 거주의 끝은 주거이며, 구축의 과정은 그로써, 주거, 집, 정신적이거나 도덕적인 중심을 구성하여, 그 안에서 삶이 사물들을 끌어들이는 그러한 장소를 건립하는 것이다. 하이데거는 공간성의 본질을 세계 내 존재하는 주체의 경험에 연관시킨다.[10]

슐츠(C. Norberg-Shultz)는 실존적 공간과 건축적 공간으로 나누고 가장 큰 범위에서 가장 작은 범위로 진행하면서 수직적, 수평적 구조로 정의하고 있다. 이러한 구조화된 공간은 그 크기를 정확하게 나타낼 수는 없지만 그 구조를 만들어낸 문화와 관계된다. 슐츠도 엘리아데와 마찬가지로 중심을 설정하고 방향을 설정하는 정위(orientation)를 실존적 공간의 시작으로 보았다. 또한 중심을 이루는 장소는 물리적 특성에 의해 정확히 규정되는 것도 아니고, 문화마다 다르게 정의되지만, 중심은 다른 어떤 것을 경험할 수 있는 내부를 가져야만 한다는 것이다. 건축적 공간은 수많은 사적인 실존적 공간을 포함하고 있는 공공적인 실존적 공간을 구체화시켜 보여주는 것이다. 이런 건축적 공간을 일정한 구조적인 동일함을 통하여 인간 세계가 갖는 보다 높은 차원을 대상을 매개시켜 주는 상징형식의 하나로 정의하고 있다.[11]

---

[9] M. Heidegger, 「건축함, 거주함, 사유함」, 『강연과 논문』, 이기상 역, 이학사, 2008

[10] Ignasi De Sola-Moralres, 『차이들』, 이종건 역, 시공문화사, 2004, pp.86-88

인식론적 단절을 주장하는 가스통 바슐라르(Gaston Bachelard)는 과학과 비과학을 날카롭게 구분하지만 감각과 상상력(또는 몽상)이라는 비과학적 영역을 긍정하고 그 중요성을 강조하였다. 과학적 인식활동에 대한 미학적 보완으로서 시적 이미지들은 환원불가능한 가치를 가진다는 것이다. 그는 외부의 일상적인 것이 근본적 실재라든지, 과학적인 것이 심상과 관련 없는 실체라는 실재론을 거부하고, 세계는 정신활동의 산물이라는 관념론도 거부한다.

이런 바슐라르에게 상상을 통해 파악된 공간은 기하학적 사고나 치수로 이루어진 공간이 아니다. 그것은 확실성 속에서가 아니라 모든 단편적인 상상력 속에서 영위되는 공간인 것이다. 그리고 우리가 체험하는 공간이다.[12] 그렇다면 양적이고 수치적 공간이 아닌 질적인 공간을 어떠한 공간인가?

현재 건축에 영향을 주는 장소에 대한 생각들은 현상학적인 장소이다. 렐프(Edward Relph)는 이러한 생각들을 모아 장소의 개념을 정리하였다.

"모든 장소는 서로 겹치고, 서로 섞이며, 다양하게 해석될 수 있다."[13]

"손으로 만질 수도 없고 시간에 따라 변화하기도 하는 복잡한 특성을 띠는 개념이다."[14]

"장소는 행위와 의도의 중심이며, 사실 사건의 행위는 장소의 맥락에서만 의미 있으며, 사건과 행위가 장소의 성격에 영향을 주지만, 장소의 성격에 의해 사건과 행위가 윤색되고 영향을 받기도 한다.…장소는 의도

---

11 Christian Norberg-Schulz, 『Existence, Space and Architecture』, Praeger Publishers, 1971

12 Gaston Bachelard, 『공간의 시학』, 곽광수 역, 민음사, 1994

13 Edward Relph, 『장소와 장소상실』, 김덕현 외 2인 옮김, 논형, 2008, p.77 재인용

14 Edward Relph, 『장소와 장소상실』, 김덕현 외 2인 옮김, 논형, 2008, p.79 재인용

적으로 정의된 사물 또는 사물이나 집합에 대한 맥락이나 배경이다.…결국 모든 사람은 태어나고, 자라고, 지금도 살고 있는, 또는 특히 감동적인 경험을 가졌던 장소와 깊은 관련을 맺고 있으며 그 장소를 의식하고 있다. 이러한 관계가 개인의 정체성과 문화적 정체성, 그리고 안정감의 근원이자, 우리가 세계 속에서 우리자신을 외부로 지향시키는 출발점을 구성하고 있는 것으로 보인다."[15]

"장소·사람·시간·행위는 분리할 수 없는 하나의 통일체를 이룬다. 사람이 존재하기 위해서는 일정한 어떤 곳에 있어야 하며, 적절한 때에 무슨 일인가를 해야 한다.…비록 장소와 경관이 내용적으로는 고유하다 하더라도, 공통적인 문화적·상징적 요소들과 과정들을 통해서 나타난 결과라는 인식에서부터 시작한다." 장소의 정체성은 건물이나 경치 같은 외관뿐만 아니라, 상이한 장소들 간의 공통성을 말하는 것이기도 하다.[16]

"장소의 구성요소는 정적인 물리적 환경, 활동, 의미 등이 기본요소이다."[17]

장소개념은 상세한 정의를 필요로 하는 형식적인 개념만이 아니라 소박하고 다양한 지리적 경험의 표현이기 때문에, 장소 개념의 의미에 대한 혼동이 있으며, 장소개념을 명료하고 엄밀하게 정의 할 수 없다.[18] 장소의 의미는 인간의 의도와 경험을 속성으로 하기 때문에 의미는 변화할 수 있으며, 한 대상에서 다른 대상으로 옮겨갈 수 있다.[19] 그렇다면 장소와 장소성을 가진 건축이란 정말 무엇이란 말인가?

---

15 Edward Relph, 『장소와 장소상실』, 김덕현 외 2인 옮김, 논형, 2008, pp.102-104

16 Edward Relph, 『장소와 장소상실』, 김덕현 외 2인 옮김, 논형, 2008, pp.107-108 재인용, p.108

17 Edward Relph, 『장소와 장소상실』, 김덕현 외 2인 옮김, 논형, 2008, p.112

18 Edward Relph, 『장소와 장소상실』, 김덕현 외 2인 옮김, 논형, 2008

19 Edward Relph, 『장소와 장소상실』, 김덕현 외 2인 옮김, 논형, 2008, p.113

우리는 언어의 의미 특히 영어에서 어떤 단서를 찾을 수 있다. 즉, 어떤 일이 일어나다는 것은 어떤 일이 장소를 차지한다(take place)라고 말한다. 장소는 실존의 의미작용을 갖는 사건을 체험하게 되는 목표 혹은 초점이지만, 또 우리자신을 정위시키고 환경을 소유하게 되는 출발점이기도 하다.[20]

장소의 강도적 특성 : 사건, 경험, 흔적

크리스토퍼 알렉산더(Christopher Alexander)가 개발한 방법은 사물과 활동으로 이루어진 환경집합을 원자요소로 해체시킨 후, 그것들을 설계라는 방법으로 재구성하는 방법이다. 이 방법은 현재의 설계전략을 개선시키고, 지역의 상황에 적합한 설계를 할 수 있는 데 상당한 가치가 있다. 또 도시경관에 대한 시각적 경험을 구조를 분석한 고든 쿨렌(Gordon Cullen)의 접근은 경관 외관을 질 개선에 크게 기여할 지도 모른다. 그러나 이런 기법과 이외의 환경디자인 기법들은 모두 지나치게 형식적이거나 규범적이거나, 아니면 경험과 의미를 단지 조작 가능한 기타 변수로 취급해 버린다.[21] 건축가나 도시계획가는 장소에서의 경험을 변수나 수학적 철차로 이해하려고 하는 경향들이 있다. 각각의 다른 경험과 의미가 변수로 측정 가능한가? 매트릭스나 수학적 방법으로 인간의 다양한 경험을 측정할 수 있는가? 한 구역에 자연환경을 조사할 때 공원이 있고 없고의 문제가 중요하게 취급될 것이 아니고 공원의 질이 문제인 것이다.

---

20 Christan Norberg-Schulz, 『Existence, Space and Architecture』, Praeger Publishers, 1971, p.19

21 Edward Relph, 『장소와 장소상실』, 김덕현 외 2인 옮김, 논형, 2008, p.296

랄프는 장소의 정체성의 특별한 성격은 그 내부성에 있으며 그 내부성은 장소의 강렬함과 관계가 있다고 한다. 무엇이 그런 강렬한 경험을 만드는가? 곧이어 그는 '피상적인 내부성이 있는데, 장소의 특성이나 의미에는 특별한 감성을 나타내지 않은 채 그냥 장소 안에 있기만 하는 것이다. 우리들 각자는 수많은 장소를 방문하지만 대부분 이런 식으로 경험한다. 장소보다는 그 장소에서 벌어지는 활동에 더 관심을 쏟기 때문에 장소 그 자체에 집중하는 것은 불가능하게 한다.'[22]고 말한다. 장소의 강렬함이 경험을 만드는 것과 반대로 장소에서 벌어지는 활동에 관심을 더 쏟는 것은 피상적인 내부성을 만든다는 것이다. 장소 자체에만 관심을 쏟는 다면 피상적 내부성을 피할 수 있는 것인가? 그렇다면 연장적(extensive) 장소가 우선인가? 강도적(intensive) 경험이 우선인가? 장소에서 경험을 발생시키고, 장소를 의미 있게 만드는 것은 사건이다. 이때의 사건이 포스트모던 건축이나 포스트모던 자본이 추구하는 스펙터클한 경관(사건)과는 아무 상관이 없다. 그냥 장소 안에만 있게 하지 않는 것은 어떻게 가능한가? 장소에서의 활동(사건, 프로그램) 없이 어떻게 경험의 강렬함을 가능하게 할 것인가? 단순히 물리적인 것만 가지고 그것이 가능할까? 장소에 대한 유대감이나 애정은 거기서 발생하는 사건이 신체에 아로새겨질 때, 추억으로 남을 때가 아닌가? 그것이 좋은 기억이던 나쁜 기억이던. 그런 것들이 장소에 의미를 부여하는 것이다. 장소나 건축이 형태나 재료에 의해서만 경험되는 것인가? 경험(사건)과 무관하게 형태나 재료 때문에 장소(건물)에 감동을 받거나 의미를 부여하는 사람은 공간과 재료를 찾아다니는 건축쟁이들만은 아닐까? 일반인들이 역사적인 건물이나 관광명소가 아니고서 장소(건물)를 보러 다니지는 않을 것이다.

---

22 Edward Relph, 『장소와 장소상실』, 김덕현 외 2인 옮김, 논형, 2008, pp.288-289

랄프는 장소와 장소경험을 범주로 묶어 유형화 또는 개념화한 것을 공간으로 보았다. 또한 중요한 것은 장소란 본질적으로 인간 실존의 근원적 중심이라는 것이다. 기존의 지리학에서 장소란 독립적인 존재인 반면에 현상학적 접근을 하고 있는 랄프는 장소를 결코 독립적인 것으로 보지 않는다. 장소는 추상적인 개념이 아니며, 장소는 직접 경험되는 현실과 분리할 수 없는 것이다.

후설의 '생활세계', 마르크스의 '사회적 맥락(실천)', 하이데거의 '세계 내 존재'와 같은 개념들의 세계상은, 수학적 자연과학의 방법론을 사용하는 과학의 객관적 '세계들'과 뚜렷이 구별된다. 모두 지식보다 경험과 관계와 의미를 우선으로 하는 장소를 의미한다. 이러한 의미의 장소는 인간의 장소에 대한 경험과 의미, 의도와 분리될 수 없다. 문제는 생활세계라는 개념이 현실로 들어올 때 사람마다 생활세계의 범위, 크기, 개념이 달라진다는 것이다.

무엇이 장소를 경험하게 하는가? 또한 장소성이 없는 무장소성(placelessness)은 꼭 잘못된 것일까? 무장소성이 있어야 장소를 경험할 수 있는 것 아닌가? 수많은 중심이 있다는 것은 중심이 없다는 것과 마찬가지로 수많은 장소가 장소성을 가지고 있다면 오히려 경험의 혼란에 빠질 것이다. 그렇다면 이것을 가능하게 하는 것은 무엇일까? 나는 사건(프로그램)이라고 생각한다. 사건이라는 것이 장소성을 실현시키는 가장 중요한 요소다. 랄프가 말한 장소(place)와 무장소(placelessness)는 개인과 관련된 사건과 경험의 흔적에 의해 구분될 수 있다.[23] 그러기에 모든 장소가 장소

---

23 이 모든 무의미를 의미로 바꾸려는 생각과 노력들, 과연 물리적인 형태로 성취될 수 있는 것인가? 나는 유명한 전통건축물보다도 할머니의 오래된 한옥이 더 나한테는 의미있다. 할머니의 한옥 마루에서 느꼈던 나무의 향, 감촉, 빛깔 등등, 나에게 더 의미 있는 것은 그러한 것들이다. 그런데 이러한 현상학적인 것들을 어떻게 이론화 할 수 있는가? 이것도 표준화로 가야 하는가? 아니면 요즘 유행하는 빅 데이터로 가야 하는가? 모든

성을 가질 수도 또 모든 장소가 무장소성을 가질 수 도 없다.

그러나 사건이라는 것은 하나의 형태로 고정시킬 수 있는 것도 아니다. 지금 건축이 장소성의 실현에 어려움을 겪고 있는 이유는 무형의 것들(개인의 감각, 기호, 사건) 등을 유형의 것으로 고정시켜 보여주려고 하기 때문이다. 콜린 로우(Colin Rowe), 개복 하투니언(Gevork Hartoonian), 케네스 프램프톤(Kenneth Frampton) 등은 이러한 사실을 알고 있음에도 장소성을 만드는 것을 어떻게든 이론화 하려고 하였다. 콜린 로우는 콜라주시티로, 개복 하투니언은 콜라주 건축으로, 프램프톤은 비평적 지역주의 또는 텍토닉으로. 이것이 의미하는 것은 어떤 확실한 이론이 아닌 콜라주로 발생할 수 있는 우연에 몸을 맡긴다는 것이다. 이들을 비평하는 내용들의 공통점은 우연에 기댄다는 것과 역사적 콘텍스트가 없는 것을 사용한다는 것이다. 이것은 과연 옳은 것인가? 이것은 콜라주라는 방법론이 가진 한계가 아닐까?

현대건축의 지형 하나 : 장소(성)

근대와 근대 이전을 구분하는 가장 큰 특징 중에 하나는 추상성이다. 이러한 추상성은 데카르트 이래 진행되어온 계몽의 프로젝트(하버마스), 서구의 합리화, 이성중심주의 등의 결과물이다. 그리고 이것이 장점과 함께 많은 문제점을 발생시켰고 현재는 이러한 문제점을 넘어서려고 노력하고 있다 건축에 있어서 현대건축은 근대건축의 추상적인 공간을 넘어서려는 다양한 건축적 실험을 진행하고 있다. 건축이론의 역사에 있어

것을, 모든 사건을 다 만족시킬 수 는 없을 것이다. 필연과 우연의 강렬한 공명. 이러한 이유로 장소와 무장소는 어떤 입장, 어느 관계에 의해 다른 의미를 가질 것이다.

특히 서양의 건축이론에 있어 해체주의 이후 다양한 건축 실험이 진행되고 있다. 스킨과 폴딩건축, 비판적 지역주의와 텍토닉, 디지털 건축, 비정형건축, 친환경건축 등 여러 가지 경향들이 다양한 방식으로 진행되고 있다. 그러나 이러한 현대건축의 경향들은 해제주의 건축 이후 사조(-ism)로 묶어서 설명하지 않는다. 그만큼 현재의 건축계는 하나의 개념으로 분류할 수 있는 흐름이나 양상이 없다는 것이기도 하다.

벤야민(Walter Benjamin)의 「파사젠베르크(Passagenwerk)」는 자본주의 시대를 형식주의적인 '모더니즘'과 역사적으로 절충주의적인 '포스트모더니즘'으로 구분하는 것은 아무런 의미가 없음을 시사한다. 이러한 경향들은 산업문화의 시작부터 있어 왔던 것이다. 참신과 반복의 역설적 역학이 새롭게 반복될 뿐이다. 모더니즘과 포스트모더니즘이 순차적인 시기가 아니라, 한 세기에 걸친 예술과 테크놀로지의 투쟁에 나타나는 정치적 입장이다. 모더니즘이 사회적 기능과 미학적 형식의 화해를 예표함으로써 유토피아적 갈망을 표현한다면, 포스트모더니즘은 양자의 비동일성을 인정하며 판타지를 살려둔다.[24] 그렇다면 지금의 현상은 유토피아적 현상인가? 판타지인가?

근대성이 발전과 성장, 유토피아를 궁극적인 가치로 보고 있으며, 세상의 모든 것을 풀어야 하는 문제 설정과 극복해야 하는 과제로 이해하고 있는 것이라면, 근대성이라는 것이 계속 새로운 것을 추구하고 그 새로운 것이 낡은 것이 되어 또 바로 새로운 그 무엇으로 대체되는 것이라면 건축은 아직도 근대(Modern)라는 시기에 머물러 있다. 유형학, 포스트모더니즘, 역사주의건축, 해체주의건축, 그리고 폴딩건축 모두 근대건축

24 Susan Buck-Morss, 『발터 벤야민의 아케이드 프로젝트』, 김정아 역, 문학동네, 2005, p.453

을 극복하여 해결하고 더 나은 건축, 나아가 더 나은 세상을 만들려는 시도이기 때문에 여전히 근대적 범주 안에 있는 것이다. 또한 지역주의 역시 서양 중심의 근대건축에 밀려나 있는 주변 건축을 지역적 특성으로 싸잡아버리며 생략하려고 한다. 이런 맥락에서 탈근대건축은 여전히 근대건축의 연속선에 있는 것인가? 이러한 상황에서 이러한 것들을 비켜가고 그것들을 받아들이고 그것들을 넘어서려는 —극복이 아니다— 건축은 무엇인가? 앞에서 말 했듯이 나는 지금의 현대건축이 근대건축과는 다른 그 무엇으로 나아가고 있다고 본다. 그렇다면 무엇인가? 그런 건축은 더 이상 원형이나 형태로 말해지는 건축이 아니다.

사건을 중심으로 하는 장소성의 구현 : 보들레르의 영원불멸한 것과 찰나적이고 순간적인 것을 화해시키고 양화, 수평화, 평균화 되어 가고 있는 현대 자본주의 세계 속에서 질적 개인화를 달성할 수 있는 방법은 아닐까?

지금 까지 다섯 시선으로 현대건축을 에둘러 보았다. 프로그램, 폴드, 스킨, 텍토닉 등은 모두 하나의 목적으로 향해가고 있지만, 결코 근대를 극복하려고 하지 않는 것들이다. 약간의 비약을 무릅쓰더라도, 이는 모두 장소성이라는 특징을 가지고 있지만, 장소성 하나로 귀결되지도 않는 다양한 측면들이다. 즉, 경험과 사건의 건축인 것이다. 사건과 경험의 건축에서 의미를 결정하는 직접적인 요인은 원형, 이론, 이데아, 실체, 본질, 에이도스(eidos) 등과 같은 초월적인 항으로서 외부에 있는 것이 아니라, 같은 가치 항들의 위상적인 관계 자체 안에 내재하는 것이다.

참고문헌

■ 국내외 단행본

Alberto Pérez-Cómez, 『Architecture and The Crisis of Modern Science』, The MIT Press, 1990

Alfredo W. Crosby, 『수량화 혁명』, 김병화 역, 2005

Anthony Giddens, 『포스트모더니티』, 이윤희·이현희 옮김, 민영사, 1991

A. N. Whitehead, 『과학과 근대 세계』, 오영환 역, 서광사, 1989

Bernard Tschumi, 『EVENT CITIES』, MIT Press, 1994

Bernard Tschumi and Irene Cheng ed, 『The State of Architecture at the Beginning of the 21st century』, The Monacelli Press, 2003

Bernard Cache, 『Earth Moves』, The MIT Press, 1995

Bernard Leupen외 4인, 『건축디자인과 분석』, 김영애·문은미 옮김, 도서출판국제, 2001

Bertrand Jestaz, 『건축의 르네상스』, 김택 역, 시공사, 1997

Bruno Zevi, 『The Modern Language of Architecture』, Univ. of Washington, 1978

Cecil Balmond, 『건축의 비형식을 향한 선언』, 홍인표·유승호 옮김, 시공문화사, 2008

Charles Jencks, 『The Architrecture of the Jumping Universe』, Academy Editions, 1997

Christian Norberg-Schulz, 『Existence, Space and Architecture』, Praeger Publishers, 1971

-------------------------, 『근대건축의 근원』, 조희철 역, 태창출판사, 1991

Cynthia Davison ed, 『Tracing Eisenman』, Thames & Hudson, 2006

David Harvey, 『포스트모더니티의 조건』, 구동회·박영민 옮김, 한울, 2002

-------------, 『모더니티의 수도, 파리』, 김병화 역, 생각의 나무, 2005

-------------- 「공간에서 장소로, 다시 반대로」, 박영민 역, 『공간과 사회』, 제5호, 한울, 1995

David B. Brownlee/David G. De Long, 『Louis Kahn: In the Realm of Architecture』, Rizzoli, 1992

David Leatherbarrow, 『The Roots of Architectural Invention』, Cambridge University

Press, 1993
Daniel Pinson, 『건축과 근대성』, 정진국 역, 영림카디널, 1999
Edmund. Husserl, 『서양의 위기와 현상학』, 이종훈 역, 경문사, 1989
Edward Relph, 『장소와 장소상실』, 김덕현 외 2인 역, 논형, 2008
Ernst Cassirer, 『계몽주의 철학』, 박완규 역, 민음사, 1995
FOA, 『Phylogenesis』, Actar, 2005
Frédéric Dassas, 『바로크의 꿈』, 변지현 역, 시공사, 2000
Gaston Bachelard, 『공간의 시학』, 곽광수 역, 민음사, 1994
Georges Bataille, 『저주의 몫』, 조한경 역, 문학동네, 2000
Georg Simmel, 『짐멜의 모더니티읽기』, 김덕영·윤미애 옮김, 새물결, 2005
Gevork Hartoonian,『건축텍토닉과 기술니힐리즘』, 이종건 역, 시공문화사, 2008
Gianni Vattimo, 『근대성의 종말』, 박상진 역, 경성대학교 출판부, 2003
Gilles Deleuze, 『The Fold, Leibniz and Baroque』, Tom Conely 역, The University of Minnesota Press, 1993, 『주름, 라이프니츠와 바로크』, 이찬웅 역, 문학과지성사, 2004
---------------, 『니체-철학의 주사위』, 신범순 외 옮김, 인간사랑, 1993
---------------, 『감각의 논리』, 하태환 역, 민음사, 1995
---------------, 『칸트의 비판철학』, 서동욱 역, 민음사, 1995
---------------, 『대담』, 김재인 역, 솔, 1995
---------------, 『소수집단의 문학을 위하여』, 조한경 역, 문학과지성사, 1995
---------------, 『베르그송주의』, 김재인 역, 문학과 지성사, 1996
---------------, 『시네마1』, 유진상 역, 시각과 언어, 2002
---------------, 『천개의 고원』, 김재인 역, 새물결, 2003
---------------, 『차이와 반복』, 김상환 역, 민음사, 2005
---------------, 『의미의 논리』, 이정우 역, 한길사, 2007
---------------, 『안티 오이디푸스』, 김재인 역, 민음사, 2014
Greg Lynn, 『Folds, Bodies and Blobs collected essays』, La Lettre Volée, 1998
----------, 『Animate Form』, Princeton Architectural, Press, 1999
Hal Foster ed, 『반미학』, 윤호병 역, 현대미학사, 1994
---------- Hal Foster, 「포스트모더니즘 : 서론을 대신하여」

---------- Jurgen Harbermas, 「모더니티 : 미완성의 계획」
---------- Kenneth Frampton, 「비평적 지역주의에 대하여 : 저항의 건축을 위한 6가지 요점」
Hans Sedlmyr, 『중심의 상실(Verlust der Mitte)』, 박경래 역, 휘문출판사, 1983
Henri, Lefebvre, 『현대세계의 일상성』, 박정자 역, 주류·일념, 1995
--------------, 『공간의 생산』, 양영란 역, 에코리브르, 2011
Honoré de Balzac, 『고리오 영감』, 박영근 역, 민음사, 1999
Ian Buchanon And Gregg Lambert ed. 『Deleuze and Space』, University of Toronto Press, 2005
-------------- Manuel DeLanda, 「Space: Extensive and Intensive, Actual and Virtual」
-------------- Paul A. Harris, 「To See with Mind and Think with Through the Eye」
-------------- Héléne Frichot, 「Stealing into Gilles Deleuze's Baroque House」
Ignasi De Sola-Morales, 『차이들』, 이종건 역, 시공문화사, 2004
Jacques Lucan, 『OMA-Rem Koolhaas』, Prinston Architectural Press, 1991
Jean Baudrillard,『시뮬라시옹』, 하태환 역, 민음사, 1994
Jean François Ryotard, 『포스트모던의 조건』, 유정완·이삼출·민승기 옮김, 민음사, 1992
Johan Huizinga, 『중세의 가을』, 이종인 역, 연암서가, 2012
John Lobell, 『침묵과 빛』, 김경준 역, 미건사, 1992
John Summerson, 『건축의 고전적 언어』, 최일·조희철 옮김, 태림문화사, 1992
Jorge Louis Borges, 『칠일밤(Siete Noches)』, 송병선 역, 현대문학, 2004
Kate Nasbbit ed, 『Theorizing a new agenda for Architecture』, Princeton Architectural Press, 1996
-------------- Marco Frascari, 「Tell-The-Tale Detail」
-------------- Vittorio Gregotti, 「The Exercise of Detailing」
Kenneth Frampton, 『modern architecture: a critical history』, Thames & Hudson, 1992
---------------- 「De Stijl」, Nikos Stangos(ed), 「Concept of Modern Art」, 성완경·김안례 옮김, 『현대미술의 개념』, 문예출판사, 1993
----------------, 『Studies in Tectonic Culture』, The MIT Press, 1995
Leibniz, 『모나드론』, 도그마편집부 도그마, 2003

Leon Batista Alberti, 『On the Art of Building Ten Books』, trans. Joseph Rykwert, Neal Leash and Robert Tavernor, The MIT Presss, 1988

Leonardo Benevolo, 『History of modern Architecture』, MIT Press, 1980

Manfredo Tafuri, 『건축의 이론과 역사』, 김일현 역, 동녘, 2009

Manuel Gausa외 5인, 『the metapolis dictionary of advanced architecture』, actar. 2003

Marshal Berman, 『현대성의 경험 ; 견고한 모든 것은 대기 속에 녹아 버린다.』, 윤호병 역, 현대미학사, 1995

Martin Heidegger, 『강연과 논문』, 이기상 역, 이학사, 2008

---------------, 『세계상의 시대』, 최상욱 역, 서광사, 1995

Max Risselada ed.『Raumplan versus Plan Libre』, Rizzoli, 1988

-------------- Breatriz Colomina, 「On Adolf Loos and Josef Hoffman: Architecture in the Age of Mechanical Reproduction」

-------------- Max Risselada, 「Documentation of 16 houses」

-------------- Johan va de Beek, 「Adolf Loos-patterns of town houses」

Michael Hays.『1968년 이후의 건축이론』, 봉일범 역, 시공문화사, 2005

Mircea Eliade, 『성과 속』, 이동하 역, 학민사, 1996

Michel Foucault, 『말과 사물』, 이광래 역, 민음사, 1993

Milan Kundera, 『참을 수 없는 존재의 가벼움』, 송동준 역, 민음사, 1984

Peter Eisenman, 『Diagram Diaries』, Thames and Hudson, 1999

---------------, 『Blurred Zones』, The Monacelli, Press, 2003

Pierre von Meiss, 『형태로부터 장소로』, 정인하·여동진 옮김, 시공사

Rafael Moneo, 『Theoretical Anxiety and Design Strategies』, The MIT Press, 2004

Rem Koolhaas, 『Delirious New York』, 1994

Rem Koolhaas and Bruce Mau, 『S.M.L.XL』. 010 Publishers, 1995

René Decartes, 『방법서설; 정신지도를 위한 규칙들』, 이현복 역, 문예출판사

Richard Morris,『시간의 화살』, 정윤근·김현근 옮김, 소학사, 1990

Richard Weatern, 『건축을 뒤바꾼 아이디어 100』, 김광현·서울대건축의장연구실 옮김, 2013

Richard S. Westfall, 『근대과학의 구조』, 정명식 역, 민음사, 1992

Robert Ventury, 『Complexity and Contradiction in Architecture』, The Museum of

Modern Art, 1966

Robert Ventury & Dennis Scott Brown, 『라스베가스의 교훈』, 김정수 외 1인 옮김, 태림문화사, 1995

----------------------------------, 『Architecture as Signs and Systems: For a Mannerist Time』, The Belknap Press of Havard University Press, 2004

Ronald Bogue, 『들뢰즈와 가타리』, 이정우 역, 새길, 1995

Sigfried Giedion, 『Space, Time and Architecture』, Havard University Press, 2002

Spiro Kostof, 『A history of architecture』, Oxford, 1985

Susan Buck-Moss, 『발터 벤야민과 아케이드 프로젝트』, 김정아 역, 문학동네, 20053

Susannah Hagan, 『Taking Shape: A New Contract between Architecture and Nature』, Architectural Press, 2001

Umberto Eco, 『장미의 이름』, 이윤기 역, 열린책들, 1992

------------, 『전날의 섬』, 이윤기 역, 열린책들, 2001

Vitruvius(Marcus Vitruvius Pollio), M. H. Morgan 편저, 오덕성 역, 『건축십서』, 기문당, 1988

Vittorio Gregotti, 『건축 속으로』, 임종엽 역, 미건사, 2002

Walter Benjamin, ,『기술복제시대의 예술작품』, 최성만 역, 길, 2009

William J. R. Curtis, 『modern architecture since 1900』, Phaidon Press, third edition, 2006 / 『1900년대 이후의 근대건축』, 강병근 역, 화영사, 2006

William S. Sahakian, 『서양철학사』, 권순홍 역, 문예출판사, 1991

Wolfgang Herrmann, 「The Attributes of Formal Beauty」,『Gottfried Semper, In Search of Architecture 』, The MIT Press, 1984

井上充夫, 『건축미론』, 임영배 외 1인 옮김, 도서출판국제, 1994

플라톤, 『국가·정체(政體)』, 박종현 역, 서광사, 1997

『Collins Cobuild Dictionary』, Harper Collins Publishers, 1995

강대석, 『서양 근세 철학』, 서광사, 1985

김성기 외, 『모더니티란 무엇인가?』, 민음사, 1997

김영식,『과학혁명; 근대과학의 출현과 그 배경』, 민음사, 1989

김필년, 『동-서 문명과 자연과학』, 까치, 1992

서동욱, 『차이와 타자』, 문학과 지성사, 2000

박재모·현승준, 『초끈이론』, 살림, 2009
봉일범, 『프로그램/다이어그램』, 시공문화사, 2005
------, 『잠재성의 차원』, 시공문화사, 2007
서동욱, 『차이와 타자』, 문학과 지성사, 2000
서울사회과학연구소, 『탈주의 공간을 위하여』, 푸른숲, 2002
이정우, 『시뮬라크르의 시대』, 거름, 1999
------, 『접힘과 펼침』, 거름, 2000
이종우 편저, 『기하학의 역사적 배경과 발달』, 경문사, 1997
이진경, 『근대적 시·공간의 탄생』, 푸른솔, 1997
------, 『철학과 굴뚝청소부』, 그린비, 2002
이해성, 『근대건축의 흐름』, 세진사, 2002
정인하, 『현대건축의 비표상』, 아카넷, 2006
정진국, 『르 코르뷔지에가 선택한 최초의 색채들』, 공간사, 2001
현대미술관회편, 『현대건축의 거장들』, 현대미술관회 출판부

■ 논문

권태일, 『'표현적 다양성'으로 본 현대건축』, 부산대학교 박사논문, 2004
김태영, 『건축체계와 운동개념에 관한 연구』, 서울대 석론, 1996
봉일범, 『Le Corbusier의 새로운 건축의 5원칙 수정과정에 관한 연구』, 1998
헬렌 주현 박, 『Unde the Gaze of Surreal Aperture』, 서울대 박사논문, 1995
김정아, 「오나멘트와 데코레이션의 차이에 대한 역사적 연구」, 『대한건축학회논문집』, 통권 제208호, 2006
변태호, 「현대건축의 표상성에 대한 존재론적 위기」, 『대한건축학회논문집』, 통권 제68호, 1994
봉일범, 「렘 콜하스의 미스 반 데 로에 해석에 대한 연구」, 『대한건축학회논문집』, 통권 제225호, 2007
유진상, 「건축외피 표현성의 재해석에 관한 연구」, 『대한건축학회논문집』, 통권 제181호, 2003
------, 「근대 이후 건축외피 표현방식의 재해석에 관한 연구」, 『대한건축학회논문집』, 통권 제181호, 2003
------, 「현대건축 외피의 '비물질적' 표현성에 관한 연구」, 『대한건축학회논문집』, 통권

제165호, 2002

이상진, 변태호,「'Tectonic'과 Carlo Scarpa건축에서의 디테일에 대한 존재론적 이해에 관한 연구」,『건축역사연구』, 통권 제29호, 2002

이상진,「건축디테일에 내장되어 있는 건축의 시학적 본질로서의 장인정신에 대한 연구」,『대한건축학회 논문집』, 통권 제192호, 2004

이준혁, 임동연,「렘 콜하스 작품에 나타난 개방적 프로그램의 특성 고찰」,『대한건축학회논문집』, 통권 제155호, 2001

정인하,「고트프리트 젬퍼와 칼 뵈티허의 텍토닉 개념비교」,『건축역사연구』, 통권 제17호, 1998

------,「1960년대 이후 등장한 건축적 담론들과 언어이론의 상관관계에 관한 연구」,『건축연사연구』 통권 제19호, 1999

■ 국내외 정기간행물

Frank Gehry,『El Croquis 45+74, 75+117』, 2006

Frank Gehry,『GA10』, Rizzoli, 1993

Peter Eisenman,『El Croquis 83』, 1993

Rem Koolhaas,『El Croquis 53』, 1994

-------------,『El Croquis 79』, 1996

-------------,『El Croquis 53+79』, 1997

-------------,『El Croquis 131+132』, 2005

-------------,『El Croquis 133+134』, 2005

SANAA,『El Croquis 139』, 2008

------,『El Croquis 77+99』, 2002

In Progress[II]: Turn of Century,『El Croquis 106/107』, 2001

『AA files 26』, 1993

『Oppositions 15/16』 , MIT Press, 1978

--------------------Eleanor Gregh,「The Domino Idea」

『Gray Room 04』, MIT Press, 2001

--------------- Joanna Merwood,「The Mechanization of Cladding : The Reliance Building and Narratives of Modern Architecture」

『Gray Room 20』, MIT Press, 2005

---------------, Detlaf Mertins, 「Mies's Event Space」
『Folding in Architecture』, Greg Lynn ed, AD, no.102, 1993
『space 9907』, 공간사, 1997
『공간과 사회』, 통권 제9호, 1997
『현대시 사상』 제1호, 고려원, 1990
『현대시 사상』 제3호, 고려원, 1989

■ 인터넷 홈페이지

http://www.oma.eu/publications/project-japan-metabolism-talks

저자소개

임동연

1970년 서울 출생, 1996년 성균관대학교를 졸업하였다. 건물을 짓고 만드는 설계방법론에 관심을 가지고 건축문화, 공간, 자파, 한섬 등 다양한 규모의 설계사무소에 다니면서 설계 프로세스, 운영방식 및 건물의 구축법 등을 습득하였다. 일반 건축물과 사회기반시설 등 다양한 프로젝트를 수행하면서, 건축을 다양한 흐름을 컨트롤하는 것으로 정의하고 건축을 예술 이전의 프로젝트로 생각하고 진행하고 있다.
같은 대학교에서 박사 학위 취득 후 실무를 병행하며 성균관대학교, 홍익대학교, 목원대학교, 경원대학교, 한남대학교의 건축과와 도시계획과에서 설계 스튜디오 및 이론 강의를 진행하였고 다양한 부분에서 특강을 하였다.
현재 프로그램의 건축적 구현에 몰두하며 작업을 진행하고 있으며, (주)수가디자인건축사사무소의 건축소장, (사)한국교육환경연구원 정회원, 소상공인시장진흥공단 자문위원을 맡고 있다. 저서로는 『10억이하 건물짓기 핸드북』이 있다.

시뮬라크르, 장소 그리고 건축

인쇄·발행 | 2016년 1월 20일 제1판 1쇄 인쇄
2016년 1월 27일 제1판 1쇄 발행

지은이 | 임 동 연

발행인 | 문 형 진

발행처 | 세 진 사

(〒 02859) 서울특별시 성북구 보문로 38 세진빌딩
TEL. 922-6371~3, 923-3422 / FAX. 927-2462
등록. 1976. 9. 21 / 등록번호. 서울 제307-2009-22호

값 14,000원

ISBN 978-89-7121-718-4